场地规划与设计 下

类型·实践

Site Planning and Design III
Site Prototypes

[美] 盖里·哈克（Gary Hack） 梁思思　著

梁思思　译

中国建筑工业出版社

著作权合同登记图字：01-2019-3690号

图书在版编目（CIP）数据

场地规划与设计. 下，类型·实践 /（美）盖里·哈克（Gary Hack），梁思思著；梁思思译. —北京：中国建筑工业出版社，2022.10
书名原文：Site Planning International Practice
ISBN 978-7-112-27743-8

Ⅰ. ①场… Ⅱ. ①盖… ②梁… Ⅲ. ①场地选择－建筑设计 Ⅳ. ①TU733

中国版本图书馆CIP数据核字（2022）第142892号

Site Planning International Practice
Gary Hack
© 2018 Gary Hack
ISBN 978-0-262-53485-7
Published by The MIT Press

Chinese edition © 2022 China Architecture & Building Press

责任编辑：戚琳琳　徐　冉　孙书妍
责任校对：李美娜

场地规划与设计　下　类型·实践
Site Planning and Design Ⅲ Site Prototypes
［美］盖里·哈克（Gary Hack）　梁思思　著
梁思思　译
*
中国建筑工业出版社出版、发行（北京海淀三里河路9号）
各地新华书店、建筑书店经销
北京锋尚制版有限公司制版
天津图文方嘉印刷有限公司印刷
*
开本：787毫米×1092毫米　1/16　印张：20　字数：361千字
2022年10月第一版　　2022年10月第一次印刷
定价：199.00元
ISBN 978-7-112-27743-8
　　　　（39634）

建筑、场地及其所在的街区构成了城市建成环境的基本单元。场地规划和设计正是在土地之上开展设计的学科/专业。英文版《场地规划与设计：国际实践》(*Site Planning: International Practice*) 为建筑师、规划师、城市设计师、景观设计师和工程师提供了一个全面、最新的场地规划设计指南。该英文版的前身是凯文·林奇（Kevin Lynch）和盖里·哈克（Gary Hack）在20世纪60～80年代先后撰写的多个版本（英文版书名为 *Site Planning*，中文版书名为《总体设计》），在继承经典的基础上，本书进一步扩展了场地规划与设计的内涵和外延，并融入了信息革命浪潮下涌现的新技术、新方法和结合全球尺度下多样化的文化语境的思考。

英文版《场地规划与设计：国际实践》分为5个部分共计40章，为了便于更好的阅读和学习，我们将其中文版分为上、中、下三卷。其中，上卷《场地规划与设计 上 认知·方法》深入阐述了对场地规划与设计内涵的理解，全面剖析场地空间的各个要素，并涵盖了场地规划设计的方法、步骤和过程。中卷《场地规划与设计 中 要素·工具》围绕可持续发展理念，逐一剖析场地的各项基础设施——多样化交通、能源管网、电力设施、给水排水、供热制冷、通信系统、景观等方面。下卷《场地规划与设计 下 类型·实践》结合优秀实践案例，分类阐述了场地规划设计的范式和原型。

《场地规划与设计 上 认知·方法》
第1部分 场地规划与设计的艺术
第2部分 认知场地
第3部分 规划场地

《场地规划与设计 中 要素·工具》
第4部分 场地的基础设施

《场地规划与设计 下 类型·实践》
第5部分 场地规划与设计类型

中文版序

　　盖里·哈克教授是享有知名国际声誉的城市规划大师和著名学者，20世纪80年代起担任美国麻省理工学院城市研究和规划系主任，后又任美国宾夕法尼亚大学设计学院院长近十年。他曾师从西方城市设计领军人物凯文·林奇，担任林奇设计事务所的负责人。2015年盖里·哈克教授访问清华大学，彼时我正担任清华大学建筑学院院长，我们就中国的城市设计、场地规划和建筑设计的教育及实践展开深入的交谈，在谈话中，他也给我展示了一份极厚的书稿，语气颇为欣慰地提到这是最新一版书稿，不同于前三版（与凯文·林奇合著的《总体设计》）的是，新版本采用了更加国际和多维的视角来阐述场地规划与设计的内涵及其实践。三年后，英文版Site Planning: International Practice出版问世，在赠书的同时，他提及正启动中文版的撰写工作，并邀请我为中文版作序，我欣然应允。

　　盖里与中国、与清华大学有着深厚的渊源。1983年他作为美国麻省理工学院城市研究和规划系主任第一次访问清华大学建筑学院，在其与清华大学的共同推动下，1985年成功举办了第一届清华—MIT联合工作坊，这也是美国麻省理工学院与清华大学长达三十多年紧密合作的开端，并持续至今。在美国麻省理工学院和宾夕法尼亚大学任职期间，盖里着力推动两国在规划设计专业上的交流合作，支持了大批优秀教师和学生的访问、研究和学习。在从宾夕法尼亚大学设计学院院长卸任后，2011年，盖里又受聘为清华大学荣誉教授，十年来十数次访问中国，深度参与清华大学建筑学院的教学和研究工作，也受邀访问中国多个规划院校，并多次担任中国重要城市设计项目的评审专家。

　　盖里·哈克教授在城市设计与场地规划方面的教育和实践均具极高的见识和造诣。本书可以说是他最为知名的代表作。如果说前三版的《总体设计》（Site Planning）是自20世纪60年代以来的经典之作，第四版的《场地规划与设计：国际实践》（Site Planning: International Practice）则是一部全新的著作——跳出美国本土视野的局限，从国际视角围绕认知与方法、要素与工具、类型与实践等多个层面和维度系统梳理场地规划与设计工作。更为重要的是，该书也从物质空间维度的"场地"这一维度中衍生出更加丰厚的内涵，从人、空间、场地、经济、策划、设计等多方面阐述场所营造的要义。

本书在我国的引进出版恰逢其时，具有重要意义。当前，为了满足"人民日益增长的美好生活需要"，高品质的城市空间营造已经成为推动城市高质量发展的重要推动力之一。场地不仅是在规划设计流程上承接向下传导的城市设计和建筑实体的重要环节，同时也是在空间尺度上彰显城市影响力、公共形象、地区开发和城市活力的"最后一公里"的关键单元。改革开放近四十年来，我国为适应大规模快速建设活动而逐步建立起来的城乡建设方式，面对当前向精细化、高品质的转型，已经显示出越来越多的不适应性，亟需理论范式与优秀设计策略的指导。

值此之际，《场地规划与设计》中文版三卷的面世具有承前启后的意义。中文版的合作者为清华大学建筑学院的青年教师梁思思副教授，她曾获国家公派前往宾夕法尼亚大学设计学院学习，师从盖里·哈克教授，并出色地完成博士学业。学成回国后，她长期从事城市设计、场地规划设计等研究和实践工作，成绩喜人。在她的协助下，该书中文版本不仅有详实的翻译，还有更多切身结合中国当前大量城市建设研究和实践需求的响应和指南，这对于城市设计和场地规划层面的基础研究来说，不仅具有重要的理论价值，而且对于目前我国城乡建设中不断增长和涌现的多元设计建设实践建立起科学完善的范式体系，具有极强的借鉴意义。

我相信并期望《场地规划与设计》中文版三卷能够引发更多学者和规划设计人员的讨论，共同为我国的美好人居环境建设作出积极贡献。

庄惟敏
中国工程院院士
清华大学建筑学院教授
清华大学建筑设计研究院院长、总建筑师

2021年8月

英文版前言

《场地规划与设计：国际实践》(*Site Planning: International Practice*)一书是原《总体设计》(*Site Planning*)的国际版，延续了前几版《总体设计》一贯的传统，汇编了城市规划与设计的优秀案例和成功经验，旨在为规划设计相关专业的学生和从业人员提供参考。本书重点强调了可持续性、文化和新兴技术的重要性，这些因素对于应对当今社会发展面临的诸多挑战至关重要。场地本身，以及人们在场地内的居住和生活方式，共同滋养着我们必须留存和延续的本土主义精神。

在《城市规划：街道与场地设计参考》(*City Planning, with Special Reference to the Planning of Streets and Lots*)一书（美国第一本场地规划教科书）的前言中，查尔斯·马尔福德·罗宾逊（Charles Mulford Robinson）这样写道：

关于场地规划的书一定不会提供一种完美的理论。相反，它必须具备高度的实用性，才能得到广泛应用。（场地规划的知识）必须源于许多国家和城市的经验，以及众多规划设计者的思考；它的内容也必须反映出长期积累的实地调查、文献和记录。相比起反思式的研究，它更偏向于对城市建设实践者的研究。（罗宾逊，1916）

作为美国高校的第一位城市设计教授，罗宾逊从其城市设计半个多世纪的实践中汲取经验——从奥姆斯特德（Olmsted）1859年所设计的伊利诺伊州滨河地区，到美国中西部城市郊区随处可见的普通社区，都是他的研究素材。跟现在一样，那时也只有专业的咨询师掌握着土地规划知识；仅奥姆斯特德一家事务所就为美国各地做了50多处住区设计。《城市规划：街道与场地设计参考》以及罗宾逊更早些时候出版的《街道宽度与布局》(*The Width and Arrangement of Streets*)(1911)共同提供了一些最优秀的城市规划案例，这些案例也成为街道、场地、公园和各类中心的设计指南。此后，随着城市规划、景观设计、建筑学和土木工程从业人员数量的不断增长，这两本书也成为这些相关专业的教科书。

20世纪早期，欧洲的一些相关书籍在美国也得到了广泛参考，如雷蒙德·昂温（Raymond Unwin）基于田园城市理论和实践经验撰写的《实践中的城镇规划：城市与郊区设计概论》（*Town Planning in Practice: An Introduction to the Design of Cities and Suburbs*）一书等。紧跟罗宾逊的奠基之作，美国相继涌现出众多场地规划与设计方面的文献，极大地推动了城市规划设计行业的发展。F. 朗斯特莱斯·汤普森（F. Longstreth Thompson）的《实践中的场地规划》（*Site Planning in Practice*）（1923）总结了住宅开发建设中的突出问题，昂温曾为本书作序。这是第一本在标题中使用"场地规划"（site planning）一词的书，书的内容涵盖了地形要素、街道类型和规模、住区的形式与美学，以及场地基础设施等方面。

《住宅区设计》（*The Design of Residential Areas*）（1934）一书的作者托马斯·亚当斯（Thomas Adams）也是田园城市运动的实践者，他在书中也提及相似的要素内容，并介绍了加拿大和美国的案例，案例中包括他本人所做的新斯科舍省哈利法克斯市（Halifax, Nova Scotia）1917年大爆炸后的重建项目等。亚当斯还为麻省理工学院设计了新的城市规划课程大纲。20世纪30年代，"场地规划"被纳入美国大部分高校的建筑学和城市规划类专业必修课程，罗宾逊和亚当斯的著作是最受欢迎的教科书。1939年，美国政府也参与了《廉租房项目设计：场地规划》（*Design of Low-Rent Housing Projects: Planning the Site*）一书的编纂工作，并由美国住房管理部门出版，该书是一本极具影响力的参考书。

1949年，凯文·林奇作为青年教师到麻省理工学院任教，不久后，他就开始教授"场地规划"这门课程，并常与在哈佛大学教授相似课程的佐佐木英夫（Hideo Sasaki）交流。此外，林奇也深入研究并继承了德里沃·本德（Draveaux Bender）在场地基础设施规划方面多年积累的资料与经验。在此基础上，林奇在"场地规划"课程的教授中还逐渐融入了他本人对场地艺术价值的认知以及他对人文感知体验的持续关注。他的《总体设计》（*Site Planning*）一书第一版于1962年由麻省理工学院出版社出版，该书既充满了林奇致力于城市设计研究的感性和热情，同时也充分展现了场地规划的分析技法、经验准则，以及场地规划实践必备的技术细节等方面。1972年该书再版。而我则有幸协助他修订在1984年出版的第三版。在第三版中，我们希望本书能够拓展场地规划的知识体系。因为除场地本身的物质要素之外，场地规划还需要考虑经济因素、建造物流，以及社会公众参与等议题。第三版《总体设计》被翻译成多国语言，在其他国家得到广泛推广。然而，该书的一大遗憾在于，其内容主要根植于北美实践，并未考虑不同国家和城市之间的文化差异。因此，我希望能在该书的国际版中弥补这一遗憾，并对相关问题做出改进。

自《总体设计》(第三版)(英文版)问世至今，现实情况已经发生了很大变化。例如，当前气候变化带来的威胁日渐凸显，可持续性问题的重要性不言而喻；我们正在学习如何预测并尽可能减少场地建设带来的环境影响，减少能源、材料和水等不可再生资源的使用，这些已经成为场地建设和维护所面临的迫切问题；基础设施技术的显著提升大大减少了对大型公共系统的依赖。再如，我们对于人们对公共空间的使用和行为认知有了更深入的认识，也对影响公共场所活动的文化差异有了更准确的把握。在场地策划中，公众参与已成惯例，并且对场地影响的预评价也十分重要。此外，当前全球各地很多城市人口密度过高，人们也越来越倾向于工作、生活、购物和休闲等功能的混合使用。所有这些新趋势都需要我们重新思考场地建设。目前，在亚洲和南半球涌现出若干极具创新性的场地规划实践项目，这些城市地区的发展速度大大超过了西方一些传统的大城市。此外，如今规划者的工作方式也发生了变化，如数字化工具的运用、基于网络的资源搜索、信息化的合作方式，以及从场地数据采集到概念生成再到详细规划之间的无缝衔接等。很多30年前需要人工完成的任务如今已经可以通过应用软件进行操作，并在数秒之内显示结果。

因此，本书的体例设计也是对当前日新月异的场地规划实践的一种回应。英文版全书(*Site Planning: International Practice*)主要分成5个部分，包括场地规划的原则与目标、场地分析方法、场地规划流程、场地要素和场地规划类型；涵盖40章，每一章对应一个独立的主题。在这种模块化的编写方式下，将来的电子版和再版版本将能够不断加入新的信息和案例。我希望可以借鉴汽车模型的改进方式，使本书成为一本能够持续优化的场地规划指南。

英文版的出版得益于很多人的帮助和贡献。凯文·林奇将我引入场地规划这个领域，并教会我如何去教授这门课程，他毕生探索场地和城市设计意义及潜力的不懈努力至今仍深深激励着我前行。我在加拿大政府下属的住房和城市建设部门工作期间的另一位导师威廉·塔隆(William Teron)则教会了我不断创新和发展。在职业生涯中，我的合作伙伴斯蒂芬·卡尔(Stephen Carr)和詹姆斯·桑德尔(James Sandell)与我倾力合作了许多公共空间品质提升的项目，很多案例也被收录在本书中。多年来，在麻省理工学院和宾夕法尼亚大学与我共同教授场地规划、案例研究和规划设计等相关课程的同事们也为"场地规划"这门学科的发展作出了巨大贡献，他们是瑞克·兰姆（Rick Lamb）、史蒂夫·厄文（Steve Ervin）、丹尼斯·弗兰茨曼（Dennis Frenchman）、金基奈（Jinai Kim）、玛莎·兰普金-韦伯恩（Martha Lampkin-Welborne）、瓦尔特·拉斯科（Walter Rask）、汤姆·坎帕奈拉（Tom Campanella）、格雷格·海温斯（Greg Havens）、钟庆伟（Tsing-Wei Chung）、皮特·布朗（Peter Brown）、哈利德·塔拉比（Khaled Tarabieh）、林中杰（Zhongjie Lin）、梅丽莎·桑德斯（Melissa Saunders）、保罗·凯特伯恩（Paul Kelterborn）、梁思思，以及更早时期的各位老师们。宾夕法尼亚大学2010年"场地规划"课程的师生还将可持续基础设施技术和相关的应用技术编纂成指南手册，这也是英文版书中场地基础设施部分的内容原型。

　　本书的出版离不开场地规划与设计的先驱学者们在这一领域的不懈耕耘，书中引用并诠释了他们的研究成果。丹尼斯·皮埃普利兹（Dennis Pieprz）在Sasaki事务所做的设计极大地影响了本书，我也曾参与该事务所的很多项目。他的同事弗雷德·迈瑞尔（Fred Merrill）和玛丽·安娜·欧坎珀（Mary Anne Ocampo）也给予了我很多帮助。Stantec事务所的乔·盖勒（Joe Geller）、Perkins Eastman事务所的L. 布拉德福德·珀金斯（L. Bradford Perkins），以及这两家事务所的同仁们提供了大量纽布里奇项目的图纸，有助于我更好地理解和分析该案例。SOM事务所的爱伦·罗（Ellen Lou）、钟庆伟，以及瑞安房地产公司的陈建邦（Albert Chan Kain Bon）和熊树鹏（Michael Hsiung Shu Pon）为我收集了上海太平桥项目的宝贵资料。此外，还有数百名规划设计师们授权我出版他们的设计图纸。在收集数据的过程中，没有任何一家公司或事务所拒绝我的请求。设计师们慷慨地允许我使用他们的照片，很多甚至没有收取任何费用。亚当·泰克扎（Adam Tecza）为本书绘制了精美的图表，这大大增强了文字的说服力。

　　在场地规划涉及的相关领域，我有幸邀请到更专业的人士阅读了有关章节的内容，并提出了很多建议。马丁·古尔德（Martin Gold）和约翰·基恩（John Keene）帮我理解国际土地制度；苏珊·范恩（Susan Fine）提供了土地管理方面的很多帮助；Stantec事务所的查克·隆斯波里（Chuck Lounsberry）和乔·盖勒（Joe Geller）拓展了我对如今在场地规划中广泛使用的数字技术的认识，他们提供了本书中的很多图片；彼时在EDAW事务所工作的芭芭拉·法伽（Barbara Faga）向我介绍了他们的工作方式，丰富了本书内容；Stantec事务所的唐娜·沃克维奇（Donna Walcavage）启发我去思考如何精简景观设计这个主题，集中关注选址问题；史蒂夫·提埃斯戴尔（Steve Tiesdell）和大卫·亚当斯（David Adams）为我和林娜·萨加林（Lynne Sagalyn）提供了宝贵机会，使我们得以探索城市设计导则和场地价值之间的关系，这部分研究成果被收录在他们2011年出版的《城市设计与房地产开发过程》（*Urban Design and the Real Estate Development Process*）一书中，本书第17章也收录了这项研究。

最后，要感谢麻省理工学院出版社的罗杰·康诺弗（Roger Conover）和维多利亚·欣德利（Victoria Hindley）所带领的卓越团队使这本书最终出版。我的编辑马修·艾倍特（Matthew Abbate）先生在我整理本书观点的过程中提供了宝贵帮助，并将本书内容精巧地组织起来。玛丽·莱利（Mary Reilly）负责插图工作，设计师艾米丽·谷森斯（Emily Gutheinz）为本书的图片和文字排版提供了创意。我深深感谢他们每一个人。此外，还有很多其他为本书出版提供帮助的人，囿于篇幅所限，在此无法一一列举。

在这样一本书的背后，是多年积累的资料和数据调查。在历经多年的实地考察、无数次与场地设计师的面谈，深入了解他们设计灵感的来源以及如何设计出具有长远价值的项目之后，本书最终得以完成。我深深感谢我的家人，在很多次旅行途中，我都特地绕道去实地考察各个项目，而他们对此都表示理解和宽容。大部分的旅途都是我的妻子兼学术伙伴林娜·萨加林陪我一同前往，向我解释项目背后潜在的经济因素，并耐心地和我沟通对于美学和物质环境的思考，正是她的鼓励让我终于完成本书。

最后，再次深深感谢每一位支持我的朋友。

盖里·哈克（Gary Hack）
2017年6月于大沃斯岛（Great Wass Island）

中文版前言

1　缘起

　　尽管一直以来我的求学专业是建筑设计和城市规划，但真正和场地规划深入接触却是缘起于我在美国宾夕法尼亚大学设计学院（如今的威兹曼设计学院）攻读博士期间，首次担任"场地规划"这门课程的助教——课程的主讲人正是我的博士生导师、时任宾夕法尼亚大学设计学院院长盖里·哈克教授。美国设计类院校的课程通常呈现三种类型：讲授（lecture）、研讨（seminar）和工作坊/设计指导（workshop/studio）。这门课程巧妙而用心地将这三种类型融合在一起：一个学期下来，约有2/5的讲授、2/5的设计指导和1/5的研讨汇报，并且各有侧重：讲授课提供基础理念和范式要点；设计指导以某特定类型街区和场地为实例，逐步推进规划设计方法；研讨汇报侧重研究专题。在我任助教的那两年中，课程中师生们共同聚焦的专题为"可持续场地规划与设计"，这也成为本书再版和改版的最大亮点之一。

　　四年在美跟随导师求学的经历，收获颇丰；幸运的是，这份缘分并没有随着我毕业回国之后而中断，相反，随着盖里被聘任为清华大学荣誉教授，几乎无缝衔接地，我们继续在中国进行着科研和教学的合作与探讨，至今已有十数年。在两校持续至今的紧密合作中，我也有幸参与其中，受到熏陶，开阔视野，也由此进一步坚定了研究和从事城市设计、场地设计、建筑设计的信心。

　　亦师亦友的缘分在本书中文版的编纂过程中得到进一步延续。正如盖里在英文版前言中所提及，近半个世纪以来，英文版的前三版 *Site Planning*（中文版书名为《总体设计》）是西方场地规划领域的权威教材，首先由城市设计学界泰斗凯文·林奇教授所著，后盖里加入其中，接棒编写再版。随着城市化和全球化的推进，盖里日感场地规划不应局限于原书中聚焦的美国本土实践，因此倾尽全力，对素材进行重新收集整理，对图文进行重新撰写和修订，在其晚年完成了第四版，也即国际版《场地规划与设计：国际实践》（*Site Planning: International Practice*），从篇幅上看，几乎是增加了三倍有余。我也有幸再次受邀，成为中文版的合作者，让更多的中文读者可以一窥此书。

2　深意

前三版经典著作*Site Planning*（第一版，凯文·林奇，1962；第二版，凯文·林奇，1971；第三版，凯文·林奇和盖里·哈克，1984）以精炼简明的语言展现了在美国从事场地规划与设计所需要的理念、要素和步骤。其中第三版也由我国城市设计泰斗黄富厢先生等翻译引进至我国。在第三版中，黄先生将书名"Site Planning"翻译为"总体设计"一词，正是恰当而精准地概括出前几版书中主要聚焦的重点，即以开发为导向，在产权地块红线或一定数量产权地块集合所形成的范围内，对场地空间各要素进行规划组织，对功能展开布局设计，仍然局限于特定工程设计领域。这一工作是衔接了街区尺度的城市设计与具体地块的建筑设计的重要环节，严格来看，与我国注册建筑师考试大纲中所涵盖的"总图设计"相似度更高，因此黄先生所译的"总体设计"不可谓不精准。而本书之所以重又将"Site Planning"用中文的"场地规划与设计"进行替代，是由于第四版（国际版）的内容有着以下的创新和发展。

本书进一步扩展了场地规划与设计的空间整体性。当前我国现行城市规划建设中的"场地"层面规划设计工作的空间范围种类多，既有产权红线内的地块开发，也包括街道、公园、广场等中微尺度公共空间。在城市更新语境下，复杂的城市既有建成环境往往存在上述两种类型交织复合出现的场地规划工作，涉及多个公共部门以及私人开发主体。因此，对于场地规划设计工作的理解，已不能停留在狭义的工程设计领域的场地层面上，必须结合新型城镇化背景下城市更新对场地规划设计的客观要求，从实施和全局的角度，对场地规划设计的实施路径进行整体谋划。本书展现了场地规划和设计跨越多类空间尺度的工作要素，1300多张照片、图表和实践案例涵盖了场地规划设计法规、标准、理念、原则、技术、方法、范式、案例等各个方面，力图为读者提供对于场所营造的全景式阐述和解读。

本书进一步深化了场地规划与设计的价值内涵。在20世纪上半叶，场地规划与设计主要以"视觉艺术"为导向，重视城市空间的视觉质量和审美形式，倡导"按照艺术原则进行城市设计"。伴随着20世纪中叶以来全世界范围内社会运动的蓬勃发展，人们开始转而关注人在公共空间中的状态，将其视为承载人们日常生活和交往的"容器"，典型的城市空间研究开始观察在广场上的人群行为，场地规划也逐渐开始从"社会使用"这一导向来思考公共空间。而实际的场所营造过程中，"物"和"人"往往密不可分，互为关联。本书在上卷开篇即对"场地"（Site）一词的价值内涵进行了阐述——既需要重视涵盖地形、方位、土壤、气候等物质属性的"风土"（terroir），也需要重视打造人在其中的"场所感"（sense of place）。中卷则围绕"可持续性"（sustainability），对各类基础设施要素和空间元素展开分析的同时，注重使用者的反馈、需求和感受。在下卷的多样化实践中，秉持"以人为本的美好空间场所营造"作为选取案例的标准，旨在分析物质空间的形体塑造和功能要素组织的设计技能基础上，深化场地规划与设计"为人"和"永续"的价值内涵。

本书进一步将案例和资料的视野从美国扩展至全球。场地规划与设计涉及的内容及要素广泛，其建成环境不仅包括室外场地上的公共空间，还包括了建筑本体、地下管网设施；不仅是土地细分后若干产权地块的合集，还涵盖了城市道路、景观环境、公共服务设施等多样空间。与前三版聚焦美国本土实践不同，在这一版中，我们将视野从美国扩展至全球，既有南美洲、非洲、东南亚若干发展中国家的实践，也有欧洲、北美洲、日韩等发达国家的案例。由于场地规划设计具有鲜明的本土性和在地性特征，案例尽可能覆盖了从热带、温带到寒带气候地区，并力求讲述"空间背后的故事"，结合城市和地区的人口、种族、生活方式、日常习惯等多方面，共同勾勒场所营造的全球优秀实践（Best Practice）。

本书进一步展现了场地规划与设计组织工作的多元化与多样化。在第四代工业革命浪潮的影响下，随着专业化分工和数字信息技术的迅猛发展，场地规划与设计也在不断拓展新的可能性，并且不断筛选最佳的解决路径。本书初看是一本面向规划师和设计师的专业指南，但同时也考虑了更广义上的受众和读者——例如，在中卷里，分析了各类设计竞赛的组织形式、各类组织分别适用的不同项目开发情况，以及投资方需要考量的要素等，以期为开发商、投资者、建造者等提供一定借鉴。此外，书中融入了空间策划、建筑策划、经济测算等方面，将场地规划与设计的外延扩展到更广泛的交叉学科。正如美国权威城市设计学家亚历山大·加文（Alexander Garvin）所评价，此书可被视为"每个设计师、开发商和积极参与改善城市的公民的图书馆"。

3 顿首

　　恩师于我的影响，不仅在于言传，更多来自身教。美好的城市空间需要用脚实地丈量，用心充分感受。在编写此书时，盖里教授已逾七十高龄，但他仍然几乎亲历了书中提到的每一处场所，拍摄下每一张场景照片，用随身携带的笔记本，记录下关于空间的所见、所闻、所感及其相关的信息和数据。教授以身作则地阐明了他严谨治学的态度，也让本书不仅是一个经典案例资料的编纂，更是通过深入的分析，挖掘出了场地规划与设计更加丰富的内涵。

　　城市是来自众人的创作，而非独行侠的狂欢。好的空间，一定离不开策划者、规划者、设计者、组织者、投资者、建造者、运维者、使用者等方方面面主体的共同参与和共同营造。盖里教授已在英文版前言中一一致谢了所有给予过帮助的人们，这里我再次向为中文版付梓提供了帮助的各位专家致谢，他们既有来自国内一线规划设计机构，如中国城市规划设计研究院、北京市城市规划设计研究院、清华同衡规划设计研究院等的专家，也有来自国内高校建筑学院，如清华大学、北京大学、同济大学、东南大学、天津大学、重庆大学、哈尔滨工业大学、华南理工大学、西安建筑科技大学等的老师学者。最后，中国建筑工业出版社的诸位同仁，为本书英文版权的引进及中文版的翻译、编写、校对付出了大量心力，在此深表感谢！

　　美好的场所应是为人的空间，在当下和未来日益重视"以人为中心"的城市建设和追求"日益增长的对美好生活的需要"的时代，我们由衷期盼，本书成为一本能够持续优化的场地规划指南，能够助力于美好场所营造和城市公共空间品质的有效提升。

梁思思

梁思思

中文版合著者

2021年11月于清华大学

目录

场地规划
与设计类型

完全原创的场地规划几乎是不存在的，场地规划师会研究先例，了解他人对类似问题的解决办法，当然也肯定会考虑到场地形态、文化和建成环境等方面的显著差异。场地规划的类型是一切行动的出发点：场地是用于住宅、混合功能，还是大型而完整的社区？通过案例研究，我们能够获取有关场地布局的大量实用策略，并形成一套特定的方案评价标准。

经过日积月累，我们逐渐能够归纳出若干种成功的场地开发类型，称为原型（prototypes），也指可被大量借鉴模仿并反映了场地组织形式的根本方法的模型。原型通常无法（也不应该）直接复制，而需要根据实际情况加以调整。新的类型也就在原型的基础上得以提升，并推动场地规划与设计领域的发展。很多设计师和规划师在参考原型时，都会担心自己的设计缺少原创性，但事实上，优秀的场地规划依靠的并不仅仅是原创。当然，在完全独一无二的场地条件下，或从未有过先例的规划要求下，没有先例可供参考，那么原创就成为必要要求。成功的原型中隐藏着深厚的场地规划智慧，在大部分场地规划设计活动中，我们追求的目标是在稳定连贯的思维中体现一定的创新。

当前，有关城市建设类型的书籍、文献和电子资源数不胜数，涵盖了住宅、商业区、办公区、公共空间、休闲区、混合功能区和社区开发等多个方面。本书将着重介绍各类建设会遇到的主要问题，并提供相应的案例供读者分析和研究。现在的设计师是幸运的，他们可以在网络上找到世界各地的许多重要项目的信息和图片，但有关项目经济和社会效益的数据信息就没有这么容易获取了，因此，有关一些著名项目失败或完全不适宜居住的传言不绝于耳。事实上，专业协会和奖项都会设有一定的审查机制，如美国城市土地协会奖励计划和案例研究计划在筛选入围项目时，会事先调查项目的经济效益；鲁迪-布鲁纳奖（Rudy Bruner Award）会对进入最后角逐的项目做田野调查；景观设计基金会（Landscape Architecture Foundation）的案例研究计划会详细调查项目各方面的效益表现；还有很多大学和研究机构会进行使用后的评估，深入了解项目的优缺点。此外，与项目投资方交流也是有效了解项目优缺点的一种方法。

本书将对各类场地开发建设的得失经验进行介绍和总结。

第1章

住宅

在绝大多数城市建成区中，住宅建筑占地超过三分之二，居住区设计也是场地规划师最常遇到的项目类型。比起城市的商业区和工业区，居住区的变化要缓慢得多，这是因为居住比商业项目具有更高的持续性和稳定性。因此，设计居住区需要有长远的眼光、敏锐的文化意识，同时关注到不同的生活方式、人口情况和人们的价值观。

住宅单元（dwelling unit）是住区规划的基本组成要素，通常是指单个家庭居住、拥有独立入口和厨卫设施的住宅单元，但有时也会出现多个家庭或非家庭群体共同居住在一个单元内的情况。在世界上有些地区，大家庭共享一个住宅单元的情况很普遍。在美国，住宅单元通常是面向由夫妻双方及其子女组成的核心家庭设计的，但现如今也有四分之三的住宅单元是由单独的单身人士、孩子与单身父母、彼此无关的单身群体、多代家庭或其他非传统组合群体所居住。一户住宅单元在其使用寿命内，可能会经历不同类型的住户。因此，设计需要考虑社会背景下人们的普遍需求。

住宅类型和密度

一般情况下，住宅可以分为以下四类。

独立式住宅（detached housing）：所有住宅单元彼此独立，各自占有独立的地块。独立式住宅既有占地数十公顷的乡间大宅，也有城市中占据小块土地的住房，还有不存在地界线的住房，以及那些临时活动房屋。

连体式住宅（attached housing）：住宅单元拥有彼此独立的大门和私人户外空间，但采用联排或上下楼的组合方式，彼此共用某些墙体。联排住宅、半独立式单元、排屋或镇屋、独立门栋式公寓套房和叠层式联排住宅都属于常见的半独立式住宅。

公寓（apartments or flats）：多个住宅单元共用同一入口和同一结构框架的住宅称为公寓。受当地传统和气候影响，公寓入口可在室外，也可在室内。公寓楼分为楼梯结构的无电梯公寓和电梯公寓两类。此类住宅单元可以是单层公寓，也可以是含有内部楼梯的复式或多层公寓。公寓的布局方式主要有板式、塔式和围绕内院的回字形结构。

组合式住宅（mixed housing forms）：两类或多类住宅形式组合，或住宅与其他功能混合称为组合式住宅。例如，一栋独立式住宅可能会包含一套拥有另外独立入口的附属用房或隔间；一栋高层公寓可能会将底层单元设计为带私人庭院和面向街道入口的独立单元；住宅可能位于一楼商铺上方；抑或如工作居住混合区一样，住宅与办公区位于同一建筑内。

各种类型的住宅都可按照不同的建筑密度布局。好的设计师常能将密度提升到标准以上，但小于建议开发量的建筑布局也是完全可以的。特别是在地势较陡或有必须保留的植被景观的场地，建筑密度可能无法达到一般标准。居住区的最终建筑密度由三个因素决定：如何停放车辆（及停车

图1.1 伊利诺伊州格雷斯莱克（Grayslake）草原路口（Prairie Crossing）屋后有车库的独户独立式住宅

图1.2 佛罗里达州欢庆城（Celebration）镇中心附近的联排住宅

图1.3 新加坡交错纵横的居住区（Iwan Baan提供）

图1.4 位于中国上海创智天地综合社区大学路上的居住—办公复合住宅区

数），所需公共开放空间和私人开放空间的面积，关于隐私距离的标准或相关规定。

经济因素也对建筑密度有很大影响。在有效的土地市场中，普遍认为建筑开发密度或区划法规允许的建筑容量决定了地价。在这样的逻辑下，场地开发的建筑密度会不可避免地增大。不过，市场上仍然存在少量的高价住宅单元，这些住宅的单位土地成本较高，而非需要通过增加密度来提高地价。

在考虑建筑密度时，必须区分总居住密度（gross residential density）和净居住密度（net residential density）。将场地总面积除以住宅单元总数即可得出总居住密度，这在初步计算场地容量时很有参考价值，却很难用于比较计算，因为总密度在计算时并未减去道路、开放空间和其他用地的面积，而这些用地占比可能高达25%～40%。净居住密度是将场地真实的居住建筑面积除以总单元数，因此更加适合比较。有经验的规划师应能熟练掌握典型住宅类型的不同密度。

表 1.1　不同住宅类型的典型密度

住宅类型	容积率（FAR）	每公顷单元数	
		净密度	总密度
独户独立式住宅	不超过 0.2	不超过 20	不超过 12
无界线独立式住宅	0.5	20~25	15
半独立住宅	0.4	20~25	15
联排住宅	0.5	25~30	18
排屋	0.5	40~60	30
叠层式镇屋	0.8	60~100	45
3 层无电梯公寓	1.0	100~115	50
6 层电梯公寓 *	1.4	160~190	75
12 层电梯公寓 *	1.8	215~240	100
25 层电梯公寓 *	2.2	280~320	140
40 层电梯公寓 *	5.0	550~650	275

* 大部分情况下，停车场必须在室内。

规划原则

住在巴黎林荫大道旁的庭院住宅与依赖小汽车出行的美国郊区，二者具有截然不同的生活需求。但无论在法国还是美国，人们都一样需要阳光、空气、一定程度的隐私、便利的购物、娱乐和教育设施，还有最重要的人际交往。在此基础上，人们的具体细化需求会受到不同社会文化背景下家庭、生活方式、资源、房产、生命周期阶段等因素的影响。

美国、加拿大和澳大利亚等国的住房拥有率为60%～70%，相比租房占主要居住形式的国家，这些国家的人们对隐私空间和个性化住房的要求就更高。在欧洲和北美洲，租客们可能会用周末度假小屋或私人园地来满足其个性化需求，或者将公寓内部精心装修。美国大多数城市最高档的住宅通常位于城市远郊；而在大部分欧洲城市，紧邻中心区的豪华住宅才是最高档的居住区。巴西的封闭式社区满足了当地居民的安全需求，而在日本、中国的城市和越来越多的美国城市，"街道眼"也能够给居民带来安全感（Newman 1972; Jacobs 1992）。

这些例子说明，尽管人们有相似的需求，却可以通过不同的住宅形式来满足。人类的适应性使我们能够在各种各样的居住条件下生活。在生命的不同阶段，人们对住房形式的追求也有所不同，单身人士、已婚或拥有固定伴侣的人、处于育儿期和未育期的人等，需求都各有差异。有些人会一生不婚，选择独居或与亲属或朋友合住；另一些人可能会选择集合住宅。有的人可能喜欢高密度居住区便利的设施和服务，也有的人则把住宅看作逃避公众或繁忙场所的清净之地。因此，即便是在同一社会环境下，人们对住宅的偏好也有很大差异。因此，住房开发商应在深入了解客户居住偏好的基础上，分析这些差异需求，专注开发特定的某类住宅形式，与同行形成差异互补。

隐私

隐私（privacy）是场地规划时必须考虑的根本性住房需求之一。物理距离、视觉隔离、声音隔离或公私领域过渡空间等都是保护隐私的手段。作为一种社会文明之下的人类行为，隐私是指对必须回避他人的活动的认知及其做法。美国人最重视的是视觉隐私，因而偏爱篱笆和拥有开敞空间的独立式住宅。而德国人则更加重视声音隐私，无法忍受不能隔绝邻居噪声的住宅。在很多伊斯兰国家，为保护家庭生活的隐私，人们将居住环境划分成室内亲属区（无须穿上传统的外袍）、室内公共区和外人可进出的院子。

很多传统住宅都包含某种形式的隐私等级（privacy gradient），即从公共街道逐渐过渡到私人领地（Alexander和Chermayeff 1965）。在美式郊区住宅中，从门前带有小路或车道的草坪一路进来，经过门廊、入户门、会客厅到前面的起居室，再往后是更加私密的住宅空间，包括家庭活动室、厨房、卧室和私人后院。传统的中式四合院界限更加分明，从街道、前庭到合院内的公共休息区，而隐私性更强的庭院和生活区则位于后方。即使在高密度城区住宅中，高于地面的门口台阶就在心理上将街道空间与居住空间区分开，如同入口的雨棚就是街道与公寓大堂间的过渡带一样。

居住空间可以按照从公共到私密的不同空间感受进行精巧的组织。住宅中可能会有群体公共空间（group-pubic spaces）或半公共空间（semipublic spaces），如公寓楼、汽车旅馆和私人巷道等场所的入户庭院，人们可能会在无意中从街道走进此类空间，但立刻就会知道这是属于特定群体的领地。此外，还有很多更加私密的空间，如四周由公寓楼或联排住宅环绕形成的封闭式庭院，只能从公寓大堂或联排房屋侧边进入。这些空间通常被称为群体私密空间（group-private spaces）或半私密空间（semiprivate spaces）。在城市密集区，此类空间也可能位于屋顶平台或室内休闲设施中。旧金山市中心附近的贝塞德村（Bayside Village）是一处高密度居住区，由若干低楼层住宅楼组成，展现了半公共和半私密空间之间的巧妙融合。

促进人际交往

住区的公共空间能够促进人际接触，这也是

图1.5 费城西部某公寓楼入口处的群体公共空间
图1.6 位于荷兰屈伦博赫市（Culemborg）兰斯梅尔（Lanxmeer）的老年社区内的群体私密空间
图1.7 旧金山贝塞德村（Bayside Village）航拍图显示了纵横交错的群体公共空间和群体私密空间（谷歌地图）

除了隐私外绝大多数个体的重要需求。舒适的公共空间并不会强制要求人们交往，而是提供了交往的机会。但很多情况下，并不能保证实现这种交往机会，如用户在使用入口通道、前厅、公共车道、公共停车位、邮筒、垃圾收集区等空间上并没有选择权。经验表明，在服务家庭户数不超限的前提下，这些公共场所能够最大限度地实现社交功能。部分研究发现，在中等密度居住区中8~12户家庭共用入口是比较理想的。此外，青年公寓中对公共社交空间的需求则更高，如泳池边的公共休息区、烧烤和聚会场所等地方总是人"越多越好"。

住户是否是同一类人，这是决定邻居之间是否愿意共用空间的重要因素。关于社区社交空间的研究指出，如果住户必须共用设施，住宅单元的组合方式就需要尽可能吸引年龄相仿、社会阶层相似和生活方式类似的人群。但接触不同人群也是一个重要的社交目标，而存在一定共同点的相邻住户是最容易实现这种目标的。从美国在不同收入阶层混居方面的经验来看，如果不同家庭在其他人口社会属性的维度上具有足够的相似性，邻里关系是可以跨越收入阶层差距的。因此，同为老人的身份可能会压倒收入差距的影响，社区内的户外运动设施也可能成为不同年龄或不同收入阶层群体之间的桥梁。在混居社区，是否有参加公共活动的选择权也是社会交往的重要因素。

在居住组团以外的社区空间中还有其他可促进交往的场所，如便利店、托儿所、洗车服务区、社区花园、儿童运动场、健身房和其他休闲设

图1.8 华盛顿州雪兰市（Shoreline）格林伍德大道社区（Greenwood Avenue Cottages），这是一处仅由8栋住宅组成的微型社区（Ross Chapin Architects提供）

施等。从促进交往的视角来看，人行道和散步小道经过设计可以成为居住区人群聚集的重要场所。此外，青少年是居住区场地规划最容易忽略的群体，但他们却有着最高的社会交往需求——在保障安全的前提下远离成人的监管而自在地活动和聚集。

安全

人身安全（security）是场地规划的另一个重中之重。很多犯罪行为都出于投机心理，因此在偏僻隐蔽、人迹罕至的地方最容易发生犯罪。一种解决方法是改造社区，如拆除犯罪分子可能作案的公共场所和景观带，修建围墙保护私人空间和加强安保与监控设施来抑制犯罪（Newman 1972）。这些措施背后是这样的假设，即住房之外的世界是危险的，非高峰时段应尽量避免出门。采取此类措施往往会导致户外空间使用者人数减少，尤其在夜间更是如此，但这反而进一步增加了隐患。

更合理的措施是增加"街道眼"的数量，因为在可能被人目睹的地方发生犯罪的几率会较小。从这一点来看，场地与独立住宅之间视线不受阻隔，并共同承担户外空间的维护责任，是提高社区安全的正面措施。维护场地环境、及时擦除涂鸦，既能强化公共秩序感，也能有效抑制犯罪发生。

接触自然

大部分社会中的人们都追求在其居住环境中有接触自然的机会，尽管这一目标的实现方式在不同社会环境中有明显差异。美国人似乎偏好旷野中的住宅，如果无法实现，也愿意付出极高的额外成本购买那些靠近公园、水系、高尔夫球场等某种自然环境的住宅。对于缺少整片自然空间的人群来说，毗邻大片草地的林荫道也不失为都市中的一种慰藉。在英法等国，房屋环绕的场地上几棵姿态优美的树就是自然的象征。而在拥挤的日本城市，精心打理的一丛竹子（可能不超过1m宽）就足以令人们想起城外广阔的大自然。中国城市中的居民可能会种植盆栽植物，将自然移入庭院之中，而门外则使用硬质铺地。在很多干燥的中东城市，人们依靠宅邸墙上所挂的画着茂盛植物的画作，或爬满三角梅的外墙和屋顶，以及庭院里偶见的棕榈树来营造一种自然的氛围。

有部分住户群体尤为需要便利的开放空间，如那些需要孩子在视线内自由活动的母亲，在住宅附近寻找园艺设施的老年人，需要带宠物出门玩耍或有其他户外兴趣的家庭，以及找寻户外娱乐设施的人群。温暖地区对开放空间的呼声更高。在有条件的情况下，他们会购买带有独立户外

庭院的住宅。在美国和欧洲的很多地方，仅仅5m×7m的院子就能满足日常需求，这些国家长期以来都有建造小型私人花园的传统。在无法建造私人花园的地方，则可以用社区花园、游乐场、小活动场所、附近的公园和运动场等作为替代。

很多设计师追求以高密度的住宅形式让每户单元都享有较大的私密开敞空间。位于蒙特利尔的"栖息地67"（Habitat 67）住宅群或许是这方面最典型的例子，这是1967年世博会的一处展览项目。年代稍近一些的"山阶住宅"（The Mountain）是位于哥本哈根奥雷斯塔德（Ørestad）的一处高密度住宅区，这里的每户住宅都拥有90m²的南向露台，同时又很好地保证了相邻住宅间的隐私性。

家庭结构是影响私人开放空间需求的重要因素。香港、北京和首尔的很多家庭能够在高层公寓中养育孩子，部分原因是有祖父母或其他亲属的帮助。在美国高密度城市中，要做到这一点也离不开保姆或儿童护工。但如果缺少此类资源，大部分家庭都会居住在低密度地区，在那里儿童可以在后院或附近的运动场里安全地玩耍，而父母同时肩负工作、照顾家庭和养育孩子的责任。

汽车停放

在居住区规划中，开放空间的布局常与场地内的停车需求构成矛盾，无论是私人车库、车行道还是公共停车场。停车场是仅次于居住建筑的第二大用地，对密度为20户/ac（50户/hm²）的住宅而言，地面停车场（按平均每户1.5辆计）占整个住宅区面积的比例超过1/4，密度更高的住宅区不得不将地势较低的地区专门用作停车坡道，或付出高昂的成本修建地下停车

图1.9 巴黎福斯坦堡广场（Place de Furstemberg）的自然之景（出处不详）

场。大部分居民都更喜欢毗邻其居住单元的独立停车位或住宅区内的专用停车位（dedicated parking），这是最低效却最方便的解决方案。但如果被迫要使用公共或共享停车场（common or shared parking areas），人们就会更倾向于固定车位，但这样一来停车场就无法再灵活用于其他目的。共享停车场可以兼作其他功能场所，如篮球场、街头冰球场、节日庆典或集会场所。停车场可以仿照汽车旅馆设计，避免建成没有景观、只有沥青地面的场地。目前场地规划中仍忽略停车场设计，这一部分尚有很大的创新空间（见《场地规划与设计 中 要素·工具》第2章）。

环境个性化

除了前面列出的实用性需求外，住宅对很多人来说更是身份与地位的象征，也表明了住户对邻居乃至整个社区的态度。大部分居民都想让自己

图1.10 哥本哈根奥雷斯塔德的"山阶住宅"，每户住宅都拥有独立的户外空间（© BIG—Bjarke Ingels Group/Dirk Verwoerd photo提供）

图1.11 哥本哈根厄雷斯塔德"山阶住宅"下方一处多层停车库（© BIG—Bjarke Ingels Group/Mario Flavio photo提供）

的住宅富有个性。最简单的办法是用景观装饰，另一种办法是设计或涂染建筑外墙。在温哥华福溪（False Creek）居住区完工20余年后的评估调查中发现，当地居民在私人空间的各个角落都种植了丰富的景观植被，这既展示出居民们高超的园艺技术，也传达出人们对居住环境的自豪。纽约南布朗克斯（South Bronx）的波多黎各人的住宅和庭院都经过居民热情大胆的改造，呈现出强烈的个性化色彩，人们通过修建装饰性的篱笆，种植繁茂的三角梅，大胆改造了原本毫无个性的住宅。景观居住区密度等相关规定可能会阻碍一些改造做法，但居民仍然会采用一些温和却彰显个性的办法，如在门廊两边放置植物盆栽、陶质门牌号、入口处的彩旗、窗户上的装饰品等。

不同文化和社会阶层对个性化房屋与场地的态度差异明显。有些美国社区明文规定禁止开发商修建一排排毫无区别的建筑。但美国更多地方则严格执行住宅统一性规定。有些社区甚至规定，房屋外墙只能使用大地色系，所有房屋必须建造屋顶，车库必须位于屋后或屋侧，不能出现显眼的车库门等（Hack 1995）。

在美国，很多高收入阶层除了住房外还有其他表达个性的方式，因此他们安于住在外表毫无特色但室内装修非常精美的住宅中。对于欧洲老城而言，建筑群的整体风貌比展现家庭身份和地位的装饰更为重要，因此人们往往不赞成大肆改造住宅的做法。不过，如果有机会选择新的住所，哪怕同一阶层的不同个体之间的选择也往往差异巨大，他们精致的乡间别墅或俄式宅院便是明证。因此，无论住宅建筑师是否会进行个性化设计，场地设计在进行土地规划时应尽量体现多样性。

住宅类型

独立式住宅

独户独立式住宅是北美大部分地区主流的住宅形式，占新建住宅的一半以上。它的优点很明显：四面采光良好，空气流通，园艺、活动、停车等户外活动空间充裕。这种住宅能够直通街道，带有私人庭院，也可修筑围墙遮挡视线、阻隔噪声。在包括南非在内的一些传统社会中，绕房屋四周行走一圈是一种驱逐邪灵的方法。

独户独立式住宅可自由修建、维护、扩建、改建和买卖。这种住宅采用轻质框架材料，建设成本较低，即使是在普遍采用砖混结构的国家，这种住宅仍相对经济。独立式住宅能体现业主家族或家庭的个性，是很多国家和地区公认的理想住宅形式。

在美国，典型的独户独立式住宅的净密度为5~6户/ac（12~15户/hm²），宅基面宽为60~25ft（18~22m）。所有住宅前方的建筑退线统一为25ft（7.5m），两侧依当地规定退让4~10ft（1.2~3m）。住宅通常高1~2层，按当下流行方式进行装修；拥有附属车库或独立车库，位于屋侧的空地或后方，经侧边车道或屋后小路到达。独栋住宅的面积在不断扩大，如今新建住宅的平均面积已达2600ft²（242m²），但宅基地面积并未随之增大。

欧洲的乡间别墅（villa）与美式独户独立式住宅类似，在很多城市郊区地带，尤其是在西班牙和意大利，逐渐再度兴起。别墅的目标客户一般是上层阶级家庭，宅基地面积通常为30m×30m，因此净密度为10户/hm²，但各个城市的情况差异较大。这些别墅的停车场通常位于地下，特别是倾斜场地尤甚。在几乎所有快速发展的发展中国家，拥有乡间别墅可以说是所有实现了阶层跃升的家庭的渴望。

在地价高昂的日本，预制式的独户独立式住宅集中在城市郊区，规定密度为40户/hm²，宅基地面积为10m×28m，但常常会缩减至10m×15m。中国如今也出现了类似的房屋，满足人们对独立式住宅的需求。此外，结构轻、宅基地小的2×4住宅（2×4 houses）也逐渐受到追捧，这种房屋退线尽量缩小，并筑有围墙保护面积不大的户外空间的隐

图1.12 伊利诺伊州格雷斯莱克的草原路口的标准独栋别墅，面朝雨水花园，可汇聚屋顶、街道和车道上的雨洪径流

图1.13 泰国曼谷郊区的休闲度假别墅区
图1.14 上海的装配式大型居住区（© Biccaya/Dreamstime.
com）
图1.15 日本福冈市的高价别墅

私。然而，在福冈等日本高收入人口聚居区，拥有个性化设计和丰富景观的住宅区更受到市场热捧。

另外，独立式住宅也饱受争议：人们认为它是城市扩张蚕食乡村土地的主要原因，促使公共交通成本攀升，并只适合夫妻中有一人愿意打理屋前空地的家庭等。尽管这些负面评论并没有阻止买家的热情，但不断上涨的地价和服务费用（包括低密度场地外的开发成本）确实引起了人们对如何提高独立式住宅密度、缩减每户住宅面宽的思考。

一个直接的办法是将宅基地宽度缩减至12～14m，这个宽度足够建造面积适中的两层住宅；还可以在屋后修建小路和车库来降低住宅的面宽，这样还可以减少建筑的退线。美国的新城市主义社区实际上是对20世纪20年代的传统地块划分方式的重新思考，宅基地面积如果缩减为33ft×100ft（10m×32m），净密度能达到11户/ac（27户/hm²）。如果在车库上方加建老人套间（granny flats）或附属居住单元（accessory units），密度甚至能达到22户/ac（55户/hm²）。很多仿照传统居住建筑修建的住宅对宅基地面积要求并不高，如查尔斯顿侧院住宅（Charleston side yard houses）、村居平房（bungalows）、木匠村舍（carpenter cottage）和木瓦风格的三角形山墙屋（shingle style gabled houses）等。

另一种缩减宅基地面积的方式是将房屋直接沿一边的用地红线修建。这种零退线住宅（zero lot line housing）的净密度可达到25～30户/hm²。但粉刷和维修边界围墙需要满足相邻不动产的维修地役权。由于住宅单元间距较小，所以必须禁止在地界线围墙上开设窗户，以保护邻里间的隐私，而且栅栏和车道

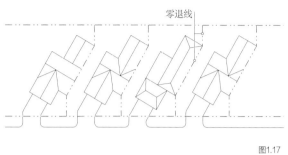

零退线

图1.16

图1.17

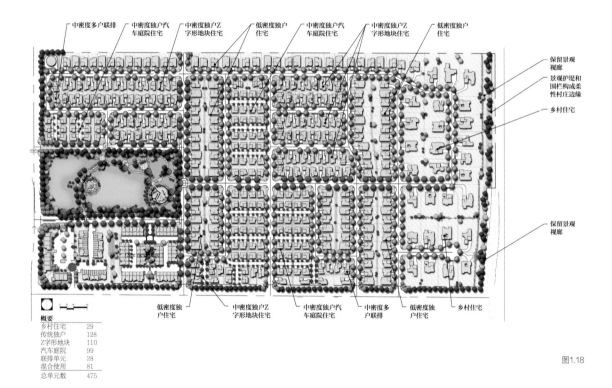

中密度多户联排　中密度独户汽车庭院住宅　中密度独户Z字形地块住宅　低密度独户住宅　中密度独户汽车庭院住宅　中密度独户Z字形地块住宅　低密度独户住宅

保留景观视廊
景观护堤和围栏构成柔性村庄边缘
乡村住宅

保留景观视廊

低密度独户住宅　中密度独户Z字形地块住宅　中密度独户汽车庭院住宅　中密度多户联排　低密度独户住宅　乡村住宅

概要

乡村住宅	29
传统独户	128
Z字形地块	110
汽车庭院	99
联排单元	28
混合使用	81
总单元数	475

图1.18

图1.16　加利福尼亚州萨克拉门托市（Sacramento）拉古纳韦斯特（Laguna West）地区的小型宅基地住宅，可经小巷到达位于屋后的车库
图1.17　佛罗里达州奥兰多市零退线平面示意图，地块红线最大限度地保护了后院隐私（Adam Tecza/The Evans Group）
图1.18　加利福尼亚州罗纳特公园市（Rohnert Park）保障性住房项目平面，宅基地面积小且零退线的联排住宅（罗纳特公园市）

的布局也要做出规定。如果地块划分与住宅设计同步进行，可以巧妙设计地块形状使单个宅基地内的开放空间最大化，如Z字形布局等。这种设计可以有效避免地块过于狭窄，并且住宅两旁均有户外空间。亚利桑那州图森城（Tucson）附近的西瓦诺社区（community of Civano）采用零退线住宅和其他小型宅基地住宅形式，有效增加了住宅密度，而且营造出强烈的社区特色。

在不缩小宅基地面积的情况下，可以改变地块形状从而缩减面宽。有些地方允许划定旗状宅基地（flag lots）。住宅分为前、后两部分，前屋沿街道正常布局，经车道可到达后方的后屋。后屋实际面宽可能只有3~4m。如果配套设施也按这种前、后屋的形式组合布局，就能节省大量成本。

在沙特阿拉伯等国，独立式住宅的宅基地四周会建有高大的围墙，并先于房屋修建，地块内部是豪华的宅邸或大家族共居的住宅群。宅基地通常为正方形，边长为70m。南美洲和南亚部分地区的低收入群体住房也采用了相似的策略。在围墙筑好、内部核心结构搭建完成、管道设施铺就之后，只要材料到位就可以修建住宅和增加设施。业主可按自身资金条件购买建材，将其囤放在宅基地上以备施工使用。

在北美地区，移动房屋（mobile homes）是一种价格低廉的独立住宅。移动房屋所需的土地面积更小，而且由于其使用的建筑材料价格更低、工厂的人工成本更低、规模更小、政府管理更宽松，因此建造成本比传统的场地框架式住房更低。用"移动"形容此类房屋其实并不恰当，因为这些房屋终生只能移动一次，就是从工厂搬到搭建地点。拖车行业最初只供夏季野营者和流动工人使用，但现在已逐渐演变成一种预制装配式住宅行业。此类住宅的建筑模块一般为12ft×14ft（3.75m×4.25m），一般在距工厂150mi（240km）范围内送货安装。这种房屋现被称作装配式住宅（manufactured homes），大约占全美所有新建独户家庭住宅总数的20%，建筑模块经过组装，已与传统的住宅别无二致，而且也衍生出了叠放组装的二层建筑。如果建造标准满足当地规范，与传统的地基住宅外观相似的装配式住宅能够和地块划分很好地融合。

美国西南部和佛罗里达州冬季气候温暖，是多种雪鸟越冬的家园。这些地区修建了很多采用定制组件模块的大型退休养老社区和季节性度假社区。这些房屋位于业主购买的土地上，居民可以享受到优美的公共社区环境和丰富的休闲设施。建筑密度有时能达到15户/ac（37户/hm²），因此无论是土地还是住房的价格都相对实惠。居民会对住宅增建设施，包括储藏室、遮蔽式停车区、儿童戏水池等，填满一排排住宅间的空地。最优质的此类住宅建筑标准严格，公共空间干净整洁，并在较少有人居住的淡季提供安保措施。

　　另外，传统的移动住宅区因形象不佳，常常位于城郊边缘地区。这些居住区通常建在临时性的租赁土地上。住宅一般采用对角线式布局，单元之间没有隐私可言，也几乎不存在社区秩序和维护设施。但这种情况并非一成不变，如有的移动住宅区有丰富的景观和茂盛的自然植被，既掩盖了单调的住宅单元，又维护了住户的隐私。有时，这类住宅会增设门廊入口以及一些其他附属单元空间，这样在街道上看不到装配式组件模块。在少

图1.19　佛罗里达州摩尔港（Moore Haven）北湖住宅区（North Lake Estates）季节性社区里成片的装配式住宅（Sun Communities, Inc. 提供）
图1.20　佛罗里达州威尼斯印第海湾（Bay Indies, Venice）地区的两户独栋模块住宅社区，中央为休闲绿带（谷歌地图）
图1.21　马萨诸塞州橡树崖镇位于原来野营营地的小型住宅（amis30porboston.com/Creative Commons）
图1.22　佛罗里达州滨海城富有建筑细节的小型住宅、绿篱和街景

数社区，还会在居住区外围入口附近设置停车场，且为居民提供电动车在居住区内使用，这样进一步提高了道路的私密性。

装配式住宅也道出了所有独立式住宅区普遍面临的一个外观问题，即如何在统一协调的前提下避免千篇一律的房屋外观？这个问题涉及在总开发量下如何设定每栋独立住宅的面积，以及道路等级设计。一般而言，采用步道或步行区连接的居住建筑组团更加宜居，地面景观也更容易协调统一，因此缩小街道宽度或前庭进深都是有效的应对策略。此外，地形和色彩也对建筑外观有重要影响，旧金山色彩华丽的维多利亚式建筑就是这方面的典型例子。

有些设计元素可以保持住宅组团的统一性，如独栋住宅之间可以采用相似的隔墙、植物、车库或门廊。车库可成对或成组修建以提高使用效率，当然这可能会需要新的产权形式。住宅单体无须保持一致的住宅间距和退线距离，因此可以形成若干组团群落或灵活错动的街道空间。新斯科舍渔村（Nova Scotia fishing village）有机的村居集群方式说明了横平竖直的组合方式并不是唯一的选择。而且，马萨诸塞州玛莎葡萄园（Martha's Vineyard）岛上的橡树崖镇（Oak Bluffs）里的小木屋告诉我们，小规模的建筑本身也并非不美，这些木屋分散在此前野营场所的步行小道两侧，形成非常漂亮的景观。但不论是步道、花园、街景还是停放私家车与服务用车的停车场，所有元素都要与这些装饰精美的住宅相协调。

佛罗里达州滨海城（Seaside）是近年来第一处综合利用这些经验的社区，并已将这些建设经验列入当地的城市规划法规中。此外，当地规范还特别指出：所有住房必须采用金属斜顶屋顶，并修建面朝道路的三角形阁楼；所有房屋必须修建面朝街道的门廊；宅基地四周需安装白色尖桩篱笆围栏；建筑的外墙色彩必须柔和等。这些规定并没有阻碍建筑师们丰富多彩的住宅设计创意，反而涌现出一些非常现代的设计。同样重要的是，街道铺设了地砖，以行人和车辆共同通行为目标；为了缩减街道的占地面积，道路两旁的停车区并没有铺设硬质铺装，而且种植了树木来划分停车位。很多新城市主义社区都采用了相似的设计思路，涌现出许多丰富多彩的社区，如科罗拉多州的普罗斯佩克特（Prospect）和新墨西哥州的西瓦诺（Civano），前者催生出更多的现代主义住宅设计，而后者则体现了美国西南部传统的民间建筑风格。

连体式住宅

在城市地带，连体式住宅是一种非常现实的必然选择，因为如果不采用这种相邻连接的方式，建筑密度就无法大于30户/hm²。一般连体式住宅多见于老城，如多伦多半独立住宅（scmi）、费城联排住宅、波士顿的费城式双层复式房（Philadelphia-style duplex）及波士顿式三层复式房（Boston triple-decker）、旧金山双户住宅、昆士四户住宅（Queens quads）和蒙特利尔多层复式住宅等，每种住宅选型都由当地的人口状况和普遍社会经济情况所决定。在垂直布局的住宅建筑中，房主通常居住在其中的一个单元，其他单元则分别出租，因而此类住宅中通常居住着家庭结构各异的不同家庭。这大大丰富了社区的社会组织结构，让多代人可以在同一社区内生活。

连体式住宅的主要类别包括：起源于英国的半独立式住宅（semidetached house），两户住宅通常采用联排结构；复式住宅（duplex），即两户垂直分布的住宅；前后式住宅（rear-lot housing），即同一块宅基地上分列前、后两户住宅；四户住宅（quad），即四户住宅分布在同一平面上；以及各种形式的联排住宅（row houses），即多户住宅线性相连，并且有的也会在垂直方向上重叠。所有住宅单元都有各自临街的入口，并附带院子、门廊或阳台等私人户外空间。

半独立式住宅单元具备独立住宅的所有优点，而且由于一侧墙壁共用，所以可以实现更高的建筑密度。此类住宅三面墙壁均可开窗，因此采光条件与独立式住宅几乎没有差别，而且也可以拥有独立的入口、车道和户外空间。很多传统半独立式住宅都是相邻的两户共用车道，因此可以进一步缩减宅基地所需的面宽。

图1.23　费城北部白杨街（Poplar Street）社区的保障性半独立式住宅
图1.24　费城白杨街社区里废弃的公共住房重建为半独立式住宅（谷歌地图）
图1.25　英国温彻斯特（Winchester）雪松度假屋（Cedar Lodges）现代半独立式住宅（Martin Gardener/Adam Knibb Architects提供）

尽管房屋的所有权是独立的，但半独立式住宅看起来可能会像一户大型住宅，特别是在其中一户的入口隐藏在侧边的情况下。

复式住宅能实现更高的建筑密度，且入口相互独立。位于二层的住宅有时可采用户外楼梯和阳台的方式入户，因此两户住宅可以互不干扰。两户住宅单元的公共墙壁的隔声效果是保护隐私的关键。常见的保证两户各自私人户外空间的途径包括：屋前和屋后的户外空间各分属一户；二层住宅配备宽大的阳台作为户外空间；或者二层享有屋顶露台，一层则享有地面庭院。上、下两户通常面积不同，一户通常供家庭集体居住，另一户则供无子女的小家庭居住。有时一层面积较小，供出租使用，二、三层则为复式住宅；也有的是一层作为家庭住宅，二层为小型公寓。

随着居住成本增加以及实施提升住房拥有率的相关举措，复式住宅和半独立住宅（semi）逐渐重新恢复了其市场吸引力。前后式住宅也重新进入人们的视线。例如，澳大利亚广泛流行在屋后加建老人公寓（俗称"奶奶房"）；另一种则是将位于后院的车库改作住宅单元。后方住宅的入口可延续以前马厩公寓（mews housing）的传统，位于后巷小路上，抑或如很多旧金山的住宅那样，通过带顶的通廊与街道相连。

四方院或四户住宅（quad）是另一种连体式住宅，有很多不同的户型样式。在赖特（Frank Lloyd Wright）位于宾夕法尼亚州阿德莫尔（Ardmore）的阳光之家（Suntop Homes）里，四户住宅呈纸风车形状展开，各户都拥有别家看不到的私人庭院。在魁北克城（Quebec City），大量新建郊区住宅采用四户结构布局，沿街道平行排列。尽管四方院能够实现更高的土地利用效率，但在同等密度情况下，却比其他住宅形式对基础设施的要求更高，而且院子直面街道，需要增加隔墙以保护隐私并保持整洁的公共环境。对此，纽约皇后区流行的建筑形式——皇后区四方院（Queens quad）式住宅的解决措施是将前院整体改为停车坪，但实际上

图1.26 英国巴斯的皇家新月楼，它是许多联排住宅群的灵感原型（David Iliff/Creative Commons）

这并非良策。在保证密度的前提下，更好的解决方案应该是将这四户住宅沿水平方向呈一字形排布。

联排住宅是最常见的水平向的连体式住宅。它的建设和维护成本最低，而且房屋无侧院，因此是所有入口位于一层的住宅中土地利用效率最高的。联排住宅的宽度为3.5m～10.5m，高2～5层，不过新建住房普遍为2或3层。联排住宅不受道路线形影响，既能弯曲排布，也能绕停车坪四周分布。联排住宅的英文为"row house"，顾名思义，通常被认为是工薪阶层住宅，但英国巴斯（Bath）的皇家新月楼（Royal Crescents）和美国波士顿灯塔山（Beacon Hill）别墅区却以气势恢宏的联排别墅和富丽堂皇的小尖顶建筑而闻名。开发商往往以"联排别墅"（townhouses）或"联排宅邸"（townhomes）等名义宣传，在英国和澳大利亚，也被称为"联排房屋"（terrace houses）或简称为"联排"。

当联排住宅只有一面临街时，内部户型如何布局主要取决于社会文化的传统和习俗。例如，大部分地区的传统习惯是将客厅和餐厅设置在临街一面，将会客室与私人起居空间隔开。前厅作为公共休闲区域，也是客人能进入的空间；后方则是厨房和家庭空间。而另一些家庭则喜欢将客厅设置在靠后位置，这样屋后的户外庭院就成了活动空间。无论哪种户型布局，储藏和服务空间都必须位于入口附近，以便存放衣物、单车、垃圾和其他物品。同时，由于景观植物、户外家具设施和其他后院中所需的物品运送都要经过前门，因此有必要修建直通后院的通道。

如果住宅前、后方均有通道，进出就更为方便。除非后巷是公共通道，否则修建屋后的

图1.27 费城社会山社区的联排住宅，中间为停车场（谷歌地图）
图1.28 费城社会山社区联排住宅的街景
图1.29 费城社会山社区联排住宅的停车场

车道或步道通常需要某种形式的共享所有权，从而避免了通道被绝对产权的地块分割。通常，借助住房协会或公寓所有权等形式，可以共有停车区和休闲设施，从而产生更加多样化的联排住宅布局。例如，费城社会山（Society Hill）的联排住宅将公共停车场设在屋后，营造出优美整齐的屋前街景。在紧密布局联排住宅的同时，保留住宅间的自然空间是保护场地内部自然走廊的一种手段。

大部分联排住宅都会包含数十户以上的住宅，因此通常会设计成外观统一的住宅集群。但有些地方例外，如费城和阿姆斯特丹的老街区，允许业主在符合总体退线和建筑高度规范的情况下，对各自的住宅单元进行个性化设计，以此形成错落有致的街区，也可作为新住宅建筑设计的试点。这一策略同样可见于美国弗吉尼亚州诺福克市根特地区（Ghent area of Norfolk）的重建项目，以及后来荷兰阿姆斯特丹的部分海港地区项目。

庭院式洋房（court garden house）是另一种新式联排住宅，诞生于北欧和德国。L形户型的住宅位于四周，中间是私人户外空间。尽管此类住宅密度相对降低，且每户所需面宽较大，但由于每个房间都能望见户外空间，而且建筑的排布形式也打破了传统排屋旧有的千篇一律的格局，这种布局形式受到较多建筑师的喜爱，在欧洲和北美都能找到这种式样的建筑。然而，庭院式洋房仍未在普通大众之中广泛流行，尚属于未被市场发现的新式建筑（Schoenauer 1962）。

联排住宅规划布局的一大难点是停车。由于其住宅单元面宽较窄，将车库设置在屋前面朝街道必然会破坏街景；但如果采用户外车位的方式，街道沿线就会停满汽车。费城很多传

图1.30　阿姆斯特丹东港码头区特色各异的联排房屋
图1.31　哥本哈根阿尔贝特斯隆（Albertslund）南部住宅区拥有独立庭院和公共活动空间的庭院式洋房（谷歌地图）

统的联排住宅会将汽车停放在屋后并修建车道，但如果地块深度不够，这种格局必然会占用部分私人户外空间。若联排住宅的单元面宽大于6.5m，就能在保证房屋入口美观性的同时修建室内车库。在倾斜的场地上还可以将车库建在低于住宅的位置，在车道上方修建露台。如果每户拥有多辆汽车，停车问题就更难以解决，但这又偏偏是美国等很多国家的普遍现状。

　　一种创新的解决办法是在两列房屋间设置平台并辅以景观装饰，在平台下方设置停车区。这种设计盛行于加拿大，它还有个额外的优势，即无须再清扫停车区的积雪。人们可经由车库直接进入住宅，也可以通过位于平台上的大门回家。统一设置独立停车场也是一种解决办法，但在北美通常难以说服业主将汽车停在离家门一定距离开外。

图1.32　安大略省伦敦市伍德兰德村（Woodland Village）的叠加式联排住宅（Orchard Design Studio Inc.提供）
图1.33　温哥华市福溪住宅区的叠加式联排住宅群，其中间平台下方是停车库（谷歌地图）
图1.34　温哥华市福溪住宅区的叠加式联排住宅，底层为单层住宅单元，上方为二层住宅单元
图1.35　加利福尼亚州山景城的公园场地公寓，首层高出地面，下方为自然通风的车库

联排住宅的净密度一般在35～50户/hm²，但如果住宅面宽仅为3.5～4.5m，净密度就可达到75户/hm²。高密度的建筑布局通常更需要创新的户型组合布局和停车规划。

叠加式联排住宅（stacked row house或townhouse）是一种密度更高的联排住宅形式，而且能保证每户拥有独立入口和户外空间。其密度能比联排住宅高出一半，因为它实际上就是一排排半独立式的双层复式住宅，每户具有形式相同的入口和开放空间形态。考虑到紧急出口的设置，一般会将两户中较小的一户置于一楼，这样可减少上一层住宅楼梯的使用需求。尽管叠加式联排住宅没有完全私人的户外空间，但灵活利用屋顶平台和车库顶棚可增加大量的户外空间。由于此类住宅密度较高，将所有车辆停放在地表的同时还要维持社区优雅的景观设施是不现实的，所以一般会在住宅单元地下建设防火车库。

有些开发商甚至将场地潜力做到了极致，建造了背靠背式联排住宅（back-to-back row houses）甚至是背靠背的叠加式联排住宅（back-to-back stacked row houses），建筑密度高达100户/hm²。这些住宅固然有很多缺点，如面宽有限、对流通风不畅、停车困难等，但在美国东部，比起需要经公共走廊入户的同等密度的公寓，想要低价置业的业主更加偏好此类住宅。这类住宅在曼谷郊区也深受喜爱。

叠加式住宅可采用通廊进出的方式，以保证每户都拥有独立的入口。英国的复式公寓套房（maisonette）就是一种颇具创意的叠加式住宅，在气候温暖、适合建造室外走廊的美国西南部的一些地区也建有此类住宅。采用户外走廊结构的住宅通常高1或2层，如果走廊也是两层，消防规范通常会要求住宅设置两处出入通道。廊道式连体式住宅里最豪华（也最昂贵）的案例莫过于蒙特利尔的"栖息地67"综合体，采用了不规则的叠层式框架结构，尽管其建筑密度并未超过叠加式联排住宅，但每户户型各不相同，且均可四面采光，因此视野极为开阔。

随着建筑密度的增加，住宅的建设成本也成为重要的考虑因素。例如，可以通过建设车库和平台来弥补住宅及车辆通道占地带来的公共空间的损失。在经济成本测算上有一个简单的评估方法，即当每平方米地价超过按同样标准计算的平台建造成本时，建设平台或新造地才不会亏损。此外，各户住宅间的防火要求和隔声要求（尤其是上、下楼之间）都会增加叠加式住宅的建设成本。因此，北美地区的连体式住宅的建筑密度很少达到60～100户/hm²。欧洲和亚洲在这方面的经济计算略有不同，这些地区的低层建筑通常采用混凝土结构，昂贵的地价会使得开发商提高建筑密度，因此往往会采用其他住宅形式。

公寓

连体式住宅与公寓的区别在于不同的出入方式：连体式住宅有私人独立的通道，可直接通往街道（或架高平台），而公寓则需要经某种形式的公共楼梯/电梯和走廊出入。公寓在英国等地也称"公寓套房"（flat），其种类繁多，是世界上很多地区的主要住宅形式。

步行上楼的公寓（walkup apartment）曾是市场上最低廉的住宅形式，而且假如规范未规定三层以上高度的建筑必须采用防火设计，且人们也愿意步行爬上高楼层的话，它仍然会在市场上占据一席之地。美国最常见的廉价公寓是首层为半地下室结构的两层或三层步行公寓，这类公寓的停车场位于地面，特别是在那些非方方正正的街区，这类公寓楼可以让所有房间均有良好的采光。此外，还可以设置多处楼梯来减少共用同一入口的户数，同时还能为位于首层的住宅规划私人户外空间。

在郊区，步行公寓被重新包装成花园公寓（garden apartment）。但在汽车拥有率较高的情况下，花园可能主要用作停车场。良好的公寓楼，如加利福尼亚州山景城（Mountain View）的公园场地（Park Place）公寓区，会在楼宇间建造庭院，并建造地下车库停放部分车辆。此外，所谓"步行上楼"（walkup）一词也只是名称，因为哪怕只有两三层的公寓也采用了成本低廉的液压电梯来代替纯步行楼梯。

在北京，有一些极具创新性的步行公寓，这些住房在传统四合院的基础上经过重新设计，升级为现代化公寓。尽管建筑密度非常接近附近的高层公寓，但它们点缀在古老的四合院建筑群中，顺应了北京传统的胡同肌理。这种公寓高3或4层，位于四合院内，每户公寓面朝庭院内的房间都能享受良好的采光，中间的庭院既是儿童活动区和自行车停放区，也是住户聚集和闲谈的公共空间。

在中国仍然可见六层左右的步行上楼的公寓，这是曾经的时代产物，不过在当今世界上绝大多数地区，超过三层的公寓楼都需要采用防火建筑材料、配备客用电梯并安装机械通风系统。在美国很多地区，如果建筑高度超过90ft（28m），就必须遵循高层建筑规范并配备相关消防喷淋装置。传统的承重墙方式无法支撑超过28m高的建筑，因此必须采用防火的钢架或混凝土结构。由于这些材料的成本远远高出轻型木质建筑，所以如果要保证高层公寓的价格优势，就必须大幅度增加建筑密度。而且，如果要提高公寓的售价，就必须着力吸引重视社区安全、追求都市生活和住宅

图1.36 北京菊儿胡同新四合院，中间为庭院
图1.37 地基造价高、交通不便、视野宽广等因素都促使开发商在中国香港的坡地上建设高层塔楼（© Amadeustx ｜ Dreamstime.com）

安全的业主。

电梯公寓类型多样，是多数密集城区的主要新建住宅形式，尤其受到紧凑都市区的偏好，也是中国香港等开发建设受地形限制较大的地区唯一实用的住宅形式，因为这些地区的场地建设成本高昂，开发商不得不建造高层公寓。所有高层公寓的中心都是核心筒，由电梯、消防楼梯和建筑大楼内的机械传动系统组成，而走廊与从核心筒展开的管网线路则是建筑的"四肢"和"血脉"。这些脉络的布局方式五花八门，既可以位于建筑内部，也可以像蒙特利尔的"栖息地67"住宅楼面山一侧那样采用户外走廊的形式。

欧洲城市传统的公寓建筑高度通常限制在6层或7层，并有多个核心筒，其入口位于庭院中，由位于一层的门卫监护。每层一般2～4户共用一部电梯和一座楼梯，受庭院面积大小影响，公寓楼内可能有2～4处垂直的核心筒。现代化的高层公寓往往没有庭院，采用临街公寓（street bar housing）的样式，各个核心筒沿街排列，间隔为20～40m，一般也是每层2～4户共用一部电梯。欧洲人喜欢这种住宅，因为它既方便对流通风，又让绝大多数单元都有日照。阿姆斯特丹爪哇岛（Java Island）沿街的7层公寓楼就是一个典型。布宜诺斯艾利斯最常见的也是紧邻街道的11层左右的公寓楼，营造出深受人们喜爱的都市生活的优雅氛围。

日照是中国北方住宅的必备条件之一，在很长一段时间里，拥有多个核心筒的6～30层高的板式公寓一直是普遍的住宅建筑形式，韩国和其他亚洲国家也修建过类似的住宅建筑。后来，组合多样的塔式和塔板结合住宅逐渐代替了单一板式公寓。以北京建外SOHO为代表的部分新式公寓也超过了以往的普遍层高。地下停车场、商业街、充满活力的地面开放空间、餐厅和购物商店为公寓住宅区注入新的活力。随着很多公寓被改作小型办公区，这些原本的公寓楼就转变为居住—办公复合功能区。

　　在19世纪80年代，纽约的豪华公寓普遍采用分散核心筒的布局，很多公寓都模仿巴黎、巴塞罗那和维也纳宏伟的建筑，形成建筑沿中央庭院四面排布的格局。在最豪华的公寓楼里，电梯能够直接入户，无须设置每层楼的电梯厅。如果配备空调，每户与电梯中心点的距离甚至可达60ft（18m）。

　　不过现在美国的临街电梯公寓已经普遍采用内廊式布局。在这类公寓楼内，一条水平方向的走廊横贯整栋大楼，住宅单元分布于走廊两侧。公寓楼外形可能仍为板式结构，或沿核心筒向外多翼辐射。这种布局形式尽管提高了成本高昂的电梯的使用效率，却无法实现对流通风，走廊也没有自然光照。典型的内廊式建筑一般宽65~75ft（21~24m），受消防梯的布局方式影响，长度最大可达300ft（95m）。这些建筑经常阻隔视线，形成面积巨大的阴影带，对地形的适应性也很差，却胜在成本低廉和建造方便。

图1.38 蒙特利尔"栖息地 67"公寓楼可见连接公寓与电梯的户外通廊（Robert Michael Poole提供）
图1.39 阿姆斯特丹爪哇岛上的临街公寓（建于30m的填埋土层上）（Alison Comford-Matheso © Acmphoto | Dreamstime. com）
图1.40 北京建外SOHO一层平面，高层塔楼位于低层办公楼和商业建筑的一侧（Riken Yamamoto & Field Shop提供）
图1.41 北京建外SOHO地面空间（Institute for Transportation and Development Policy提供）

图1.42 费城施密德（Schmidts）的Piazza跃层公寓，大部分住宅单元都有对流通风（Tower Realty）

图1.43 费城施密德的Piazza跃层公寓俯瞰图（谷歌地图）

图1.44 温哥华的塔楼间距限制保证了建筑住宅单元具有良好的视野（© Leo Bruce Hempell/Dreamstime.com）

跃层设计可以克服内廊式建筑的部分缺陷，即电梯每隔2~3层停靠。住户出电梯后经过位于建筑单侧的走廊或"空中连廊"可到达自家入口。走廊上、下方的楼层都能有对流通风，住宅单元本身可采用双层复式结构，内部以楼梯连接。勒·柯布西耶是此类住宅忠实的拥护者，他将这种结构运用到他在马赛（Marseille）、南特（Nantes-Rezé）、柏林（Berlin-Westend）、布里埃（Briey）和菲尔米尼（Firminy）等地设计的"理想居住单元"（Unité d`Habitation）中。纽约罗斯福岛的多伦多（Toronto）公寓和费城的广场（Piazza）跃层公寓也是这类巧妙的跃层组合建筑。后者是对勒·柯布西耶作品的独特创新，光线照进街道，从公共空间能看见巨大的庭院，并且庭院已成为新兴社区的中心。

蒙特利尔和欧洲的若干创新项目展示了在6~12层公寓建筑内也能以较低成本引入液压电梯，只需要控制梯均户数即可。这样，大部分公寓都能有对流通风。尽管这种电梯运行缓慢，但比起传统的内廊式公寓，居民显然更喜欢前者。在有选择的情况下，绝大多数公寓住户都会选择单元布局紧凑的格局，而非沿走廊现行排列、动辄数十户的格局。

在中国香港和其他亚洲地区，塔式高层正迅速成为标准的住宅形式之一。这种住宅能够缩小建筑占地面积，从而降低高昂的地基建设成本，同时也能满足建筑法规的严格规定，保证了包括卫生间和厨房在内的所有房间享有自然光照和通风。中国香港的塔式高层建筑常呈十字形或T字形，其中有很多垛口，部分垛口用作阳台和楼梯口。从核心筒两边会形成典型的翼形结构，具体宽度受限于公寓入口与消防梯间的最大距离。这些塔楼底座通常高3~8

层，主要用作停车场、商店、儿童活动区、公共空间和屋顶花园等。高层住宅与底座配套，形成独立完备的社区，日常生活设施均位于以住宅为中心的短途步行距离内。

高层公寓在高密度地区非常实用，但这只是它的优点之一。此外，如果住户需要一定的隐私和社交自由，高层公寓完全可以满足他们的需求。而且高层公寓还能带来良好的景观视野和通风。在滨水大道等景观带附近，塔形公寓楼不会阻挡后方建筑的滨水视线。温哥华市已将英吉利海湾（English Bay）和北福溪（North False Creek）沿岸住宅限制为20m楼宽，以保证后方透过楼宇间隙能欣赏水景。因此，可以看到一列壮观的玻璃幕墙高楼拔地而起，有的楼内每层仅1~2户公寓。纽约是为数不多没有建筑高度限度的城市，因此在其住宅区和滨水区可以看到大量高耸纤长的高层塔楼（tall thin towers，TTTs）。

地下停车设计是这类TTTs建筑的一大难点。要建设足够使用的地下车库，通常需要整合多座建筑的地下空间。机械停车系统是一个办法，即用机械装置将车辆运至室内停车位，这类停车方式常见于日本，费城也刚刚竣工一座类似的停车库。纽约还新建了一座高层塔楼，甚至能将汽车送达车主所居住的楼层。

此外，公寓如果配备24小时门禁，一般比首层入口式住宅更安全。高层公寓普遍还可以添加健身房、游泳池、壁球室和其他休闲空间、儿童看护设施及便利店等专属服务设施，如果公寓楼内设有酒店，甚至可以配备餐饮设施。事实上，公寓和酒店的界限正在逐渐模糊，公寓的功能越来越像酒店，而且酒店式公寓也与居住公寓非常相似。

组合式住宅

不同的住宅形式可以出现在同一建筑中，同一场地也可以建设相邻的各类住宅。例如，公寓的低层可作为联排住宅，单独修建入户通道和庭院，联排住宅以上楼层的住户则经电梯和走廊出入。为优化电梯使用，公寓楼底部三层可采用步行楼梯入户，再从附近高层建筑设置架空平台，供三层以上楼层的住户出入，哈佛大学皮博迪公寓楼（Peabody Terrace）便采用了这一模式。温哥华市要求沿街住宅应保持连贯性，因此形成了低矮的联排住宅与高大塔楼交错的布局。联排住宅与供出租的步行上楼公寓的建筑规模基本相似，因此完全可以结合在同一栋建筑里。这两类住宅的目标客户不同，从而可以使居民构成更加多样化。但必须注意场地内的社会差异，如儿童活动区和篮球场可能会给住户带来噪声，单身公寓区也可

图1.45
图1.46

图1.45 马萨诸塞州剑桥城哈佛大学皮博迪公寓是一栋底部三层为步行上楼公寓，上方为跃层电梯公寓的组合式住宅楼（Bruce T. Martin提供）

图1.46 温哥华市要求沿街布置联排住宅，上方塔楼建筑适当退后，创造了人本尺度的街道活力空间

能会在深夜打扰到家庭住宅区。

纽约是一个热爱摩天大楼的城市，可政府公共部门又希望保持街景的连贯性。在这样的背景下，催生了下部6～10层为临街住宅、上方30～40层为塔楼的混合建筑。同一部电梯穿梭于整栋楼内，低层住宅通常为内廊式小型公寓，上层塔楼内每层仅有2～4户。

居住—办公复合住宅

随着越来越多的职业可以居家办公，居住—办公功能复合的住宅（live-work housing）也日益成为一种普遍形式。这种允许父母一方或双方在家中办公的模式为家中有婴幼儿的家庭提供了一种选择。尽管居家办公的人数有限，而且相应的停车要求也会有所变化，但越来越多的美国郊区地带都开始兴起居家办公的模式。例如，佛罗里达州欢庆城（Celebration）在规划初期就尝试布局居家办公模式，在规划居住区时就设置了办公场所出入口，一些隐蔽的车道也可作为访客或员工停车用。

市中心或靠近市中心的复式住宅（loft housing）已经成为大多数美国城市中增长最快的住宅形式。越来越多的无子女家庭希望工作地点、文化机遇和便利设施都在步行距离之内，这加剧了loft公寓的市场需求，但实际上很大一部分loft公寓住户都表示，家庭成员中有一人或多人在外办公，而非居家办公。loft公寓的层高通常比普通公寓还高10ft（3m）左右并装饰以玻璃幕墙，其内部的开敞结构大大增加了住房单元进深，能达到50ft（16m）以上，而相比之下传统公寓单元进深一般只有30～35ft

（9～10.5m）。这恰恰有利于旧厂房（loft即得名于此）及废弃办公楼的改造，而且也催生了大面积开放楼层的新式住宅。这种住宅一般由住户自行装修，如果房屋本身配备灵活的机械系统和电路管网，就能有更高售价。由荷兰N. J. 哈布瑞肯（N. J. Habraken）教授及其同事提出的"住宅支撑体"概念虽只在实验中实现过，却为此类开放建筑提供了潜在的合理化解释（Habraken 2000）。

其他住宅类型

此外，还有一些新兴的住宅模式很难归入传统的住宅类别。欧洲和美国兴起了多种形式的集合住宅或共享住宅。这种住宅的理念是多种不同类型的家庭共同居住在一座住宅综合体内，彼此共用大起居室和娱乐空间、备餐与用餐区、休闲设施，以及儿童保育设施和工作区等公共设施。家庭住宅可能同时配备小厨房与起居室，也可能完全舍弃这些设施而共享公共空间。这些住宅的组合方式与目标住户群体本身都非常多样化，而且通常采用集体产权的形式。以色列的一些集体组织及宗教团体也有采用这种减少了私人空间、鼓励共享设施的住宅形式（McCamant和Durrett 2014）。

伴随着很多发达国家的人口老龄化，养老住宅逐渐出现。通常场地内可以同时存在多种住宅类型，包括供能够独立生活的老人居住的房屋或联排公寓、带有小厨房的公寓，以及全天看护的养老公寓，场地提供的配套服务中也包括医疗设施服务。居民可共享公共空间和休闲设施，还可自行选择在场地内的餐厅或家中用餐。随着年龄的增长，老人们需要更加全面的护理，他们可选择迁入更高级别的护理房内。这类项目场地规划的难点在于，如何在场地内创建各个小社区

图1.47 华盛顿州西雅图市东联街（East Union Street）1310号居住—办公复式楼（Ben Benschneider/Miller Hull Partnership 提供）

图1.48 日本大阪NEXT21住宅由13位设计师设计，该试验性居住单元通过巧妙布局服务核心点和便于改造的建筑外观来提升建筑适应性（Yositika, UTIDA, Shu-Koh-Sha Architectural and Urban Design Studio/Osaka Gas Co. ）

图1.49 荷兰阿姆斯特丹伊杰
堡（Amsterdam-IJburg）弗
里布尔希特基金会（Stichting
Vrijburcht）共享住宅的公共
空间（Stichting Vrijburcht/
Digidaan photo提供）

（subcommunity），使需要不同护理级别的居民都能享受到满意的服务，而且公共设施的选址布局也必须方便所有人使用。

未来社会必将需要更加多样化的住宅形式、社会管理方式及产权形式，还需要让住宅可适应迅速变化的人口和社会经济情况。在这样多变的背景下，如何保证住宅项目能够长期满足居民的需求是场地规划师面临的一大挑战。

鼓励保障性住房开发

住房的可支付能力（housing affordability）和场地规划布局并非直接相关，像上述各类住宅都既可以作为预算有限情况下的起步房型推出，也可以设计出面积大、售价高的高档住宅。但我们的确需要探索多种策略来确保各个收入阶层的客户都能负担得起同一场地内的住房。策略之一是从场地策划出发，为不同收入阶层的群体提供多种居住单元，利用售价（或租金）较高的住宅实现交叉补贴并在场地内修建部分保障性住房。越来越多的国家都出台了相关政策，要求开发项目必须留出部分住宅单元为特定收入水平以下的人群提供住房；还有一些国家推出减税或融资优惠等鼓励政策吸引开发商建设保障性住房。这些保障性住房本身可能与按市价出售的住房无明显差别，但可能面积较小，装饰材料也比较廉价。不同收入群体混居的住宅项目需要维持住户间的平衡，而且在出租房屋时，也需要谨慎选择租户，才能保证居民之间和谐共处。

第二种策略是推出面积较小的房屋作为起步房，其设计和位置应方便住户能在收入水平提高后按照自己的经济条件增建。1963年纽约利维镇（Levittown）的住房面积普遍为户均750ft²（70m²）；10年之后，通过修建阁楼、增建老人房、将车库改造为居住空间等方式，户均面积增加了200ft²（18.6m²）。这种策略也常见于许多发展中国家，通常在廉价房四周筑有围墙，后期可以扩建住宅，而且不会侵占邻户土地。对于独户住宅而言，可以通过零退线和多户共用隔墙的方式最大化地缩减宅基地面积，从而提高建筑密度，降低住宅价格。

第三种方法是建造技术成本较低的低层住宅。在北美，高度不超过3层半的木结构住宅的建造成本普遍比砖石及混凝土结构的6~8层中层住宅低20%~30%，更是高层建筑成本的一半以下。不同城市的住宅建造成本存在差异，在高层建筑盛行的地区，这种差异会相对较小。高地价需要高密度来弥补成本，但如果场地开发目标是保障性住房，就值得在决策建造高层住宅之前也考虑低层住宅的方案。

最后，创新性的建造技术和规划设计方案能对住宅的运行维护费用产生直接影响。例如，改变住宅朝向，使住宅在冬季日照最大化，或在气候炎热地区对大面积玻璃窗进行遮阴，都能显著降低供热和制冷费用。此外，安装可开启窗或通风系统引入室外微风也是一种利用建筑物内部空气

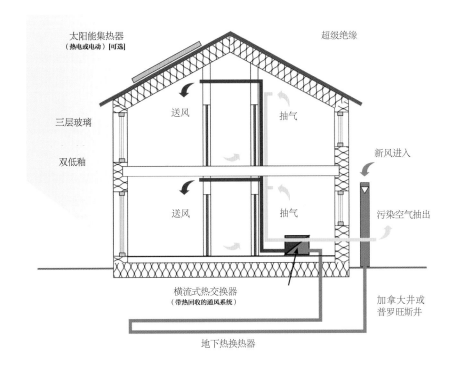

图1.50　独户住宅被动式节能示意图（Passivhaus/Creative Commons）

图1.51 2013年德国汉堡国际建筑博览会（IBA）上的Algenhaus住宅示范项目，展示了如何将被动式节能屋的建设原则应用到中高层住宅建筑中（Energieexperten/Creative Commons）

流进一步降低空调成本的方法。这些措施都是被动式节能房屋（Passive house、Passivhaus或Mason Passive）常用的建造技术。被动式节能房屋组织（Passive House organization）制定了几项相关的评估标准，包括：可用建筑面积的采暖能耗不超过15kW·h/年，或每平方米可用建筑空间采暖能耗不超过10W（峰值）；如果房屋能够在相应的气候条件下自然除湿，则空间制冷能耗与采暖需求数据大致相同；家庭年均初级能耗（电器、采暖和家庭用电）不应超过120kW·h/居住面积（m²）；空间密封性良好，每0.6小时内气压变化不超过50Pa；每年室内温度超过25℃的小时数不超过10%，保证室内气温舒适度等。美国被动式节能房的采暖能耗比同地区同类型的普通房屋低86%，制冷能耗低46%，为业主和住户节省了大笔开支。截至2014年，全球已建成100万m²达到被动式节能房标准的居住空间，包括独栋住宅、低层和高层公寓，以及宿舍和机构等有专门用途的住宅。

　　节能并不是减少运行费用、提高住宅可支付能力的唯一途径。而通过节水型景观技术减少用水量、建设维护需求较低的景观、成立志愿维护组织、提供共享汽车服务以减少闲置停车位等，都是降低年度维护成本的常见简单措施。住房可支付能力会成为未来的一个根本性问题，也是一个亟待创新的领域。

第2章

商业区

　　商业区是交易商品和服务的场所，但它的意义却远不止于此——它既是社会交往的场所，也是城市生活中重要公共事件的发生地。这些场所往往还是城市的地标，如纽约的第五大道或翠贝卡区（Tribeca），芝加哥的北密歇根大道，东京的银座、表参道和原宿，伦敦的梅费尔地区（Mayfair），巴黎的奥斯曼大道，米兰的伊曼纽尔二世拱廊，以及许许多多城市的商业街（high streets）和购物中心，谈到它们都会让人立刻联想到其所在的城市。无论是本地居民还是外来游客，商业区都是他们的休闲社交之地。商业区还是城市和城镇的骄傲，店铺的品牌和品质是城市地位的象征，而共同的购物经历也能激起人们心中的场所归属感。诚然，这一切在很大程度上都要归功于形象设计、市场营销、广告和媒体。但对城市居民而言，商业区是他们日常生活中为数不多的公共空间之一。在快速

图2.1　意大利米兰大教堂的伊曼纽尔二世拱廊（Galleria Vittorio Emanuele II）
图2.2　多伦多伊顿中心（Eaton Centre）内的多层零售综合体（Toronto Tourism提供）

发展的城市里，商业区是居民们闲时社交互动的场所，也是举办活动的场所，因而具有格外重要的意义。

商业区的形态和设计极大地影响着其效益。大部分人在来到商场时，对于自己想要购买的商品只有一个模糊的概念，而商品的品类和陈列方式会对顾客最终的选择造成显著影响。一方面，商家会用许多策略将人们吸引到购物区、百货商店和专卖店里，同时还通过设置休息和用餐场所、儿童游乐区和娱乐场所等设施提供多种服务以延长顾客的停留时间；但另一方面，拥挤的人群、缺乏吸引力的商品、店铺间距过远、缺少天气防护设施、肮脏的环境等因素也可能会打消顾客的逗留欲望。商业区规划需要充分而深入地了解顾客的行为和心理，而我们的设计导则和文本往往并不会涉及这些知识。

商业区项目

在同等条件下，面积越大的商业区辐射客户的范围越广。当然，其他条件完全相同的情况是不存在的，事实上，商业区的吸引力会受到专卖店的品类、购物区的名声、宣传形象、交通状况和历史沿革等方面的综合影响，但规模依然是决定商业区辐射范围大小的一个重要因素。大型购物中心的零售商品品类繁多，往往能够辐射范围更广的顾客群体。我们可以用引力模型（gravity model）来估算购物区的辐射范围。引力模型类比牛顿定律，它显示了购物中心的辐射范围与它的体量大小（或建筑面积）成正比。例如，一座面积为附近购物中心两倍大的购物中心会吸引大部分顾客，其辐射范围为二者间距的2/3（Reilly 1931）。当然，顾客很可能会因为某类独特的商品前来购物，而并不在意商场规模较小和距离较远，但商场规划仍需要重视其规模的引力效应，以避免可能的风险。通常开发商会在城郊建设大型购物中心以满足未来的城市发展需求，同时尽量将商场建成超大规模，这样可以避免竞争对手在仅仅几公里开外也建造类似的购物区。

传统的商业区根据面积大小和类型不同有着各种各样的名称，如规模最小的叫便利中心（convenience center），一般会有一家营业至深夜的商店出售牛奶、杂货和零食，附近也许还有干洗店和小药店；面积稍大的叫作社区购物中心（community shopping center），也称为邻里中心（neighborhood center），包括大型超市、大药房、折扣店和小型百货商店等，还会附带若干服装店、家居家装店和其他小商店及一两家餐馆。更大一些的称为地区购物中心（regional shopping center），包括品类齐全的零售店，以至少两个大超市卖场或百货商店为核心，能够满足各年龄段人群的购物需求，内容包括时装直营店、礼品和家装商店、电子产品和玩具店及多家餐厅，而且还可能有美食城和电影院等；超级地区购物中心（superregional center）是面积最大的商业区，包括多家百货商店、时装直营店和全品类专卖店、娱乐中心，甚至还有汽车专卖店和其他一些销售奢侈品的店铺。

大型购物中心运营的一个难点在于，以大型连锁百货商店作为主力店铺并不能保证稳定的客源。在北美，经济困难时期百货商店的效益明显下滑，市场份额不断遭到品牌精品店和大型折扣零售店的蚕食。虽然百货商店在其他很多地方仍然受到市场热捧，尤其是在亚洲等购物中心被垄断供应链的贸易集团控制的地区，但即使在这些地方，成功的百货商场几乎也彻底转变为精品店的集合地。对于依赖单一主力店铺吸引客流的购物中心来说，一旦失去主力店铺（anchor store），又没有明显的替代物，其结果是毁灭性的。因此，伴随着市场兼并与整合，当前百货商店的数量在不断减少。近年来，开发商逐渐开发出多门类的商品市场，而不再完全依靠一两家主力店铺支撑。

其中一种手段就是超级商场（power center），其由5~10家以上占购物中心绝大部分交易额的大型经销店（书店、家纺店、儿童玩具店、户外用品店等）组成，这类经销店也被称为品类杀手店（category

表 2.1　不同类型的购物场所

类型	主要内容	一般面积 万 ft²（万 m²）	主力店铺	主力店铺占比	主要辐射半径 mi（km）
便利中心	日常需求	0.2~0.5（0.02~0.05）	便利店	30%~100%	1（1.5）
社区中心	每周需求	3~15（0.3~1.5）	超市、药店	40%~60%	3~5（5~8）
地区中心	一般购物	40~80（4~8）	多个百货商店	50%~70%	5~15（8~22）
超级地区中心	一般购物及娱乐	80~300（8~30）	多个百货商店、娱乐场所	40%~70%	5~25（8~40）
超级商场	类别购物	25~60（2.5~6）	多家大型专营店	75%~90%	5~10（8~16）
直销中心	减价名牌店	20~50（2~5）	流行高端名牌直销店	10%~30%	20~50（30~75）
娱乐中心	美食、电影、娱乐	5~20（0.5~2）	大型电影院	30%~50%	5~10（8~16）
时尚中心	高端服装与家居产品	8~25（0.8~2.5）	流行名牌店	10%~30%	5~15（8~22）

注：根据多种资料汇编

killer）。另一种应对措施是打造高端时尚中心（fashion centers），汇集多家品牌，营造专享氛围。而从另一个角度看，直销中心（outlet center）的发展策略是集合众多名牌的清仓店铺，因为品牌旗舰店的商品价格高昂，令顾客望而却步，而在这里人们却能以较低的价格购买到名牌产品。其他一些专营中心（specialty centers）要么聚集大量美食餐厅，要么聚集许多影院剧场，带来的多种消费选择的规模效应产生了极大吸引力。

然而，形形色色的购物中心应投资者和零售商的需求而生，其建筑却往往千篇一律，遍地皆是彼此雷同、毫无特色的购物中心。而有趣的购物区通常能呈现出有机的内部组织结构，如地方特色商业街两侧是有特色的本地产品零售店并穿插几家连锁店；服装店、古董店、画廊、图书或餐厅等久经历史演变，已打造出成功的商业品牌和口碑；基于某种历史文化遗产形成的民族特色购物区，往往会以当地美食为代表；还有以餐厅和表演场所为核心的娱乐中心等。

要在新建项目中实现上述成功的购物区内丰富的内在肌理往往极为困难，因为很多成功商业街的店铺之所以能够存活，是因为它们能够长期摊销资本成本，而且店主可能本身就拥有店铺产权（甚至二层及以上楼层的租金还可以用来贴补零售经营）。而有些店铺无法扩大规模，归因于店主及其家人就是店铺的所有员工，开设分店或扩展规模会打破店铺的基本经济模式。此外，像创业型餐厅等零售店只能开设在成本较低的地区，如果在新建的商业区内开设店铺，就需要资金补贴。上述种种原因都可能与开发商的意图相悖，不利于开发商吸引稳定可靠的租户及吸引潜在投资。然而，如果能在项目的经济策划上进行创新，还是能够汇聚一批可靠的商家品牌。

规划原则

醒目

购物区的成功依赖于店铺和商品的吸引力，正如商家常言，需要"吸引移动浏览量"（moving eyeballs）——路人可能正坐车或开车经过店面，或步行在商店外的人行道上。无论何种情况，商品都必须醒目才能吸引潜在顾客，而且店铺的入口和停车场也要非常显眼。因此，零售区规划的第一条原则就是尽可能向最大数量的潜在客户展示购物机会，但这种呈现必须是有重点地倾向于目标客户，而不是所有路人。例如，某些店铺（如依赖回头客的餐厅）可能不需要非常醒目；有些店铺可能只需要制作一个醒目的标志或招牌；但如果店铺需要不断吸引新顾客（如鞋店、服装店）或临时起意的顾客，就必须将商品直接摆放在顾客眼前。因此，设计师需要区分店铺所需的不同醒目程度，以满足不同品类店铺的需求。

流线

有利的地理位置、主力店铺入驻、宣传和大型活动会将潜在顾客吸引到商业区，但仍需通过规划设计确保这些客流能真正走进店里，其中的关键在于建立场地内的流线系统，轻松将人群从一处吸引至另一处，并确保潜在顾客能经过那些具有视觉冲击力的店铺，同时也借助标牌等其他手段引导他们前往更僻静的店铺。

例如，我们假设商业区内有两处顾客会去的重要目的地，那么很多购物中心都会在两处之间的通道沿线布局那些无法单独吸引客流的店铺。一般而言，两处主要目的地之间的距离应不超过600ft（280m），才能防止顾客出现疲劳，但如果沿途店铺布局得当而又颇有意趣，也可以适当扩大二者间的距离。欧洲城市的历史商业街普遍要更长，像哥本哈根的斯托格（Strøget）商业步行街全长超过1km，位于市政厅和国王新广场（Kongens Nytorv）之间，沿线全程至少有5种不同类型的零售店铺。而且，重要目的地需要足够醒目，才能引导人们不断往前走。无论是普通街道还是步行小道，在两旁均设置商铺店面会更具优势，因为它们能提升道路沿线兴趣点的密集度。

客流的动线与河流相似，有的会主要集中在主路附近的几家大型零售店周围（从主路能

图2.3　位于好莱坞大道上的好莱坞高地购物娱乐广场（Hollywood & Highland）凭借其醒目的标识和优越的位置吸引了大量前来洛杉矶游玩的游客（Hollywood & Highland提供）
图2.4　波士顿保诚购物中心拱廊式商业街吸引了大量每天通勤、散步或游玩经过此处的行人（Hack）

看见店铺），也有的会形成与主要客流相互交织的多条平行流线。例如，人们认为东京银座是一条两侧遍布百货商店的大道，但实际上这里还有其他几条与之平行的较小街道，道路两侧分布了一些餐厅、精品店和小型门店。

两层或两层以上的购物商场能够丰富可步行范围内的店铺门类，但要吸引购物者通过楼梯或扶梯上楼是有困难的，因此位于上方楼层的店铺必须位置醒目、足够有吸引力，才能引导顾客上楼。很多多层零售中心（multilevel retail areas）（还有日本的百货商店）会将餐厅安排在顶层，购物者需经过全部楼层才能到达顶楼。在位于圣迭戈的荷顿广场（Horton Plaza）内，顶层餐饮区已经成为吸引购物者经过所有楼层来到顶层的巨大"磁场"。另外，吸引顾客下楼要比上楼容易，所以另一种策略是让顾客从上层入口进入购物中心，如将入口设置在停车场的上方等。行业经验显示，在一栋两层商场内，需要让60%的购物者可经二楼进入商场，才能避免二楼无人问津。

与购物区外围的目的地形成连接也有助于吸引客流。例如，从澳大利亚弗林德斯火车站（Flinders Station）到墨尔本中央商务区的沿路人流巨大，凭借庞大的客流量，这里汇聚了密集的拱廊式商场、商业街和其他综合设施。位于波士顿的保诚购物中心（Prudential Center）虽然没有任何主力店铺，却极其成功，原因是每天有超过5万人经过这里的拱廊式商业街到达其他地点，而且开放式商业街的外部出口和零售区内的入口都非常醒目。

吸引并留住顾客

通过流线设计可以让顾客看到店铺，商家会借此尽力进行营销；另外，如果能够延长顾

图2.5 哥本哈根斯托格商业街两旁的商店错落有致（Dan/flickr/Creative Commons）
图2.6 位于圣迭戈荷顿中心顶层的餐饮娱乐区吸引购物者上楼经过整栋商场
图2.7 澳大利亚墨尔本的皇家拱廊（Royal Arcade）连接了火车站与市中心商务区

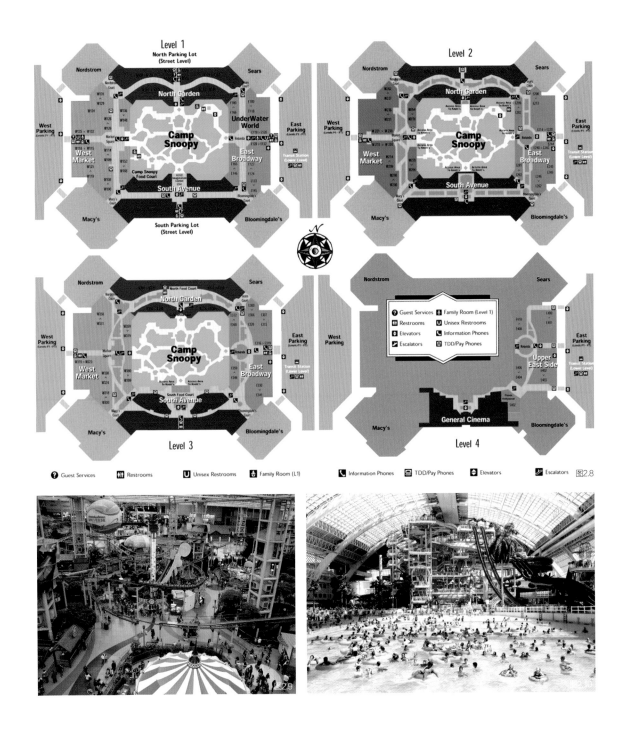

图2.8 明尼苏达州布卢明顿市美国商城内4层楼布局示意图（Mall of America）

图2.9 明尼苏达州布卢明顿市的美国商城内的尼克宇宙游乐园（Nickelodeon Universe）取代了原史努比乐园（Camp Snoopy）（Mall of America）

图2.10 加拿大阿尔伯塔省埃德蒙顿市的西埃德蒙顿购物中心内的水上乐园（Jody Robbins/West Edmonton Mall）

客在购物区的逗留时间，店铺成功的几率也会相应增加。通常而言，顾客的逗留时间会受到场地内功能集合、固定活动和便利设施等多方面的影响。一些超级地区购物中心往往更像是主题公园，由此使购物者的逗留时间成倍增加。例如，明尼苏达州布卢明顿市（Bloomington）的美国商城（Mall of America）有多座封闭式游乐园，父母在商场内购物时，孩子就能在游乐园内玩耍。这种模式的创始者是加拿大阿尔伯塔省（Alberta）埃德蒙顿市（Edmonton）西埃德蒙顿购物中心（West Edmonton Mall），这座购物中心内有一座游乐场，其中包括儿童和成人骑乘的游乐设施、大面积玻璃顶棚沙滩（及一座俯瞰沙滩的酒店）、潜水艇、音乐喷泉、咖啡街，还有一处供当地职业冰球队使用的溜冰场，这座溜冰场同时也是四季滑冰场。该购物中心提供存衣处和存包处，方便游客长时间在此停留，因此已经成为当地最优质的旅游景点。无独有偶，位于成都天府新区的新世纪环球中心（Global Mall）内有一座巨大的水上乐园，周围酒店、商铺和娱乐场所林立。虽然这些个例全部位于超级商场内，但小型的购物中心常常也带有植物园、演出场地、图书馆和邮局等公共设施、大型电影或数字屏幕、电视节目制作设施，以及其他吸引潜在顾客的娱乐设施。

在很多购物区，商家会集体组织一些活动赛事来吸引客流，同时增强社区的归属感。这些活动形式丰富，包括排演娱乐活动、儿童活动、展览、装饰园艺、农贸市场、手工艺或跳蚤市场、节日展览市场、电影放映和艺术展出等，全年都不重复。而诸如街头音乐表演、杂技、哑剧和人体雕塑等半固定的活动也能为购物区注入生机与活力。露天集市和四季节庆会将大量人群吸引到商业区，在淡季，停车场的部分地区可能会举办古董车展或社区旧货市场。因此，规划师要确保购物区的每一处公共空间都能满足多种用途，无论是街道、小巷、商场、广场还是停车场。这些场地不仅要形态和面积适宜，而且还要配备必需的供电、供水、照明设施和平台，以备临时建筑和展览之需。

后勤装卸服务

商家需要定期进货补充库存。如果供应链紧凑，存货量与销售量非常接近，所需的仓储面积就可减少，但这也意味着需要更加频繁地送货；很多商家也从事线上销售，因此会产生大量等待外送的商品；此外，一些批量进货的餐厅和零售店还会生产大量垃圾，这些垃圾必须经过压缩、存储再运走；而且零售商采用不同的收发货包装材料，难以进行统一整理收集……凡此种种，不一而足。考虑到零售商家比商场建筑本身变化更频繁，因此设计配套服务设施时，就要考虑到多种类型的租户需求。

　　直接在街道两侧停车装卸货物是最简单的方法，特别是在没有后巷或装卸区的地方，这可能也是唯一的途径。在美国很多城市，传统做法都是从送货卡车上直接卸货，经电梯或楼梯运送到地下室的库房。但在大多数新商业街，这种做法就非常不便：如果货车在道路两边直接卸货，会占用顾客的停车位置，而在无车辆出入的道路上卸货又会影响行人对店铺外部空间的体验。目前一种较为可行的解决办法是将货车的卸货时间规定在店铺开始营业前（如上午10点前），将垃圾收集时间定在店铺打烊之后。

　　店铺后门或配套服务场地自然是首选的货物装卸地点。除非店铺规模过大，较合理的方法是在多个店铺后门附近修建相连的装卸平台，共用货物装卸点。这样能最大限度地减少装卸平台的数量，并形成固定的垃圾存储和废弃物回收点。货物装卸平台的选址与规划是场地设计时最易引起争议的问题，附近居民会担心货车对交通安全造成隐患，尤其是大型货车等待卸货或倒车进入卸货区时；还会担心由此产生的噪声、气味和污染；以及装卸平台可能影响环境美观，垃圾存储点也可能会聚集老鼠等，这些都是居民区附近的混合功能区所面临的最为关键的问题。当然，上述问题都有相应的解决办法和处理措施，但装卸货地点必须规划得当，管理到位。

　　最理想的方案是在装有卷闸门的全封闭房屋内装卸货物。然而很多城市不允许这种倒入式卸货仓，因为大型（17m）半挂车的三点转弯面积至少需要28m×28m的空间。这在场地开阔的大型购物中心或郊区地带可能非常合适，但在城区的小型零售商圈内却不太现实。另一种办法是借助转台，货车可以先掉头再卸货，这种方法虽然有效但造价高昂。超大型混合功能中心可以修建地下卡车通道；如果零售店铺位于二层以上，也可以占用地面的部分地区修建装卸平台，香港很多高层建筑都在裙房采用这种方式。

　　无论采用哪种装卸方式，都需要对装卸平台严加管理，如安排固定的送货时间，紧邻居住区的场地更要限制送货时间（例如，晚上10点以后或早上6点以前不得送货等），采用垃圾粉碎机有效缩减垃圾的体量，停车后需要关闭卡车的发动机等。在有些情况下，尤其是多品类商店集聚的场所，在另一地点将货物分批，再使用小型车辆运送到零售商处更加合理和方便。

停车

在很多购物区，停车用地占比很大。停车场一度是个受本地管理规范制约和商场需求下的产物，往往是尘土飞扬，但规划人员逐渐认识到，在停车区的选址和设计上采取创新的方法将能带来很大改善。

首先需要准确计算所需停车面积，停车数在一天、一周和一整年中都会不断变化。按一般标准，北美的郊区购物中心普遍保持在每100m²零售面积配备3.7~4.7个停车位，其中80%的停车位供顾客短期停放，剩下的专供员工和其他长期使用者停车。这一标准是在对开车前来的购物者占比（100%）、每辆车上的购物者人数、合适的设计基准日（一般为一年中购物人数总数从大到小排位第15的日期）、设计基准日峰值数据等给定数值的前提下预测得出的。一旦更改任一估测数据，停车要求就会随之变化。例如，若在一年中的高峰时段将员工及其他长期使用者的车辆移出停车场，所需停车数量将下降大约20%。开通可直达购物中心的公交线路或在场地内设置公交站点也能大幅度降低所需停车面积。而对于步行商业街等特殊场地而言，路边的停车位可能就已足够。

室内停车楼所需的面积显然小于室外停车场。但在多数情况下，只有当地价非常高昂、足以抵消其建设成本时，多层车库才有意义。如果室内停车场的建设成本为50美元/ft²（490美元/m²）且最多可以修建3层，那么只有地价超过150美元/ft²（1470美元/m²）时才有必要修建停车楼。然而，不论哪类商业区，停车场都应作为后期发展的储备土地并进行相应规划。在停车场需要配备相应的内部道路，同时露天停车区也要考虑其适当的尺寸和规模，以便后续改作他用或建停车楼。慢慢地，未来购物

图2.11 华盛顿州雷德蒙德城镇中心在彼此独立的大楼间架设人行天桥（谷歌地图）

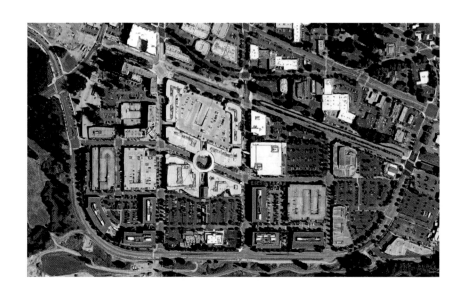

区可能会逐渐发展成为混合功能的商圈，西雅图郊区雷德蒙德城镇中心（Redmond Town Center）就是采取这类规划方式的典范。

图2.12　华盛顿州雷德蒙德市镇中心天桥一景

灵活性

相比城市的其他功能片区，商业区的更新速度更快：零售店铺保鲜期短，需要不断更新；要吸引顾客继续消费就需要不断引入新的商品；零售技巧和商业组织模式都会不断变化；零售区周围的人口分布和发展模式也会发生变化等，购物场所必须不断更新以更好地适应这一切。零售行业投资的回收周期相对较短，一般为15～30年，一旦借贷还款完毕，就可以再次投资建造。当然，每种零售类别的周期各不相同，餐厅往往易主频繁，主力店铺相对较为稳固（但容易出现业务整合），专卖店则介于二者之间，部分专卖店还能延续整整一代人。当某处商业区的形态已无法适应环境的变化时，就会阻碍当地店铺的经营和发展。

应对购物区变化的策略很多，最直接的是锁住市场消费群体、避免衰落。例如，在购物区内增建居住和工作场地都能维系周围的客流。哪怕一开始并未预留相关用地，也可以通过改建停车场等方式获取后续建设用地。第二种方法是通过巧妙地规划大型场地的土地用途，实现多层级、多类型的购物空间。马里兰州哥伦比亚（Columbia）新城的开发商——美国大型社区开发基金公司（Rose Company）就目睹了有多家零售中心被附近的新兴零售体击垮，因此哥伦比亚新城开发的最主要动因之一就是为了形成稳定的商业中心模式。第三种策略是承认零售店的更新换代并采取相应的方案。与其让场地在四周的新兴商圈中被闲置，不如兴建临时快闪店（pop-up outlets）或露天市场吸引人们前来消费。这些店铺在后期仍然可作为临时点保留，也可以在稳定的消费市场和客流形成后改为永久建筑。

不论何种策略，我们都需要时刻铭记这一点，即购物区场所永远处于持续变化之中，往往会传统和创新共存，并会深深扎根于来往顾客的脑海中。

购物区类型

露天市场

露天市场历史悠久，是最古老也最简单的购物场所。至今很多城市仍有许多露天市集和贸易市场。即使在最现代化的城市里，露天市场仍然与人们的生活有着千丝万缕的联系。在过去的几十年里，绿色市场、农贸市场、跳蚤市场、古玩市场、花卉市场、手工制品集市如雨后春笋般出现爆炸式增长。节假日集市常在主要的公共空间举行，如布鲁塞尔大广场（Grand Place）、罗马纳沃纳广场（Piazza Navona）、费城迪尔沃思广场（Dilworth Plaza）等，大部分欧洲城市还会举办圣诞节集市。另外，很多老城都有不止一处顶棚市场，它们在新一代年轻市民的努力下正重新焕发生机。

露天市场名目纷杂，其面积、布局和配套设施要求没有固定标准。一个临时的周末市场可能只需要一张带雨棚的折叠桌和一个停放送货卡车的车位，整齐一些的市场会划分出14ft×30ft（4m×9m）大小的间隔，足够小货车倒车和摊位摆放。像巴黎的花卉市场和荷兰的郁金香市场等固定的市场往往建筑设施完善，而且夜间可以上锁，可就地存放货物。一般而言，市场最基本的设施包括：为所有摊位装配电路设施，以及在市场边缘设置固定的供水点和垃圾收集站。大型公共市场一般还会提供冷藏设施（有的是商家各自独立的冷藏空间，有的是大型公共冷藏室），方便肉类、奶制品、蔬菜和花卉等的长期储存。

好的公共市场（public markets）可以建立起商户与顾客之间长期的信任与联系，市场不仅仅是商品交易的场所，也是人们的社交中心。随着市场的发展扩大，顾客人数增加，商家会不断增添固定设施，部分摊位可

能固定属于部分商户，其他的则可供日常或定
期使用。市场管理协会或市政当局通常会规定
集市时间，明确租户对摊位的改造权限，包括
招牌的大小和风格，以及商品的经营范围等。
有些市场还会出台一些额外的管理要求，如在
西雅图的派克市场（Pike Place Market），商
户只能经营单独的店铺，不允许加盟连锁店等。
波士顿法尼尔厅市场（Faneuil Hall Market）
的一起诉讼案还对市场所有者的权利提出了质
疑：市场的所有者规定商户只能出售新鲜蔬菜
（且只能在其规定的摊位出售），但披萨和熟食
的利润远高于前者。最后，市场所有者胜诉。

　　有许多市集的规划设计能带给设计者许多
参考。黎巴嫩贝鲁特市一片新的服装珠宝市
集（souq）位于一处大型建筑综合体内，该
建筑包括一家影院、一所家庭娱乐中心、一家
百货商店和一家美食城。这座传统市集看起来
非常现代，在顶部装有天窗，市集内传统商
铺排成整齐的行列。南非约翰内斯堡的索维
托（Soweto）社区在一座综合交通运输中心内
规划了一处公共市场，旅客在从长途客车换乘
城市公交时，能够在市场里购买食品和日用百
货，市场内配备有储物设施，并为商户配发锁
具，方便他们夜间存放货物。

　　大型公共市场一度是城市的骄傲，现在仍
然是居民和游客光顾的重要场所。牛津帐篷
市场（Oxford Covered Market）于1774年开
张，至今仍然在运营。还有像布达佩斯中央
市场（Central Market Hall）、巴塞罗那圣卡
特琳娜市场（Mercado Santa Caterina）、费
城雷丁火车站改造市场（Reading Terminal
Market）、多伦多圣劳伦斯市场（St.Lawrence
Market）和洛杉矶中央大市场（Grand Central
Market）等的顾客都来自全市各个地区。稍小

图2.13　弗吉尼亚州罗诺克农贸市场（Roanoke Farmers Market）
里设置了摊位（Roanoke, Virginia）（Julie Stone提供）
图2.14　澳大利亚墨尔本维多利亚女皇市场（Queen Victoria
Market）的奶制品区
图2.15　华盛顿州西雅图市派克市场内临时摊点和永久摊位相结合

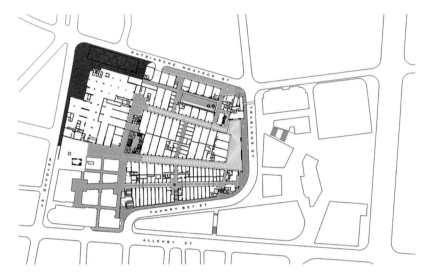

图2.16 黎巴嫩贝鲁特新市集
平面（Studio Rafael Moneo
提供）

图2.17 黎巴嫩贝鲁特新市集一
景（Solidere提供）

一些的市场，如赫尔辛基码头附近的老室内市场（Old Market Hall）、渥
太华拜沃德市场（Byward Market）、安大略省基奇纳市（Kitchener）
的基奇纳市场（Kitchener Market）、宾夕法尼亚州兰卡斯特中央市场
（Lancaster Central Market），皆因当地盛产的特色产品而知名。包括
伦敦的考文垂花园市场（Covent Garden Market）、布拉格的温纳哈斯
基购物集市（Vinohradský Pavilon）、波士顿的法尼尔厅市场和西雅图
派克市场在内的一些公共市场都进行过修整，以容纳更多不同行业的商
户。这些市场的主厅内增加了熟食摊、餐厅、手工艺品和纪念品摊位，

大厅的四周开设了精品店及其他类型的店铺。当前，随着顾客流中游客比例的大幅增长，市场原本的功能受到挑战，打个比方，人们开始质疑生菜和牛肉对游客来说好像没什么用，然而本地居民又需要这些商品。面对这种局面，西雅图派克市场采取一系列策略取得了良好成效，包括：慎重选择租户构成，将地下一层低租金的摊位租给特定行业，如帽子摊和理发店等，而在主要场所出售生鲜海产和季节性蔬菜水果。

在新建市场中，温哥华格兰维尔岛市场（Granville Island Market）很好地在游客和本地居民之间、永久和临时摊贩之间，以及食品和其他商品之间保持了平衡。这座市场的主体建筑共有两层：临水的一面为熟食区，设有桌椅供往来人群休憩和用餐；而针对家用的农产品摊点则位于出口附近，方便顾客采购。当地通过设计标准统一规定了固定摊位的基本外观，但摊主仍然有很大的自主权，可以自行装饰自己的摊位。

图2.18 巴塞罗那圣卡特琳娜市场鸟瞰（Enric Miralles and Benedetta Tagliabue - EMBT/Roland Halbe photo提供）
图2.19 巴塞罗那圣卡特琳娜市场内景

图2.20 加拿大温哥华格兰维尔岛公共市场

图2.21 加拿大温哥华格兰维尔岛公共市场内景

便利购物中心

　　新建的开发区通常需要配备日用品商店，售卖一些食品、药品、杂货和个人用品，但未必需要商业街，因为后者通常会慢慢自行生成。因此，一种规划策略是建造带有公共停车场的便利中心，另一种则是以在居住区步行范围内设置便利中心为基础。这类便利中心通常以若干家出售方便食品的小超市或药店为主，面积普遍不超过3000m²，有时还包括小餐馆、快餐店、干洗店、美容院、卫生室或牙科诊所、保险业务处等其他商铺，以及应对当地居民需求的其他服务设施。在大部分人需要驾车前来的便利中心，由于来往车辆停放时间短，通常每1000ft²（100m²）可出租面积需要配备4个停车位；而在大部分顾客步行前来的地方，可以相应减少停车面积。

　　便利中心面临的最大问题是如何真正做到便民，方便人们采购物品，同时满足驾车和步行前来的顾客的需求。很多连锁便利店喜欢将门口用作停车位，这样人们从街道上就能看见，但步行前来的顾客就不得不穿过车辆间的空隙才能到达便利中心的入口。还有一些设计方法可以解决这些问题，如可以将便利中心入口设置在店铺侧面，紧邻人行道；或开辟一小片平地，几家店铺共用这一行人入口，同时提供独立的停车通道。店铺的橱窗必须面朝街道，尽可能将店铺选址在道路转角处，这样店铺就可以开辟两个方向的入口。如果将办公场地设置在沿街建筑的二楼以上楼层，就能更好地发挥便利中心的职能，一般这会受到医疗设施、保险业务等地方服务设施的欢迎。公交站点附近是非常理想的便利中心选址，也因此是带有门面的住宅楼的有利选址。美国马萨诸塞州鳕鱼角（Cape Cod）的玛许比公共用地（Mashpee Commons）是一座规划得当的便利中心，经过再开发后已成为其所在地的市镇中心。

工具栏2.1

马萨诸塞州玛许比公共用地

玛许比公共用地的前身是新海贝瑞（New Seabury）购物中心，占地6.2万ft^2（5760m^2），以一家超市为核心。后来这里重建为一处露天购物中心，作为当地的新市镇中心，并开设了大量崭新的零售店铺和公共服务设施。店铺门口的道路整齐宽阔，为居住区和其他设施预留的几片小型场地都用作了停车场。经过25年的发展，玛许比公共用地的面积达到11万ft^2（1.02万m^2），有110家店铺及企业入驻。绝大多数屋顶都安装了太阳能电池板，年发电量达到4.8万kW·h。

场地规划：Duany Plater–Zyberk Associates

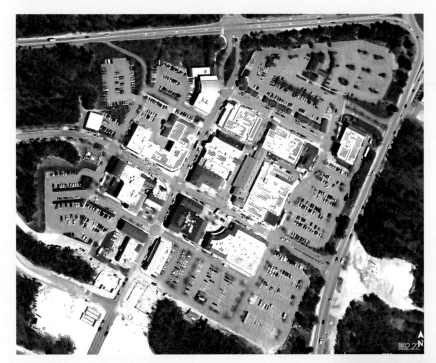

图2.22　马萨诸塞州玛许比公共用地鸟瞰（谷歌地图）
图2.23　新海贝瑞村原购物中心（Mashpee Commons LP 提供）
图2.24　现在的购物中心鸟瞰（Sun Bug Solar提供）

图2.25 玛许比公共用地现状（Elizabeth Thomas Photography提供）
图2.26 玛许比公共用地北街店铺一景（John Phelan/Wikimedia Commons）
图2.27 玛许比公共用地夜景（Paul Blackmore/Mashpee Commons提供）
图2.28 玛许比公共用地远期规划图，包括住宅、公园和其他零售用地（Imai Keller Moore Architects提供）

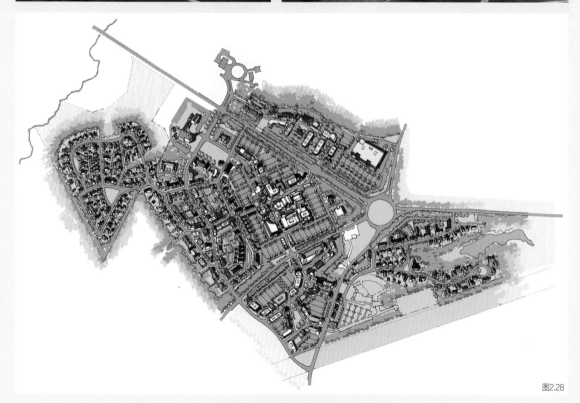

图2.28

商业街

商业街是大多数城市购物区最主要的类型。很多商业街历史悠久，在诞生之初，大量顾客会步行或乘公共交通工具前来购物。因此，在一些依然以步行和公共交通为主要出行方式的城市，商业街仍然保持着繁荣的景象。在场地规划中，我们可以修建新的商业大道，也可以延长现有的商业街道，成功的商业街案例能给我们很多有益的经验。

当商业街规模与行人容量相符时，所产生的效益是最高的。人们沿街行走时，橱窗里的展品和店内明亮的灯光会吸引他们走进店里；雨篷既能遮阴挡雨，也能拉近行人；高大的行道树则在炎炎夏日为人们带来一抹清凉。天气晴好的时候，商家将店里陈列的货品摆放在街道上，餐馆可能也会在人行道上摆放用餐的桌椅。但这种方式也有缺点，因为站在街上一眼望去全是雨篷、招牌和二层楼，而一层橱窗的视线则被路上的交通车流阻挡。聪明的商家往往会在二层橱窗陈设展品，吸引街对面的购物者。如果行人流量稳定，店家通常会希望逛街的人们在路边暂坐，停下来休息或继续交谈，并在稍安静的角落里布置长椅供人们歇脚。

从行人的角度来看，可以有无数种方法设计出一条合理的商业街。理想状况下，商业街不应过宽，以免人们因穿过道路麻烦而不愿走进店里，通常以单向两车道以下为宜，如果是单行道，则最好不超过三车道。在道路两侧建筑的间距不超过50ft（15m）时很容易打造风貌统一的商业街，宽度为60ft（18m）时仍然可行，但宽度达到70ft（21m）时就很难吸引对面的顾客走进店铺。人行道的宽度要留足，保证两人并行时仍能够从第三人身边超过，同时还有剩余空间可供沿街摆放商品或露天咖啡

图2.29　日耳曼敦大道（Germantown Avenue）是费城栗树山社区的一条商业街
图2.30　弗吉尼亚州赖斯顿市（Reston）中心商业街

桌，因此人行道至少要达到6ft（1.8m）宽（见中卷第5章）。此外，街区尺度要较小，才能保证行人可以自由往来于道路两侧。

连续性是商业街成功的另一要素。若不时出现酒店车道、停车场通道、写字楼大堂或银行等服务机构高大的前门，就会降低商业街的核心吸引力。在有选择的情况下，面窄进深长的零售店面比面宽进深短的要好，因为前者能让街道两侧具有更丰富的吸引顾客的兴趣点。在纽约百老汇大街，沿街店铺的门面通常很窄，以便吸引人们走进店铺，随后再乘电梯去往楼上或地下更大的店面。这类设计策略是把大店铺与进深较短的店铺交错搭配，大店铺的部分空间隐藏在小店的背后，就像电影院直接以街道为走廊，在店铺的背后留出了大面积空间。此外，如何利用街角是一个关键问题，街角往往体现了街道的特色，因此要避免街角处出现银行之类毫无特色的门店。

很多地方都建有拱廊商业街，不仅能够遮阳挡雨，而且能够以行人为核心设计街道。瑞士伯恩（Bern）的拱廊式街道免去了人们清理积雪的负担，还在很多一层的拱廊安装有地下供暖管道。威尼斯圣马可广场（Piazza San Marco）由两层的柱廊式建筑包围，马德里的马约尔广场（Plaza Mayor）也是如此。在圣米格尔-德阿连德（San Miguel de Allende）和其他很多墨西哥城市，宽阔的拱廊为逛街的人们提供了一片清凉之地，甚至能容纳人们在柱廊下用餐。在中国南方的广州等城市的老街上，街道两旁店铺密集，并且人行道上都带有顶棚；台北很多重要街道上的新建筑也沿用了这种模式，但由于缺乏妥善的管理，人行道常常挤满随意停放的摩托车。成功的拱廊商业街提供了可借鉴的设计范式，也在佛罗里达州欢

图2.31　意大利威尼斯圣马可广场周围的拱廊
图2.32　佛罗里达州欢庆城主街两侧的拱廊
图2.33　佛罗里达州欢庆城连通主街的、位于店铺后院的停车场

庆城（Celebration）等新社区中心得到应用。

然而，拱廊商业街（arcades）并不是最理想的商业区，因为带有顶棚的长廊的内部采光通常不如露天街道好，而且会导致店铺不够醒目。在美国，绝大部分店铺都不喜欢凹嵌式门窗。如果柱廊高度超过两层，其顶棚覆盖面积就会缩减，进而影响它的实用功能。

停车是商业街需要解决的一个重要问题。路边停车位可以解决部分问题，但需要限制为短时间停泊，以免员工在顾客到达前就占用了全部停车位。高端零售店可以采用路边代客泊车的办法。在新建建筑中，也可以将停车场设置在楼上店铺的底层，避免道路沿线出现不和谐的景观。最常见的做法是将露天停车场或室内车库设在零售店的背面，但是这样一来，顾客会首先到达店铺后侧，如果停车场内直通店铺，就必然会降低顾客沿街观赏的概率。因此，应该修建引导顾客走进正门的通道，在通道两旁开设小店铺也是不错的选择。地下停车场（或商店楼顶的停车场）也是一样，即引导购物者在路边下车，而不是下车后直接进入某家店铺。这样既能增强商业街的安全性，还能够在非营业时间也充分利用停车场。

拱廊商业街

在很多气候温暖的城市，都会在街道上方搭设织物顶棚以免顾客被晒伤。在伊斯坦布尔的大巴扎（始于1461年）和伊斯法罕纺织会馆（Cloth Hall of Isfahan）（1585年），带顶棚的街道和小广场纵横交错，数百家摊位散列其中。伊斯坦布尔大巴扎的店铺总面积达到了20万m^2。

从19世纪早期开始，气候寒冷多雨的城市也开始在街道上方铺设玻璃顶棚，形成了热闹而紧凑的特别商业区。这些顶棚逐渐演变成拱廊，至今仍保留在部分城市里。拱廊商业街的独特之处在于所有店铺的入口位于同一层，虽然上层也可扩建为店铺、办公室或库房。拱廊下的走廊一般不超过10m宽，而地面至玻璃穹顶的距离至少是宽度的两倍。大部分走廊的尽头并不是封闭的，而是通往休憩地点。好的拱廊商业街会充分利用走廊两侧空间，或在通廊尽头设置重要目的地引人前往，而且走廊两边颇具特色的店铺本身也值得一看。

伦敦的伯灵顿拱廊街（Burlington Arcade）始建于1819年，至今仍然是拱廊商业街的典范。它紧靠邦德街背后，宽度仅为3m，全长177m，位于皮卡迪利（Piccadilly）和伯林顿花园（Burlington Garden）之间。长廊两侧共有72家双层店铺，每家店铺占地面积均为2.8m×4.6m，部分店铺由两间店面整合而成。曲面的玻璃橱窗光鲜明亮，陈列着不同商品，

图2.34 伦敦伯灵顿拱廊街北入口（© Andrew Dunn/Wikimedia **图2.35** 带有顶棚的日本广岛本通商业街
Commons）

风格华丽的维多利亚式建筑营造出一种高端质感。在近乎两个世纪的时间
里，这里一直都是繁荣的高端商业街。

伯灵顿拱廊街引发了欧洲争相建设拱廊商业街的热潮，包括巴黎的
薇薇安拱廊街（Galerie Vivienne）（1826年）、布鲁塞尔圣于贝尔长廊
（Galeries Royals Saint-Hubert）（1830年，布鲁塞尔7条类似长廊中的
第一条）和圣彼得堡的帕萨其（Passage）（1848年）等，每一处都改造
了旧有的商业环境，用豪华的沙龙代替了原有的拥挤店面。其他国家城
市也紧跟拱廊街的潮流，其中最有名的要数澳大利亚墨尔本的皇家拱廊
（1869年）（见图2.7），墨尔本有很多这类街道，吸引着大量来往于弗林
德斯车站和柯林斯大街商务区之间的人流。

地面拱廊街是一种重要的商业区组织模式。在波士顿保诚购物中心，
交错呈X形的拱廊围合出中间的户外空间，一年四季凉风习习。拱廊连
接了场地外的重要目的地，如科普利广场（Copley Place）、海因斯会
展中心（Hynes Convention Center）以及后湾区和南角区。拱廊宽28ft
（8.5m），具体宽度由地下停车场的柱网间距决定，其空间容量也受限于单
层可用作零售空间的建筑高度。保诚购物中心的拱廊保留了早期欧洲拱廊
的部分特征，但规模更大，是美国最成功的拱廊商业街之一（见图2.4）。

很多日本城市会将偏僻的巷道封闭起来建成拱廊街。其中，最成功
的是广岛本通街（Hondori Street），4层楼高的玻璃拱形穹顶遮盖着这条
10m宽的街道，道路两边是许多独栋建筑以及精品店、食品店、餐厅、电
影院和大众市场等各种店铺。部分店铺不止一层高，但仅有一个位于一楼
的入口。这条街的两端是百货商店和大型电子设备卖场，与一条遍布银行

和各类机构的大街并列，人们乘坐有轨电车就能到达这里。送货的卡车会在非营业时间在人行道上卸载货物。

商业长廊

随着拱廊商业街的扩大，它们逐渐发展成多层购物商圈，有时上层还会有办公空间或服务设施。尽管它们也被称为拱廊，但由于这类商业区横跨多层建筑（办公空间也是如此），而且内部空间也更加广阔，一般将这种长廊与上面提到的拱廊街进行区分（Geist 1982）。米兰埃马努埃莱二世长廊（Galleria Vittorio Emanuele II）是最知名的商业长廊（gallerias），模仿之作遍布世界各地。这条长廊于1864年竣工，面向广场一侧的是米兰最大的公共广场——大教堂广场（Piazza del Duomo），斯卡拉歌剧院（Teatro alla Scala）及小广场位于另一侧。整条长廊高7层，总面积为4.5万m²，一层和夹层共计1260个店铺开间，三层是对外出租的俱乐部、办公室和工作室，其上四层为公寓。公共走廊宽达14.5m，走廊面积达到1150m²，其中部分路段专为路边咖啡馆和展览使用。一层和夹层的店铺品类繁多，百货商店、展销厅、高级定制时装、咖啡馆、精品店和纪念品商店应有尽有。拱形的玻璃穹顶离地29m高，最高处更达50m。庞大的规模使得这条长廊成为米兰生活的中心。

商业长廊的风潮在19世纪晚期席卷整个欧洲和新大陆。紧跟其后的那不勒斯在那不勒斯歌剧院对面建造了翁贝托一世长廊（Galleria Umberto I），这条长廊由4条十字形交叉的走廊组成，中间的圆形穹顶甚至比埃马努埃莱二世长廊的穹顶还高。莫斯科古姆（GUM）国立百货商店拥有全欧洲最大的拱廊，占地达90m×250m，几乎是一整条城市街区。3条大拱廊和3条较小的横向走廊横跨了16栋建筑，两边林立着1000多间店铺，顶部均安装了玻璃屋顶。

在美国，克利夫兰（Cleveland）和普罗维登斯（Providence）都建造有华美的多层拱廊。克利夫兰拱廊建于1890年，地上两层分布着100多家店铺，三层以上为办公场所。这里曾经是一处零售中心，毗邻两栋9层办公楼，现在已成为连接不同街道的通道。近年来，拱廊的上方楼层被改造为一家精品酒店，下方楼层依然遍布专营店和服务设施。

这些华美的拱廊建筑成为当代购物中心争相模仿的对象。当代最恢宏的商业长廊要数多伦多伊顿中心（Eaton Center）。这座庞大的建筑共5层，占地14.5万m²，购物大厅全长275m，顶部是28m高的圆形玻璃穹顶。伊顿中心有多个入口，购物者可以从位于商场内部的地铁站大厅（一

图2.36 米兰埃马努埃莱二世长廊平面（Archventil.com提供）
图2.37 米兰埃马努埃莱二世长廊在大教堂一侧的入口
图2.38 米兰埃马努埃莱二世长廊的餐饮购物区
图2.39 莫斯科古姆百货商店的商业长廊（Assawin Chomjit/123rf.com）

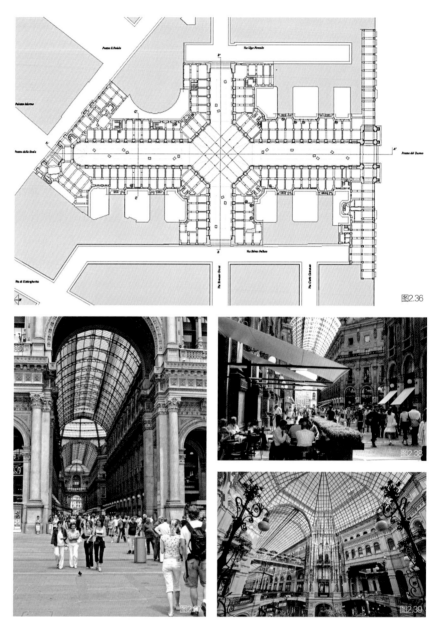

图2.36

层）、临街的地面入口（二、三层）以及通达毗邻的百货商场的天桥（三层）进出，也可以经停车场电梯出入，停车场毗邻伊顿中心，共有1650个停车位，并通往中心的三、四、五层。便利的进出路线保证了各层均能有活跃的商业活动。250家各种各样的店铺包括了一家大型百货商店、商品批发店、精品店、餐厅、各类服务设施和一家多银幕电影院。办公场所位于长廊两侧四层以上的空间，在这座庞大的购物中心侧翼还有两座大型办公楼和一家酒店。

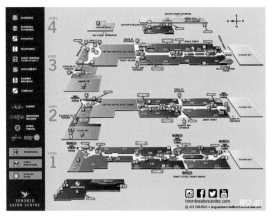

社区型购物中心

　　与恢宏壮丽的商业长廊形成鲜明对比的是立足于本地市场的购物中心。这类社区购物中心（community shopping center）一般以超市或大型商场为主，内部有药房、日用杂货商店和其他便利商品店及服务设施。随着这些店铺面积的扩大，很多原本在独立店铺中出售的商品也会在这里出售。社区购物中心的面积在 $3000 \sim 10000m^2$，其中主力店铺面积达到一半以上。要在这类规模上实现良好运转，需要周围社区居民数量至少在1万名以上。

　　这类社区购物中心最重要的角色是成为社区活动的中心，因此很多早期的社区购物中心至今仍然运转良好，而且有许多经验可供借鉴。1924年在密苏里州堪萨斯城开业的乡村俱

图2.40　多伦多5层高的伊顿中心示意（Cadillac Fairview Corporation提供）
图2.41　多伦多伊顿中心炫目的外观反射出相邻的央街（Yonge Street）购物区（Maris Luksis /flickr）
图2.42　多伦多伊顿中心室内的商业长廊

图2.43　得克萨斯州达拉斯高地公园村鸟瞰，这是最早的社区购物中心之一（Terry Theiss Photography提供）

乐部广场（Country Club Plaza）是很早期的一家高档购物广场，它在布局和内容上借鉴了摩尔人村落（Moorish village）的店铺和广场形式。建于1931年的得克萨斯州达拉斯市高地公园村（Highland Park Village）购物中心则效仿了乡村俱乐部，尽管经历了多年来的多次翻新和升级，高地公园林漂亮的中心广场、优雅的喷泉和西班牙殖民时期风格的建筑仍然赋予这里极其独特的魅力。得克萨斯州休斯敦橡树河购物中心（River Oaks Shopping Center）建于1937年，充满装饰艺术风格（deco style），是最早的现代购物中心之一，由餐饮酒肆、美容理发店、药店、缝（洗）衣店、花卉礼品店、电器杂货店和女士服装店形成这里最初的商业集群，如今橡树河购物中心仍然是当地重要的购物区，除作为主力店铺的超市以外，也吸引了书店、设计师家具店、画廊、时装店、电影院和近20家餐厅及特色食品店入驻，这也反映了周围地区社会环境的变化。

　　社区购物中心的主力店铺往往是大型超市或大型卖场，而随着超市和卖场的规模日益增大，社区购物中心越来越像是一个巨大的盒子，里面装着大超市和零星散步的小店，周围被密密麻麻的停车场包围。为了打破这一布局困境，场地规划需要采取一系列策略。第一条策略是以公共交通为导向布局商铺中心，让大量购物者可通过轨道交通、公交车，或公交换乘的方式到达购物点。这样大家都能够从站点步行到达购物中心，因此可以将店铺集中在步行空间里。加利福尼亚州奥克兰市水果谷村（Fruitvale Village）就是一个很好的例子，它的周围是较低收入的居民社区，在场地规划与设计过程中充分考虑了当地居民的意见，由于人们普遍乘坐地铁或公交车经过这里，很多人会在出站后短暂停歇一阵，再步行回家或去车辆停放处取车。水果谷村很好地诠释了如何规划有效的交通导向型社区商业区，其中的首要条件是混合功能：人们在前来购物或途经商业区时，就能同时完成多件事，包括看病、买贺卡、图书馆还书，购买每日或每周所需的生活用品等。因此，设计师在场地规划中设计了购物中心与周边社区之间便捷的步行通道，能够引导人们在去停车场的途中经过店铺，或在换乘的时候能看见店铺。商业区内也布置了供人们休憩的地方，方便人们在偶遇朋友的时候能喝杯咖啡、聊聊近况。社区购物中心的设计还应满足各个年龄段人群的需求，无论是玩耍嬉戏的儿童，还是想观察行人打发时光的老人。一般而言，以公交出行或步行人流为主要目标顾客的超市面积会较小，不超过3万ft²（2800m²）。此外，公共交通导向型的社区购物中心的停车场往往极为精简，如在华盛顿特区的交通站点附近的超市只需每100m²配备3个停车位即可，而在郊区每100m²通常需要配备5个停车位。

工具栏2.2

加利福尼亚州奥克兰水果谷村

水果谷村是一处紧邻加利福尼亚州大众捷运（BART）轨道车站的公共交通导向型购物中心开发项目，同时也是一处重要的公交换乘站点。在4.5万ft²（4200m²）规模的零售和餐饮商圈内，有一家超市、银行、咖啡馆、唱片店、美容院、烘焙店以及其他设施。此外，还有4.5万ft²（4200m²）的办公和社区服务空间，包括一座图书馆、老年活动中心、儿童发展中心、健康诊所和一系列地区服务设施，所有建筑的二、三层均为对外出租的住宅。场地的总建筑面积达25万ft²（2.32万m²），后续将进一步扩建。

场地规划：McLarand，Vasquez &Partners

图2.44 加利福尼亚州奥克兰水果谷村平面（McLarand, Vasquez &Partners提供）

图2.45 大众捷运（BART）水果谷村站（Eric Fredericks/ Flickr/Creative Commons）

图2.46 集购物与服务设施于一体的商业街
图2.47 水果谷村的社区一侧入口
图2.48 购物中心与附近街道的商铺紧密相连
图2.49 通往二楼服务和住宅设施的楼梯，也有电梯可通往二楼

欧洲城市在公共交通导向型购物中心的开发模式上积累了丰富的经验，因为这种模式在欧洲历史悠久，所有具有公交车或电车系统的城市都会形成相应的社区商业街，如果公交线路沿线重要节点有较大面积的土地，也都会用来建设社区购物中心。例如，德国弗赖堡的Sonnenschiff中心面积虽小却很成功，它是弗赖堡瓦邦社区（Vauban）太阳能定居点实验（Solarsiedlung Experiment）的成果之一。这处购物中心紧邻瓦邦社区最重要的交通站点，以一家有机超市为主力店铺，商业面积1160m²，办公面积3800m²，主要供当地所需的专业服务机构使用，高档顶层公寓位于购物中心上方。

第二种策略是在当地的主街沿线打造社区购物中心，将停车区设在店铺后侧。前面的章节中讨论了有关商业街的内容，但在统一的规划下，可以实现沿商业街的零售、娱乐、服务、办公与居住区之间的良好平衡，不同的功能能够与当地一天24小时的日常生活形成有机结合，合理的功能组织能够吸引人们在前往目的地的途中也在多处地方逗留。因此，办公区、居住区、餐厅和购物区之间的客流流线是最重要的规划要点之一。关于混合功能的组合方式可参考佛罗里达州奥兰多市鲍德温公园村中心（Baldwin Park Village Center），这条崭新的大街沿线的商业面积达21.2万ft²（1.97万m²），包括一家超市、药店、餐厅、精品店和两家大型银行分行，在商业区上方共有117户公寓及办公场所。其中，超市位于中心地段，两处入口分别面向大街和后方的停车区，步行和开车的顾客都可以方便地出入。与大部分购物中心不同的是，鲍德温公园社区开发项目在开发之初就先修建了购物中心，通过建立商业活动区来

图2.50　德国弗莱堡位于瓦邦交通站点的Sonnenschiff混合功能中心
图2.51　佛罗里达州鲍德温公园村中心区鸟瞰（谷歌地图）
图2.52　佛罗里达州鲍德温公园村主街一景（Better Cities & Towns）

打造服务全社区的市场品牌。

但如果大部分客流是驾车前来，而附近又没有规模性的商业区及高密度居住区，商圈中心规划的一大策略要点就是需要创建一个多功能公共空间。公共空间可以作为农贸市场、节庆演出场地或其他社区活动的场所。达拉斯高地公园中心的经验展示了这类空间对社区形象塑造的显著影响。在购物中心内配备重要的市民和宗教用途设施，如图书馆、社区休闲中心、艺术中心和教堂等，也能增强购物中心在商业用途以外的影响力。马里兰州哥伦比亚市的很多乡村购物中心就采用了这种方式，这些商业区取得了多重成功：一方面小超市并未在与大型超市的竞争中消亡，而是变成全民药店等其他一些商铺；另一方面，购物中心同时也成为社区生活的核心。除上述举措外，还有两个非常关键的措施，其一是借助缓解热岛效应的景观设施来降低停车场对微气候的影响；其二是创造性地规划停车场，保证其在非高峰时间段可以临时作为其他场地使用。

地区购物中心

在20世纪50年代的美国，连锁百货商店正在向快速城市化的郊区地带扩张，出现了最早的地区购物中心，后来逐渐被称为"商场"（malls）。现代购物中心之父维克多·格伦（Victor Gruen）认为，地区购物中心是郊区的社交中心，其中心地带一般设有顶棚，一年四季都能运转如常。位于明尼苏达州伊迪纳（Edina）的南谷购物中心（Southdale Center）于1956年开业，是美国第一座封闭式现代购物中心，也是第一家拥有双层零售空间的购物中心，可以说是对19世纪拱廊商业街的再创造。南谷购物中心通过将停车场设置在弯曲的坡道上，引导大约60%的购物者从二层进入商场。在后来的短短10年之内，郊区商场遍布美国几乎所有城市，而且风靡全球，在任何能够支撑连锁零售商的城市里都能找到它的身影。事实上，全球连锁零售业的发展也正是得益于购物中心统一的空间和布局形态。各个国家、各个城市里的购物中心都几乎出售相同的商品，采用了一致的店铺设计。

早期的购物中心一般会拥有至少两家主力店铺，并在布局上位于哑铃形结构的两端，中间位置分布有各类专营店。后来，购物中心的主力店铺数量很快就增加到3~4家，因此产生了新的布局形态，如L形和X形的布局。当主力店铺数量达到6~8家后，有些购物中心开始采用多栋彼此相连的建筑体的方式，形成了跑道循环式结构（racetrack circulation pattern）或8字形结构，另一些则扩大建筑宽度，中部呈扭结状，以缩小

建筑体两端的视觉长度。还有些购物中心则采用多层结构来缩小主力店铺间的距离，这种多层布局使得商场内部空间需要拓宽，以便人们站在一楼就能看见上层店面。因此，这又催生了大型商场中心的餐饮亭（vending carts）和摊位（sales kiosks）。多伦多的舍维花园购物中心（Sherway Gardens Shopping Center）在建设期间，就因为一家主力店铺的退出反而促成了美食城（food court）的诞生，当时，由于开发商不愿闲置这片店面，故而引入很多临时的食品摊点和用餐桌椅，没想到这一举措竟大获成功，如今美食城几乎已经成为购物中心的另一个代名词。

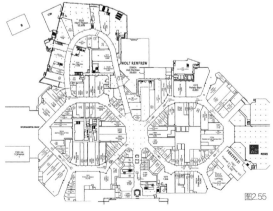

图2.53 明尼苏达州伊迪纳（Edina）南谷中心（Southdale Center）第一座封闭式双层购物商场鸟瞰（Victor Gruen/Minnesota Historical Society）
图2.54 明尼苏达州伊迪纳南谷中心内景（Bobak Ha'Eri/Wikimedia Commons）
图2.55 多伦多舍维花园购物中心内的8字形布局（Cadillac Fairview Corporation提供）

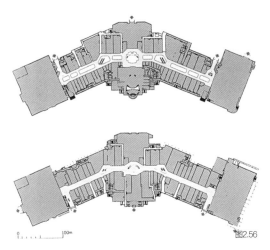

图2.56 英国布里斯托尔的克里布斯堤道购物中心平面（M & G Real Estate Limited）
图2.57 英国布里斯托尔的克里布斯堤道购物中心的入口大门与中庭（Valela/Wikimedia Commons）
图2.58 科罗拉多州布鲁姆菲尔德市的弗拉蒂伦商场室内外综合平面（© CallisonRTKL提供）

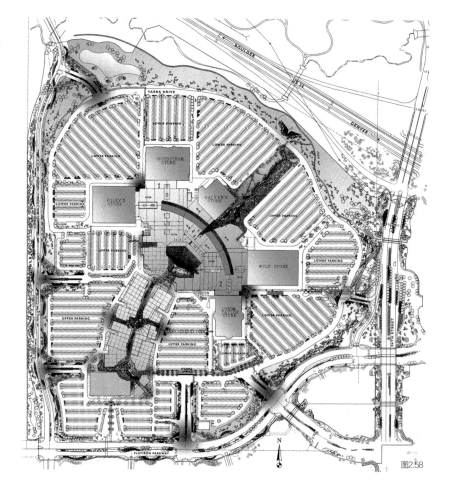

地区购物商场的传统布局模式是引导顾客从端头的主力店铺进入商场，或者从步行街一端的小入口进入商场内部，营造出内部通廊两侧密布店铺的封闭感和规整感。一般来说，商家偏好这种布局，但是顾客行走在密集的店铺中间往往容易产生疲乏。新的地区购物中心则倾向于建造较大的门厅入口，并在大堂陈列各种各样的商品，营造出一种亲切的氛围。例如，英国布里斯托尔（Bristol）的克里布斯堤道购物中心（The Mall at Cribbs Causeway），人们经过一个大大的玻璃拱廊入口进入商场内部，再经由长廊穿梭于购物中心内的两家主力店铺和其他店铺之间。

随着封闭式地区购物商场在美国、欧洲和亚洲的成熟，顾客们逐渐厌倦了它们千篇一律的外表和一成不变的零售店铺，开始觉得毫无新意，对此开发商们开始有意识地采用彰显地区特色的布局形态和材料，别出心裁地打造属于自身的特色品牌，其中圣迭戈的荷顿广场（Horton Plaza）是最早的尝试者之一。荷顿广场完美地利用了当地气候条件，在多层建筑内部构建了露天集市，形成露天的公共空间。而科罗拉多州冬季气候寒冷，因此采用了另一种策略，科罗拉多州利特尔顿市（Littleton）草甸公园（Park Meadows）购物度假村参考了附近的落基山脉中漂亮的度假小屋，其首创的度假村式地区购物中心的设计大获成功。位于该州的布鲁姆菲尔德（Broomfield）附近的大型度假式购物中心——弗拉蒂伦商场（FlatIron Crossing）也采用了相似的设计思路。该商场的露天场所与木质小屋、自然光、木地板、燃烧旺盛的壁炉和出售户外设备的店铺等共同营造出一种温馨休闲的氛围。

随着地区购物中心规模逐渐扩大，步行区的面积也成倍增加，因此设计师需要对公共空间按照不同的活动、主题或风格进行分区。西埃德蒙顿购物中心总面积达48.2万m^2，具有极其细致的分区，各区域都划分成专门的活动场所，如银河游乐世界、水上公园、海狮岩乐园、海底探险、欧洲风情街、海盗船、滑板滑雪场等（见图2.10），在其官网上还有面向游客的三日游行程套餐。同一开发商开发的美国商场（Mall of the America）内部活动分区更加精细，按建筑样式、功能和风格差异将商场内部划分成不同的部分。另一种分区方法是构建相互独立但彼此通达的类型分区，如专营店、家居产品店、娱乐和餐饮店等。

位于俄亥俄州哥伦布市郊的伊斯顿镇中心（Easton Town Center）采用了截然不同的分区方式。这座大型购物中心面积达7万m^2，共分为三大区域：其一为传统零售区，主力店铺为一家百货商店；其二为餐饮活动区，中央是举办大型活动的市镇广场，四周遍布餐饮店铺；位于一区和二

图2.59 科罗拉多州布鲁姆菲
尔德市弗拉蒂伦商场的建筑材
料和空间布局凸显了地区特色
（©CallisonRTKL提供）

区之间的三区是一家室内娱乐城，以电影院为核心锚点。随着市场需求的变化，多样化的空间划分和各分区在水平方向的扩容，使这座购物中心呈现出有机化的发展趋势，未来可能发展成真正的商圈。

大品牌零售店（big box branded，又称为品类杀手，即category killer）往往以独立商店的形式出现，它的出现给地区购物中心的规划带来挑战：这些专卖店经常布局在通往购物中心的主干道沿线，因此截流了购物中心的部分客流，需要将此类零售店吸纳进地区购物中心。但如何在保证大品牌零售店具有醒目外观的同时，又与传统商店和谐共存呢？要解决这一问题，需要重新思考地区购物中心的内部结构和外观形式。

工具栏2.3

俄亥俄州哥伦布市伊斯顿镇中心

伊斯顿镇中心在规划初期的定位就不仅是购物中心，而是作为周围郊区地带的市镇中心。庞大的商业区总面积达75万ft²（7万m²），由三个商圈组成：面朝北侧街道的传统商业区，位于南侧市镇广场（Town Square）的食品酒水区和中间的一处室内娱乐中心。周围则是密度较低的住宅和办公区，形成了天然的用户网。

场地规划：DDG

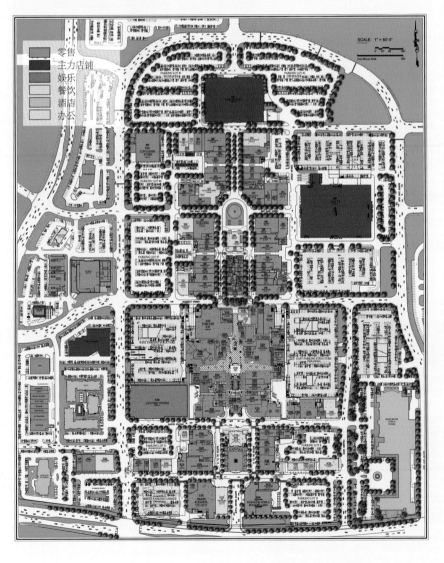

图2.60 俄亥俄州哥伦布市伊斯顿镇中心零售区平面（DGG Architecture and Planning 提供）

图2.61　市镇广场周围的餐饮店
图2.62　商业街一景
图2.63　从购物区看娱乐中心
图2.64　娱乐中心内景
图2.65　连接商业区和附近办公楼的街道
图2.66　市镇广场对面的住宅（Rob Wilson/
Easton Commons/Morgan Communities提供）

位于亚利桑那州菲尼克斯（Phoenix）的沙漠岭购物中心（Desert Ridge Marketplace）示范了如何打造一座集合了多种竞争性商店的新型地区购物中心。它的总建筑面积为120万ft²（11.15万m²），场地内包括一家专营商场、一家超级商场和一个社区中心。位于核心地带的地区商场（The District）以生活零售（lifestyle retailing）、娱乐设施和餐厅为主，坐落在一片掌形户外场地上。购物中心内有一家电影院、美食城、户外展屏、现场演出舞台、攀岩墙和儿童活动区，这些设施对吸引顾客从位于外侧的大型品牌商店、健康休闲设施和社区便利店走进商场起到了关键作用。购物中心与周围的店铺群之间以步道相连，公共停车场位于购物中心和外侧店铺之间。

亚洲和欧洲不太具备模仿这种分散式的地区购物中心的条件，一来土地较为稀缺，地价高昂，无法进行这样的低密度开发；二来很大一部分顾客都会步行或乘坐公共交通工具前来购物，而且管理机构对地区购物中心的选址有较为严格的规定。因此，这些地方的购物中心普遍为多层建筑，车库和交通站点及附近区域的连接通道也采用多层结构。在这种情况下，购物中心规划面临的挑战是如何构建独具特色的公共空间，以及如何引导人们步行或乘电梯前往上层的购物区。

图2.67 亚利桑那州菲尼克斯的沙漠岭购物中心（Desert Ridge Marketplace）鸟瞰（谷歌地图）

图2.68　沙漠岭购物中心的地区
商场（The District）中央地带
的 娱 乐 区（Vestar Develop-
ment提供）

　　近年来，最成功的地区购物中心往往都与市中心有紧密的连接，而且
能够延伸街道的长度。位于荷兰鹿特丹市的Beursplein购物中心将一条既
有的街道重整为步行区，并在上、下两层都修建了带有顶棚的连廊，可直
接通往鹿特丹市内的两大主要购物区。每天有超过7万人从位于这条街中
心的地铁站下车，前往两个不同地点所在的方向。在英国伯明翰的斗牛场
购物中心（Bullring）内有一条新建的室内街道，与连接城市主街的三条
街道轴相通，因此吸纳了来自各个方向的客流。哑铃形的斗牛场购物中心
内有两家百货商店和很多零售店铺，共分为三层，很好地契合了场地内起
伏的地形。

　　亚洲市场对高密度零售中心的需求更为迫切。在日本福冈县运河城，
人们在商业区和娱乐活动区之间新建了一条露天商业街。这座4层的商业
综合体以纵贯全市的运河网为切入点，将水作为主题，将多处喷泉、演出
场地和公共艺术品点缀其中，沿线共有4.4万m²左右的零售空间。河边的
一层店铺以出售食品和酒水为主，上层是丰富的全品类购物店。河边还有
一家五星级酒店和办公楼，商业街还与发达的公共交通系统相联系，因此
全天的商业活动都非常活跃。

　　高密度城区的商业中心有一条有效的规划原则，即吸引潜在的购物者
并避免流失路过人群中的潜在客户，但这反而会带来购物中心附近街道活
力的削弱。如何解决这一困境，成为很多商业中心规划布局的难点。针对

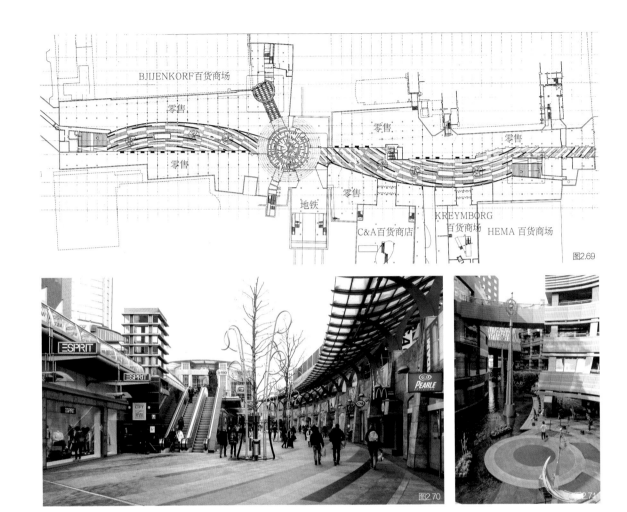

这一难题，需要保持商业街街景立面的连续性，并且让沿街的店铺设置双入口，这样百货商店可以兼顾街道和商业中心内部两侧。室内外的步行道沿线则非常适合用来布置餐厅、食品零售店和咖啡馆。

图2.69　荷兰鹿特丹Beurs-plein地下商业街平面（The Jerde Partnership, Inc. 提供）
图2.70　荷兰鹿特丹Beurs-plein商业广场一景
图2.71　日本福冈县运河城中心广场

娱乐休闲购物区（Entertainment-Based Areas）

购物既是购买商品，也是一种娱乐休闲。长久以来，街头音乐家、人体艺术、街头表演者、路边艺术家、摊点和各种各样有趣的活动都聚集在商业区，人们可以免费观看或自愿支付一定的费用。在美国，劳斯公司（Rouse Companies）和建筑师本杰明·汤普森（Benjamin Thompson）联合首创了一种节庆市集广场的零售形式，即将美食街、演出录播、售货手推车、工艺品、手工制品、酒吧和餐馆布置于中央广场，四周围绕着固定店铺。这类购物区受到大量游客和附近居民的欢迎。即便

如今这种热潮已经慢慢退去，如波士顿法尼尔市场、巴尔的摩港湾广场
（Harborplace）和旧金山渡轮广场（Ferry Plaza）等很多地方，至今仍
然是它们所在的城市公共空间的重要组成部分。受上海新天地（见《场地
规划与设计 上 认知·方法》第2章）的成功所影响，近年来，这种风格
的商业区在中国也颇为流行。新天地里传统与现代交融的建筑、热闹活跃
的公共空间、户外露天咖啡厅、顶层餐厅和风格独特的店铺吸引了一批又
一批的上海年轻人和大量外来游客。在其他很多亚洲城市，也有大量类似
的项目正在建设，如巴林（Bahrain）新建的古堡市集（Souk Madinat）
就汇聚了许多古董、手工艺品、传统服饰和家具产品商店以及餐厅。

滨水地区的再利用产生了大片闲置土地，开发商在此修建了集娱乐与
购物于一体的零售体。滨水空间，特别是那些保留了工厂或水上休闲设施
元素的地区，具有天然的吸引力。而且水体能调节气候，这在温暖气候带
的城市尤其明显。傍晚，水边是休闲的好去处，因此滨水地区的商店一
般也多以餐厅、酒吧和迪厅为主。南非开普敦维多利亚港（Victoria and
Alfred Waterfront Development）堪称最成功的滨水购物休闲区之一，
维多利亚港位于原开普敦港旧址，原有的建筑被改作零售和办公空间，并

图2.72 南非开普敦的维多利亚港及滨水区平面，有新建的零售综合体（City of Cape Town）

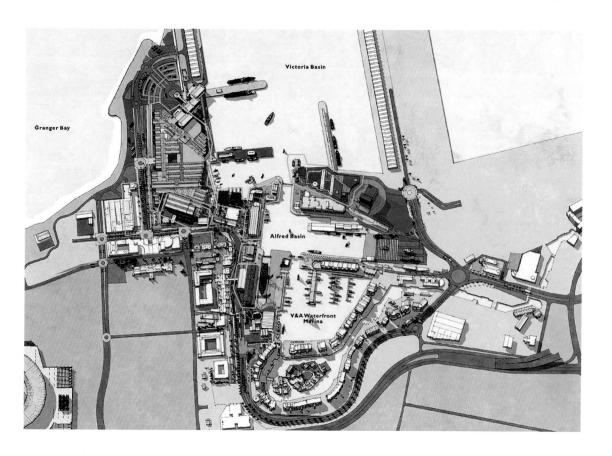

新建了一座2层商场吸纳国际大品牌入驻。水上
的露天演出舞台吸引了大量游客，周围正对舞
台的餐厅能观看到表演。每到凉爽的夜晚，维
多利亚港就挤满了熙熙攘攘的人群。受场地面
积限制，购物中心的停车场只能设在外围的干
道两侧。

　　洛杉矶的环球影城步行街（Universal
CityWalk）是世界上最早的以娱乐为基础打
造的休闲购物中心之一。步行街位于环球电影
公司的产业附近，周围遍布着摄影棚、演出舞
台、主题公园和度假区，共占地31万ft^2（2.88
万m^2）。步行街由一座巨型影院和相关娱乐设
施（喜剧俱乐部、圆形露天剧场、运动模拟
器、夜店等）、餐厅及专门出售电影或游戏周边
产品的主题零售店组成，街道沿线有三栋主体
建筑，这在洛杉矶十分少见。步行街端头起始
于环球主题公园入口，末端是电影广场和娱乐
场馆区。基于当地的复杂地形和较高的机会成
本，没有修建地面停车场，而是将大部分停车
场布置于零售店铺的楼顶，或雇佣引导员带领
人们把车辆停放在其他地方。环球影城在佛罗
里达州奥兰多市等其他一些城市都以这条步行
街为蓝本修建了很多同样的场地，这种开发模
式也被随后包括迪士尼在内的其他开发商广为
模仿。

　　对于以娱乐为基础的休闲购物中心而言，
影城是一个非常重要的主力店铺。在柏林索尼
中心附近有一片宽阔的公共空间，这里既是柏
林电影节的中心场地，也常年举办各种现场演
出。索尼旗下的一家大型影城、一家德国电影
博物馆和一家电影档案馆都建在这里，进一步
增强了地方特色，道路两旁也遍布了各类店铺
和餐厅。位于科罗拉多州丹佛市的丹佛馆购物
中心（Denver Pavilions）的主力店铺也是一家

图2.73　维多利亚港沿岸户外餐吧夜景
图2.74　维多利亚港摩天轮和步行街夜景

图2.75 洛杉矶环球影城步行街，娱乐餐饮设施占据了三个街区（Visit California提供）

大型影城，这座影城建筑面积达34.7万ft²（3.3万m²），内部有许多餐厅和娱乐场馆，还有耐克等一系列凸显休闲和生活方式的品牌，十分契合这座城市浓厚的户外生活与职业运动氛围。

堪萨斯城的电力照明区（City Power and Light District）有8个街区，曾经是当地的剧院聚集区。过去这里满是破败的楼房和杂乱的停车场，如今该场地正在重新开发建设，力图打造为餐厅、夜生活、影院和表演艺术综合区。斯普林特中心体育馆（Sprint Center）的落成为当地注入了新的活力，常有篮球比赛和其他体育赛事在这里举行。借助斯普林特体育馆的影响力，大学篮球名人堂（College Basketball Hall of Fame）、保龄球馆、自酿啤酒酒吧、数十家餐厅和多个商业区也陆续建成。堪萨斯城市活力中心（Kansas City Live）位于一条核心街区的中心，是一处带有顶棚的大型场地。如今它已成为重要的户外演出场地，周围的街道也经过了改造，更加符合行人步行的需求；堪萨斯城音乐厅（Kansas Music Hall）是一座色彩华丽的装饰艺术风格建筑，经过合理翻新后，成为表演艺术中心；帝国剧院（Empire Theater）则改建为六屏数字影院。同时，多家酒店已入驻这里，将来，电力照明区势必会成为吸引外来游客和当地市民的热门景点。

堪萨斯城所进行的改造说明了效益良好的娱乐商业区能够最大限度地活用当地的历史资源、历史建筑和城市的场所精神，保留城市一定的传统特色能够给开发建设锦上添花。当位于西雅图的派克市场计划升级为美

图2.76　密苏里州堪萨斯城电力照明区建设效果图（The Jerde Partnership Inc./William Cornelli提供）

图2.77　堪萨斯城电力照明区斯普林特体育馆边上的广场正在进行十二强锦标赛的赛前集会（Chris Crum Photography/KC Power and Light District提供）

食区时，大众一致呼吁"不要过分改造"；在新奥尔良的法国区（French Quarter），世界各地的游客络绎不绝，游客行走在街道上时，可以随意而安心地浏览两旁的酒吧和商铺，哪怕行人并不需要深入了解当地的各种风土人情。例如，日本很多城市都有花町（hamanachi），通常位于车站附近，形成了餐厅、酒吧一条街，颇有情调却不至低俗，东京新宿站附近的神乐坂（艺妓区）和歌舞伎町（红灯区）就是其中的代表。当现在的商场已经变成纯粹的购物区，娱乐区则正好成为人们舒缓购物疲劳的好去处。新一代的顾客寻求的是纯正风格与购物选择之间更好的融合。

第3章
工作场所

工作场所是我们生活中仅次于住房的重要场所，对于事业至上主义者、极客（geek）和工作狂而言，它的重要性甚至超过了住宅。而且，除了办公室、工厂、仓库、实验室和研究所以外，住宅、商业空间，甚至图书馆和公园等公共空间也可以是办公场所。绝大部分工作环境都是依据行业或组织特点量身打造的，没有两个完全一样的工厂，不同种类的工作场所的场地要求也千差万别。为了避免不切实际的面面俱到，本章将重点论述最常见的生产和服务行业场地及其建筑类型。

工作性质的变化

为了更好地了解不同种类的工作环境，进而估算相应的所需空间面积，我们可以对工作场所进行分类。分类的方法很多，从最高层面来看，国际劳工组织（International Labour Organization）提出了国际标准职业分类，借助这一体系，我们可以很方便地比较国际、国内和不同组织间的就业状况（http://www.ilo.org/public/english/bureau/stat/isco/isco88/index.htm）。在场地策划时，这一分类提供了有效的职业清单一览表，当然，场地使用方等相关机构组织也通常会有它们自身的职业分类表，主要由人力资源部门负责管理。从最简单的分类来看，我们通常会区分所谓的白领（white-collar workers）和蓝领（blue-collar workers），前者主要指在办公室里工作的人群，而后者则是从事一线生产的工厂和服务行业的人员。近年来还出现了第三种类别，即无领人员（no-collar workers），通常指那些从事设计和艺术领域工作、兼具创作和生产的创意人员（creative workers）。尽管这些分类过于简略，却能有助于设计师思考最基本的空间和环境类型。

如今，随着自动化、人工智能、网络协作、全球供应链（supply chains）等技术的发展，所有职业都面临着重大变革。很多10年、20年前曾经存在的工作正在消失，如自动化机械逐渐代替了工厂车间的装配工人、超市收银员和投资公司里的股票经纪人等。还有很多工作机会被外包给他人或转移到国外，一些低生产成本国家因此获益，而更多的发达国家工人则面临失业。与此同时，软件工程师和程序设计师的数量在快速增长，抵消了部分消失的就业岗位，而生产一线的工人则不得不抓紧学习新技能以完成新的工作任务。随着人工智能（artificial intelligence）领域的重大突破，这一进程会进一步加快，人工智能技术将会取代很多服务岗位的人工及客服，并能够简化医生的诊断程序。在这些变化的背后是无处不在的网络覆盖、云计算和数据存储，以及支撑虚拟工作场所的大频带宽网络。现在，很多复杂产品的设计、制造和组装在多个国家协同进行，很多企业的供应链和销售模式也走出国门，推广到世界各地。

那么，上述所有这些改变对工作场所和空间环境的规划设计来说意味着什么呢？一个明显的不同就是，我们需要能定期更新且不影响现行任务的大容量信息系统（high-capacity information system）；第二个特征则是适应性（adaptability）。企业、产品、流程和员工种类都在快速变化，比起小型的隔间式办公环境，大型的开放式工作环境越来越受到青睐。因此，改造工业厂房能够满足未来的办公场所或产品定制行业对建筑灵活可塑性的需求。与此同时，企业组织管理日趋扁平化（flat），等级结构减弱（less hierarchy）并呈现出格状（lattice-like）扁平化结构，协同合作成为当今流行的策略。在高速变革的组织结构中，为了适应商业周期中出现的紧急状况，企业也更加青睐弹性的工作环境。因此，办公场所需要为瞬息万变的未来做好预期准备，这是第三个要点。

随着即时供应链（just-in-time supply chains）的发展和全球化生产配置的完善，办公区策划中需要的库存空间日益减少，因此，办公空间的功能构成需要重新调整，这是第四个要点。这一趋势在制造领域表现得最为明显，因为在该领域，零部件往往由多个国家协同生产，产品在不同国家组装，再送达最终目的地。当然，另一方面，这也要归功于覆盖面积极广的大型物流仓库（logistics warehouse）的建立。一辆汽车的外框可能在日本生产，之后运往欧洲添加内饰和装饰物，客户订单下达后的运输周期往往仅为1~2周。服务行业也出现了和产品生产链条相类似的变革，大量企业和组织机构合作完成项目，通过互联网实现不同地区的员工彼此协作，或者将员工临时集中在一起。

很多企业面临的竞争是国际性的，因此吸引全球人才是取得商业（或一些政府业务）成功的关键。良好的工作场所环境是提高员工忠诚度的重要因素，其中一个重要手段是除办公桌和工作用电脑外还提供其他设施，如休闲午餐区、健身锻炼区、户外团体运动场地甚至文化娱乐设施。最理想的工作环境是将员工视作重要的参与者，场地规划设计时需要牢记这一原则。

最后，很多国家还出现了一种新的工作类型——自由职业（freelancer）。对个体经营者和在多个企业组织间流动的人员来说，私人住宅或共享办公场所就是他们的工作之处，街角的咖啡馆可以是他们的会议室，而网络云端就是他们的文件柜。在美国，约有25%的就业人口自发或因其他原因而从事自由职业，这其中包括一部分最具创新性的高端人才。世界各地都在积极兴建鼓励自由职业的场所和设施，包括共享办公空间和合作空间等，位于波士顿创新功能区核心地带的公共创新大厅（District Hall）就是此中翘楚。

我们将在讨论最常见的几类工作场所类型时一一回溯上述主题。

图3.1　波士顿创新功能区的公共创新大厅

办公楼

20世纪早期，随着大型工业集团不断扩张，其总部逐渐与生产部门分离，产生出专门的行政办公建筑和场所。在早期办公楼的构造中，底层一般是生产车间，上方为行政办公空间，但随着公司的发展，扩展出多处生产地点，为靠近金融市场、吸引高端管理人才，行政管理部门往往会迁去中央商务区。大银行、保险公司、律师事务所和其他服务业公司纷纷将办公空间搬至大城市集中，知名企业开始兴建大量标志性建筑

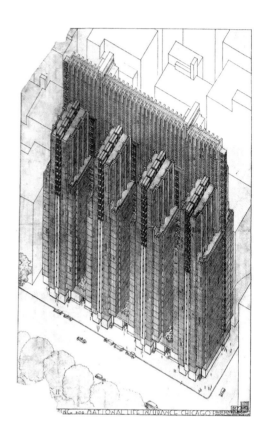

图3.2 芝加哥瑞莱斯大楼（Reliance Co. Building）的玻璃幕墙，
Burnham and Root设计，1890年

图3.3 芝加哥国家人寿保险公司（National Life Insurance
Company）总部大楼设计方案，Frank Lloyd Wright设计，
1924年

图3.4 纽约布法罗拉金公司办公楼（Larkin Administration
Building）室内中庭，Frank Lloyd Wright设计，1904年（Library
of Congress）

物。与此同时，地产投资商也广泛建设高档办公楼宇供企业租用。政府机构的扩大也带来"平行效应"，一开始是集中建设包括立法、执法和行政机构在内的大规模市政办公楼，从20世纪20年代起，为解决日益庞大的政府机构的办公问题，美国许多城市开始兴建独立的办公场所。

职业功能的社会组织形式和员工的环境需求决定了办公建筑的面积与形态。最早的办公建筑是一个个狭窄拥挤的单个办公室，经理与助手常常共用同一个房间。随着文职工作岗位的增多和泰勒制（Taylorism）的科学管理体制的盛行，办公行为被划分成若干类不同的可重复的工作任务，因此也就需要更大、更开放的办公环境。早期办公空间设计的一条最重要原则是保证办公桌光线充足和通风良好，因此建筑物外层多使用玻璃材质。在20世纪早期，还会通过创新性的设计在建筑中增设中庭（atriums）以提升光照，并改变建筑空间布局，使办公桌尽可能靠近窗户。

到20世纪中叶，商业办公楼的外形，尤其是其出租办公空间的布局已基本模式化。一般情况下，单个核心筒的办公面积为2300～2800m^2，配备有电梯、消防梯和洗手间，有足够大的办公空间，私人办公室位于靠窗一侧，而秘书前台、服务区和会议室则位于内侧。窗户与中心核心筒

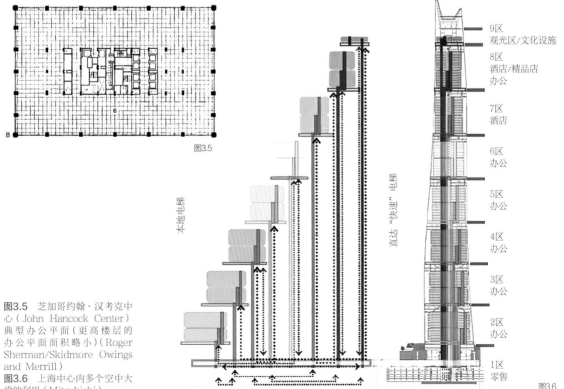

图3.5　芝加哥约翰·汉考克中心（John Hancock Center）典型办公平面（更高楼层的办公平面面积略小）（Roger Sherman/Skidmore Owings and Merrill）

图3.6　上海中心内多个空中大堂的利用（Mitsubishi）

本地电梯

直达"快速"电梯

9区
观光区/文化设施

8区
酒店/精品店
办公

7区
酒店

6区
办公

5区
办公

4区
办公

3区
办公

2区
办公

1区
零售

图3.5

图3.6

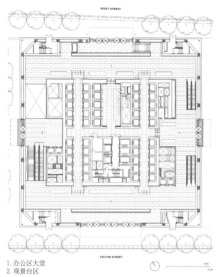

1. 办公区大堂
2. 观景台区

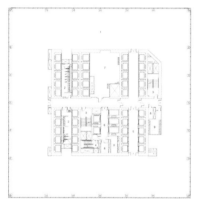

1. 办公区　　　　6. 后勤走廊
2. 卫生间　　　　7. 设备用房
3. 塔楼出口楼梯　8. 电信机房
4. 消防专用楼梯　9. 配电室
5. 电梯厅

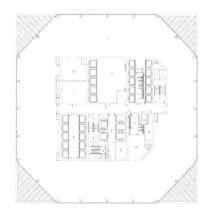

1. 办公区　　　　6. 后勤走廊
2. 卫生间　　　　7. 设备用房
3. 塔楼出口楼梯　8. 电信机房
4. 消防专用楼梯　9. 配电室
5. 电梯厅　　　　10. 辅助空间

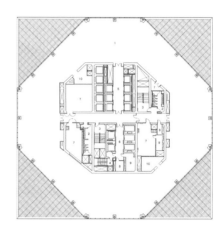

1. 办公区　　　　6. 后勤走廊
2. 卫生间　　　　7. 设备用房
3. 塔楼出口楼梯　8. 电信机房
4. 消防专用楼梯　9. 配电室
5. 电梯厅　　　　10. 辅助空间

世贸中心一号大楼 — SOM建筑设计事务所

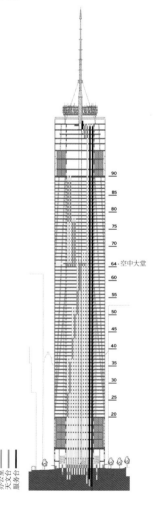

图3.7 纽约世贸中心一号平面图（© Skidmore Owings and Merrill提供）

的距离一般在12.8m左右就能满足以私人办公室为主的租户的需求，但对大面积开放型办公空间而言，这个数字需要达到14.3m。因此，我们可以看到办公楼标准层平面一般呈矩形，被形象化地称为美元形（dollar bill shape）（或欧元、人民币形），较低的办公楼宇的标准层平面尺寸普遍为42m×60m。随着建筑高度的增加，核心筒面积随之增大，标准层面积也会变大。一般来说，核心筒的电梯会进行分区组合，单座电梯只通往特定楼层。如果通往各分区的轿厢都集中在一层乘坐，那么底层的大部分面积会被交通空间占据，几乎无法作为其他用途。一般超高层办公楼会采取一些改进措施，如采用双轿厢电梯（double-deck elevator），这样能减少大约一半的占地面积；又如可加设空中大堂（sky lobbies），这样高楼层电梯可以与低楼层电梯共用同一井道等（Al-Kodmany 2015）。

在美国，将电梯门厅等空间也纳入计算，平均每位员工所需的办公面积约为275ft²（25.5m²），租用的办公楼人均办公面积略超300ft²（28m²）。办公楼的面积和形态也受文化和经济因素影响，在不同国家之间的使用密度差异极大。亚洲地区办公楼员工密度最大，欧洲次之，美国最低。这既反映出各国人均建造或租赁成本的不同，也是由不同国情下不同办公空间组织结构所决定的。亚洲很多城市普遍流行开放型办公布局，

图3.8 2013年美国城市员工人均办公面积（Adam Tecza/Herman Miller/CoStar）
图3.9 2007年世界各国人均办公面积（Adam Tecza/World Business Council for Sustainable Development）
图3.10 日本工作小组共用开放办公空间（Paco Alcantara）
图3.11 美国各行业人均办公面积的中位数（Adam Tecza/Herman Miller/CoStar）

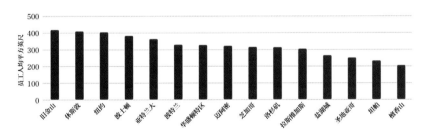
图3.8

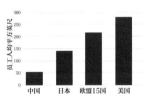
图3.9

图3.10

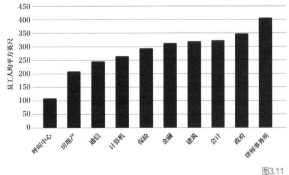
图3.11

图3.12 加利福尼亚州普莱辛顿中心（Pleasanton Center）办公
园区（LBA Realty/Cannon Design提供）
图3.13 成都天府新区国际金融中心在公园里的办公楼宇
图3.14 成都天府新区国际金融中心公园般的环境
图3.15 匈牙利布达佩斯信息园的研究和办公区（Glassdoor.
com提供）

有的十多人的工作组仅有一排长长的工位。但这种密度对很多美国人而言可能会感到不适，欧洲大部分地区也会认为布局需要更加彰显上、下级的等级差异。此外，各行业内的工作模式不同，所需的办公空间也有极大差异。例如，客服中心的员工办公小隔间非常拥挤，人均办公面积可能只有100ft²（9.3m²），而律师事务所的人均办公面积则更大，通常能达到人均400ft²（37m²）。相关的建筑规定也会影响办公空间的面积和形态，如在德国，所有办公区必须拥有直接对外的视野，因此建筑物通常呈长条形，宽度常只有12~14m（van Meel 2000），一般会利用中庭将若干长条侧翼相连形成较大的建筑体。美国和加拿大的建筑退线要求、最小景观标准和开放空间要求等都可能会限制场地上办公建筑的形态。

在美国，建筑周围的绿色环境对办公楼的选址和规划设计有举足轻重的影响。过去几十年里，美国城市半数以上的办公楼都位于市郊，这些建筑常形成办公园区（office parks），或商业园区（business parks），由若干高低不一的办公建筑组成，占地面积普遍在7.5万~20万ft²（7000~18500m²），四周环绕停车场和绿地。根据计算，如果所有员工均单独驾车通勤，所需的停车面积基本与办公区面积相等，因此停车区往往占据了园区大部分的面积。郊区办公园区的容积率一般在0.25~0.33。提高建筑密度有几种方法，如建设地下停车库或室内停车楼。一般情况下，当地价高出室内停车场的建设成本时，这种做法才较为可行。

办公园区如果缺少午餐休息区、便利店或下班后的休闲去处，就会十分沉闷。哪怕是一小处精心维护设计的户外景观公共空间，也能为办公园区增添一份美好的点缀。而且，在不同建筑物之间的步行道还能增进公共空间的社会交往。在高密度城区，建造地下车库停车可以留出更多的地上空间用作更大的景观户外空间，如成都的环球金融中心，其办公区就位于公园内，可谓真正践行了"园区"（park）的概念。

在较多员工采用公交通勤的办公园区，可以增加办公建筑密度，构建城市道路网和广场。以布达佩斯信息园（Info-Park）为例，该信息园以高科技公司和研究所为主，这里的建筑物建有中庭，办公空间呈条形在两翼布置，保证办公区的每一寸角落都能照到阳光。建筑物高6~8层，园区中心是一片大型公共绿地。尽管停车规模仍然保持在每50m²配备1个停车位，但很多停车位实际上都位于路边或为供访客使用的小型地面停车场。

在城市中心区，单一用途的办公楼宇仍然是城市发展的重要组成部分，其楼宇规模和面积也在逐年增大，并需要适应不断变化的办公室工作性质。尽管一些大公司仍长期租赁整层或多层办公楼，但越来越多的专业服务型企业呼吁小型办公区。以创业公司为例，起初员工数较少，其后可能发展很快或与其他公司合并，因此通常倾向于选择能够随公司发展扩大办公面积的场地。这就催生了新的办公楼形态，既有给创业起步期公司使用的共享办公空间，又有给步入正轨的公司使用的标准化办公空间，一般模块标准在150m²左右。北京银河SOHO就是一个优秀的案例，它由4座塔形建筑组成，内部的庭院实现了外围长度的最大化，并为模块化办公空间留有余地。大部分楼层出租单元的面积为140~250m²，顶部楼层的办公单元面积更大一些，将单元整合能够形成更大空间。由于地理位置优越，银河SOHO底部三层为商业零售区，打造出活跃的商业办公氛围。

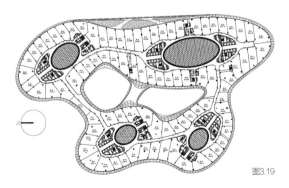

图3.16 布达佩斯信息园中的公共广场（irodacsoport.hu提供）
图3.17 北京银河SOHO彼此相连的办公—零售建筑综合体（Hufton and Crow提供）
图3.18 北京银河SOHO中庭
图3.19 北京银河SOHO五层办公空间平面（银河SOHO）

　　城市中心区的办公建筑占地规模一般较小，但仍然可以利用庭院打造模块化办公空间，尤其是位于街角处的场地。如今的开发商希望办公楼宇能够提供多种选择的办公空间，包括整层使用、开放楼层或模块化办公单元等，澳大利亚悉尼市中心的布莱街1号（1 Bligh Street）是其中的杰出代表。这座椭圆形的塔形建筑面积约为43m×60m，底层架空营造出的公共空间在周围建筑中显得别具一格。建筑内部采用中庭式结构，确保所有办公室离自然光线一侧距离不超过13m。电梯及其他服务设施统一位于楼层的一侧，这样使得楼层其他空间可弹性组合，既可以改造为工作模块，也可以采用开放式办公布局。透过布莱街1号和银河SOHO两个案例，我们可以看到缘起于芝加哥的传统办公楼形态在今天已经有了长足的发展和演变。

企业园区

　　企业总部大厦等一些为单独企业入驻建造的办公楼往往能够对商业办公空间布局进行一些创新。位于芝加哥市中心的内陆钢铁公司（Inland Steel）总部大楼建于1956年，该楼将本该位于大楼中心的核心筒挪到外侧，形成了宽阔的楼层平面，适合开放型办公格局，哪怕那时这种格局尚未得到广泛应用。迪尔公司（Deere and Co.）总部位于伊利诺伊州莫林（Moline）城外的一处乡村，和传统办公布局不同，该办公楼将文秘人员的工作区设置在靠窗位置，管理人员所在的封闭玻璃隔间和会议室则位于靠近核心筒一侧。这座建筑综合体内也包括一座农具历史博物馆和一个有很大楼层面积并兼具办公与车间的研发中心。这种集行政、研究、会议和宣传空间于一体的布局结构现如今已成为总部大厦的标准组成，它们既是一家公司身份的展示，也是职员办公的场所。

　　许多企业希望办公空间和公共交往空间能够彰显其企业精神，如位于俄勒冈州比佛顿（Beaverton）的耐克全球总部园区就倡导创新、运动、健康和文化精神，园区内有多个耐克产品覆盖的运动项目场地。科技公司则追求能够激发新创意的轻松工作氛围，因此其办公环境在外人看来或显杂乱，却十分便于员工之间频繁对话和轻松互动。Facebook总部西园区位于加利福尼亚州门洛帕克（Menlo Park），这片巨大的单层开放空间占地面积约为280ft×1500ft（85m×457m），架高在停车场上方，其形态能够随时延展和调整。所有工作活动向全体员工开放，主席办公室位于整栋建筑的中心。建筑占地9ac（3.6hm²），绿色屋顶上有长达半英里

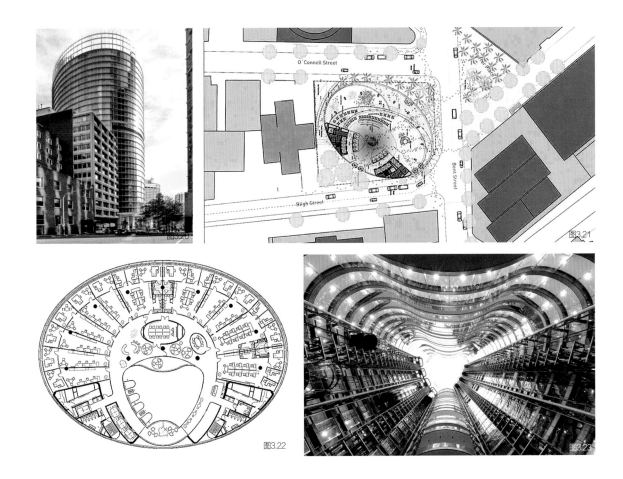

（0.8km）的跑道供员工散步或慢跑，屋顶上还种有400棵大树，有大量的白板、全覆盖的无线网和许多座椅，员工可以在屋顶休息或工作。整个园区占地22ac（9.9hm²），绿色屋顶占了总面积的40%。

采用类似水平布局的还有谷歌位于加利福尼亚州山景城（Mountain View）的园区，这是谷歌快速扩张建设中的一片园区，谷歌目前已新建了许多办公楼，查尔斯顿路（Charleston Road）附近的数十栋建筑也均为谷歌所用。2004~2006年，谷歌在园区中心修建了Googleplex（40~43号楼），围绕一片户外开放空间布局研发场所和办公室，以及一家餐厅、托幼设施和其他公共活动空间。各楼的底层是公共区域，二层为私密空间并由天桥相连。屋顶大面积覆盖太阳能电池板，承担了约30%的用电量。谷歌还计划建造一座东查尔斯顿（Chaleston East）综合体，与公司此前的建筑风格有很大差异。在这里，工作空间、步道和开放区域将彼此穿插，以形成工作与交流、正式与休闲的空间相融合的状态。整座建筑采用网格结构，大部分地区均与户外空间和附近的公园相通。

图3.20 澳大利亚悉尼布莱街1号办公塔楼
图3.21 悉尼布莱街1号场地平面（architectus提供）
图3.22 悉尼布莱街1号模块化办公平面示意（architectus提供）
图3.23 悉尼布莱街1号中庭（Cbus Property, DEXUS Property Group and DEXUS Wholesale Property Fund, co-owners提供）

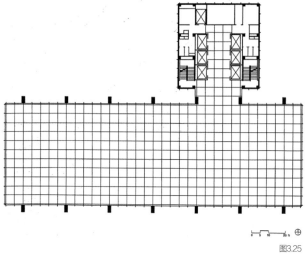

图3.24 芝加哥内陆钢铁公司总部大楼，现门罗街（Monroe Street）30号
（Eric Allix Rogers提供）
图3.25 芝加哥内陆钢铁公司总部大楼标准层平面（Skidmore Owings
and Merrill）

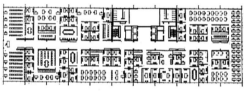

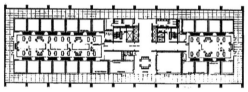

图3.28

图3.26　伊利诺伊州莫林市迪尔公司总部鸟瞰（谷歌地图）
图3.27　迪尔公司总部大楼一景（John Deere提供）
图3.28　迪尔公司总部大楼楼层平面，将开放办公区布置于窗边（Eero Saarinen Associates）

工具栏3.1

俄勒冈州比佛顿的耐克全球总部

这里是全球最大的体育用品生产商的总部，整个园区占地213ac（86hm²），建设周期超过30年，由22栋建筑组成（每一座都以一位体坛传奇的名字命名，比如迈克尔·乔丹大楼、泰格·伍兹大楼、罗纳尔多球场等），可容纳8000名员工在此工作。园区涵盖了完整的产品周期，如人体工学研究、产品设计、原型制造与测试、销售管理和企业行政管理等。中心地区坐落着两座团队项目运动场，四周有体育馆、员工健身房、网球场、田径场，在场地外围还有一圈跑道。行政区中心有一片人工湖，表演艺术中心作为多功能场地全天均可使用，供员工在运动后休息。像很多企业园区一样，耐克总部不对外开放，三个主要入口均设有安全门。在最初的场地规划中，在外围的环形跑道内部，还有一条环形道路通往停车场。多年来，随着园区扩建，车库代替了原本的停车场，便于原停车场地扩建。园区在很多车库顶棚和新建筑都安装了太阳能电池板。整体园区布局有很大的弹性，未来还有230万ft²（21.4万m²）的可建空间。除此以外，园区还预留了远期扩建的空间。

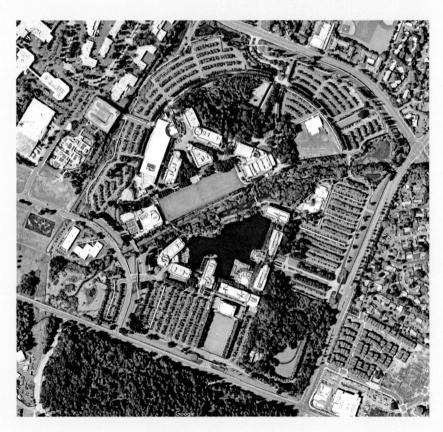

图3.29 俄勒冈州比弗顿耐克（Nike）总部园区俯瞰（谷歌地图）

图3.30　耐克园区中心的人工湖鸟瞰（Nike Inc.）
图3.31　耐克园区中央绿地上的女子足球队（图片作者不详）
图3.32　耐克园区的体育馆与多功能运动场（Nike Inc.）
图3.33　耐克园区人工湖与诺兰·莱恩（Nolan Ryan）大楼（TVA Architects提供）
图3.34　耐克园区未来扩建规划（Nike Inc.）

图3.35 加利福尼亚州门洛帕
克Facebook西园区鸟瞰（Jeff
Hall Photography提供）
图3.36 门洛帕克Facebook办
公区内景（© Spencer Lowell/
Trunk Archive）
图3.37 加利福尼亚州山景
城谷歌总部园区规划平面（©
BIG—Bjarke Ingels Group/
Heatherwick Studio提供）
图3.38 谷歌山景城园区
Googleplex建筑综合体鸟瞰
（Clive Williamson Architects/
Austin McKinley photograph/
Wikimedia Commons）
图3.39 谷歌山景城园区规划
中的东查尔斯顿建筑平面（©
BIG—Bjarke Ingels Group/
Heatherwick Studio提供）
图3.40 谷歌山景城园区规划
中的东查尔斯顿建筑效果图（©
BIG—Bjarke Ingels Group/
Heatherwick Studio提供）

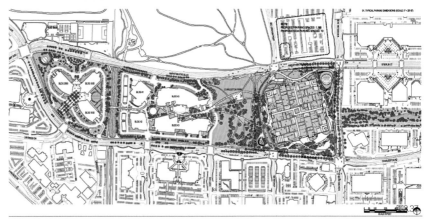

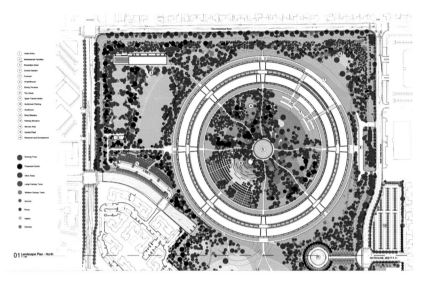

图3.41　加利福尼亚州库比蒂诺苹果公司总部场地与景观平面（City of Cupertino/Foster + Partners）

图3.42　库比蒂诺苹果公司总部鸟瞰（Apple Inc.）

近年来最知名的创新型企业总部恐怕要数位于加利福尼亚州库比蒂诺（Cupertino）的苹果公司总部。这栋4层的环形建筑集办公、科研和开发于一体，四周风景环绕，建筑的外观就如苹果公司所出售的产品一样精准不凡，十分惊艳。整栋建筑占地超过100万ft²（9.3万m²），内部分区灵活，可容纳1.2万名员工办公，并涵盖行政、科研、开发和服务等多个部门。中心地带除一栋两层停车库及配套服务设施外，还有一片户外场地供员工用餐、社交和休闲。它的目标是让所有员工间的距离缩减至步行距离——每层各有一个周长超过1mi（1.6km）的"无限环廊"（infinite loop）。然而，无论内部空间多具弹性，环形建筑很难在目前的形态上加以扩展，因此，苹果公司已开始着手开发附近场地，以容纳那些不适合在总部开展的业务活动。

实验室

　　很多企业和研究所因为长期运营或研发工作，都需要专门的实验室。以大型研究型医院为例，这类机构的基础研究和应用研究的空间面积很容易超过病护区面积。制药企业的发展依赖于新的研究成果，而应用遗传学的火爆又催生了成千上万需要科研空间的创业公司。那些干实验室，即借助他处获得的数据进行研究的实验室，完全可以布局在办公区内；但湿实验室则往往需要工作台和高度专业化的设备。由于研究的方式会随新发现的产生而快速变化，实验室空间也要能够顺应新的变化。始建于1962年的宾夕法尼亚大学理查兹医学研究实验室（Richards Medical Research

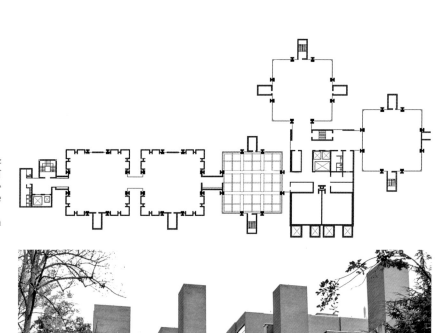

图3.43　费城宾夕法尼亚大学理查兹医学研究大楼平面，可看到研究空间与垂直服务核心筒（路易斯・康作品集，The Architectural Archives, University of Pennsylvania 提供）

图3.44　宾夕法尼亚大学理查兹医学研究大楼室外景观（Louis I. Kahn/Smallbones/Wikimedia Commons）

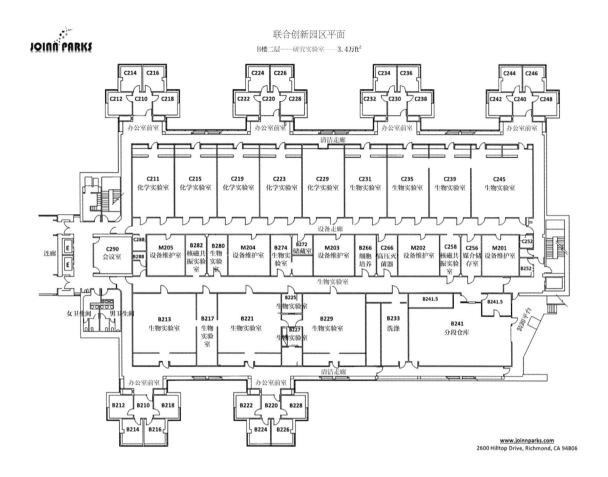

lab）曾引领了新一代医学研究中心建筑的潮流，但随着医学研究方向从化学研究转向生物研究，很快就不再适用。因此，实验室布局必须能够适应研究领域的迅速变化。

  理查兹实验室强调每个工作台都必须有外部光线和视野，但当代湿实验室却需要大量空间放置专业设备、绝对无尘室、动物实验室和其他台架研究以外的功能区。对于很多研究而言，人造灯光和通风设施可避免温湿度波动，因而优于自然灯光和通风。由此产生了很多"胖"建筑，走廊沿外围布置并通往布置在中心的实验室，建筑内部有大量灵活空间，进深可达30～37m，占地面积在3250～3700m²。当然，不同学科对实验室空间有不同的要求，如物理实验室的实验区面积较小，办公区面积较大；工程研究可能需要高楼层、大承重的建筑物等。此外，同时承担研究和教学任务的学术型办公建筑的需求又有别于上述几类。

  理查兹实验室是建筑师路易斯·康（Louis I. Kahn）的作品，在吸取经验后，康彻底打破了原有办公空间模式，在萨克研究实验室（Salk

图3.45 加利福尼亚州里士满联合创新园区（JOINN Innovation Park）研究加速区平面（JOINN Parks提供）

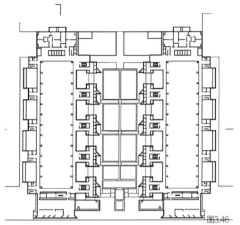

图3.46 加利福尼亚州拉霍亚萨克研究所实验室平面（路易斯·康作品集，The Architectural Archives, University of Pennsylvania提供）

图3.47 加利福尼亚州拉霍亚萨克研究所生物研究中心，中轴线两侧的办公区（The Architectural Archives, University of Pennsylvania提供，John Nicolais摄）

图3.48 拉霍亚萨克研究所新版总体规划（NBBJ提供）

Research Laboratory）设计中提出了具有革新意义的规划设计方案，该实验室位于加利福尼亚州拉霍亚（La Jolla），康在两座长条形科研楼内部设置了弹性实验室空间，办公区位于中央的开放空间四周和科研楼对面。在中轴广场可清楚地看到附近的悬崖和太平洋。受场地条件所限，规划最初曾面临如何为将来的扩建预留空间的难题，最终，新的总体规划将原本位于场地入口处的地面停车场改为停车楼，为后期两座科研楼的建设留出了空间，进而成功解决了难题。

位于英国剑桥郡辛克斯顿（Hinxton, Cambridgeshire）的韦尔科姆基金会桑格学院研究所（Wellcome Trust Sanger Institute）在规划设计中所面临的限制因素并不是土地。这家遗传学研究的领军机构想要扩展其在研究领域的业务范畴，场址位于其现有的研究大楼附近的一片占地30hm²的园区内，该研究所预计建设实验室、一个超级计算数据中心、未来实验辅助空间和教育设施。同时，研究所也看到了将该机构的研究商业

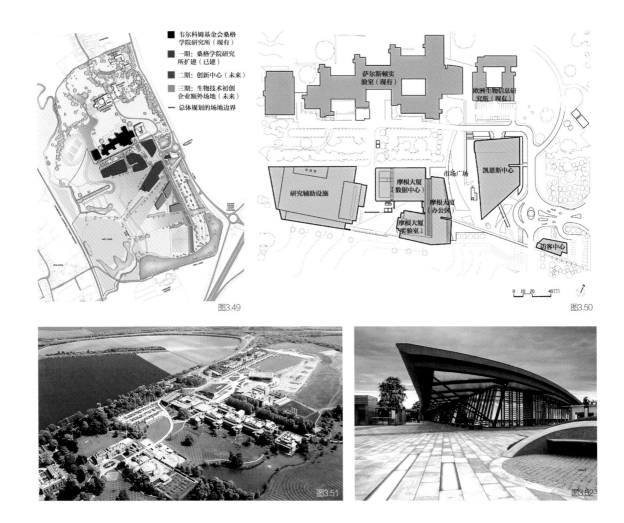

图3.49

图3.50

图3.51

图3.52

化背后丰厚的利润。在场地规划平面图中，一片中心绿地作为研究和学术园区，而另一片并排的绿地则作为创新中心。随着研究所的扩大，两块绿地均有充足的空间可进行扩建。

　　以实验室为基础的研究的性质正在快速变化，因此场地规划必须留出弹性空间，以便在不改变园区整体结构的情况下进行开发或再开发。制药企业诺华（Novartis）公司位于瑞士巴塞尔（Basel）的总部就采用了这一设计思路。园区内，实验室和行政管理区相结合，整个场地仍在建设过程中，而这也正是诺华本身所计划的。总体而言，科研设施需随着科学的进步而持续更迭，但场地的总体结构和景观则应保持稳定。

图3.49 英国辛克斯顿的韦尔科姆基金会桑格学院研究所园区未来开发规划（NBBJ提供）
图3.50 辛克斯顿韦尔科姆基金会桑格学院研究所研究与教育区平面（NBBJ提供）
图3.51 韦尔科姆基金会桑格学院研究所园区鸟瞰（Genome Research Limited/Creative Commons）
图3.52 韦尔科姆基金会桑格学院研究所园区的社交中心凯恩斯中心（Cairns Pavilion），内部有餐厅、锻炼、会议、讲座、活动和社交等多项设施（NBBJ提供）

工具栏3.2

瑞士巴塞尔诺华园区

诺华公司将研究、开发和管理活动相整合，打造了一片可容纳5500名员工的办公园区。场地规划包括将圣约翰（St.Johann）化工厂改作他用，重新粉刷一栋建筑，增加公园等便利设施，以及打造一片街景，使整个园区成为城市的一部分。尽管建筑物规模不一，但平均规模约为30m×60m。如果需要较小的建筑空间，有些体量较大的建筑可进行拆分。各建筑均由国际知名建筑师参与设计，争取设计出最完美的实验室或办公楼。在方格网道路以外的场地，建筑物造型可以较为自由而不受限制，如标志性的Fabrikstrasse 15办公楼。整齐排列的自然景观和街景有机组合起各种元素，形成和谐的城市风貌。

场地规划：Vittorio Magnago Lampugnani
景观设计：PWP Landscape Architecture

图3.53 瑞士巴塞尔诺华公司总部园区鸟瞰（Novartis）

图3.54 巴塞尔诺华园区总体规划（Vittorio Magnago Lampugnani. PWP Landscape Architecture提供）
图3.55 巴塞尔诺华园区新实验楼和Fabrikstrasse 15办公楼（Novartis）
图3.56 巴塞尔诺华园区内的步行道（PWP Landscape Architecture提供）
图3.57 巴塞尔诺华园区内的公园（Novartis）

生产车间

制造车间和生产车间内的生产活动涉及的领域非常广泛，因此很难有统一的场地规划设计原则。有的生产车间可以小至组装单一原件的专门区，也有大至10个足球场大小的飞机组装场。场地规划在设计方案出炉前需要先全面了解生产技术和工序、物料流、安全标准等一系列因素。在美国等一些地价较低的国家，单层建筑的生产车间最受欢迎。物料由卡车或铁路专线输入，加工后的产品也经同样的渠道输出，当然飞机和笨重的卡车成品除外。大部分员工驾车或乘小巴上班。在亚洲和其他一些大量使用人工劳动力的地方，生产车间可能高达数层，员工通常乘公交车上下班，或就近居住在附近的员工宿舍。

尽管存在上述差异，但生产车间的场地规划和设计仍然受到一些共性因素的影响。通常可以从物料流入手，绘制流程图确定需要购入并存储的原材料、整个生产流程以及最终的产品。我们可以借助计算机程序绘制桑基能量分流图（Sankey diagram），以便于分析相关物料（或能源和其他所需材料）的流向、流量。每一次物料运输都要花费能源和劳力，因此有效组织物料流是非常重要的。借助精确的图表，规划师就能着手在场地上绘制物料流线，如原材料在何处卸货，需要多少仓储空间，最终产品需要库存堆积还是立刻装车运走等此类问题，不一而足。

图3.58 汽车轮胎制造流程（Firestone Tires）

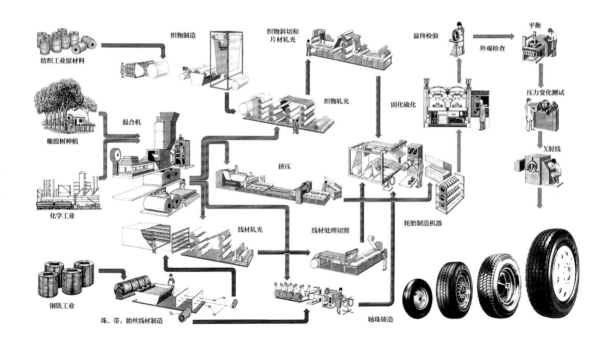

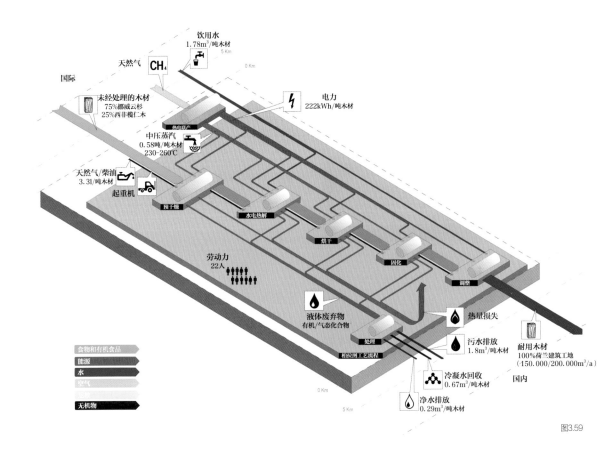

图3.59

大部分生产流程的快速自动化是场地规划的另一个着手点。如今，机器人已经能够组装大部分汽车，在某些行业内甚至能够完成从原材料入库到最终成品出产的全部操作。这意味着生产车间已经成为带有电网和控制网的高大多功能空间，能够快速重新写入程序并接受二次指令，完成新的产品任务。尽管整个过程由人工控制，最终产品处理和质量控制也离不开人工操作，但人力已不再深入每一个生产细节。为了平衡自动化设备的高昂成本，工厂不断扩大生产面积，并逐渐采用统一标准布局模式。由此产生了大面积可安装太阳能设施的屋面、绿色屋顶和温室，哪怕小型建筑的屋顶也设计为城市农场所用。

对于用水量巨大且产生大量污水的生产车

图3.59　木质产品生产过程的三维桑基图（Superuse Studios提供）

图3.60　机器人正在生产特斯拉汽车（Steve Jurvetson/flickr/Creative Commons）

图3.61 南卡罗来纳州查尔斯顿（Charleston）波音公司组装工厂屋顶上的光伏阵列（Boeing提供）
图3.62 厂房屋顶的绿地（American Hydrotech提供）
图3.63 加拿大蒙特利尔工业区内路法农场（Lufa Farms）的屋顶温室（Lufa Farms/Wikimedia Commons）

间，还需要划分出一部分场地用于排水和再利用水之前的废水处理。在中卷第8章中我们已经总结了采用工程自然系统（engineered natural systems）处理有机废弃物的方法，此外我们还可以通过湿地来处理无机和混合污染物，如苯系物（BTEX）、多环芳烃（PAH）、金属和含氯挥发性有机化合物（CVOC）等。这类湿地通常占地面积较大，而且其设计也需要较强的专业技术。

在设计厂区和厂房时，如果将经济、环境和人文因素加以考虑，就能让厂房为社区创造积极的贡献和价值。位于芝加哥南部（South Side）的美方洁厂区（Method plant）就是一个典型的例子，该厂房邻近普尔曼（Pullman）——一家火车车厢制造商的老厂区，整个厂房占地15万ft²（1.4万m²），达到了LEED铂金级认证，符合美方洁公司生产环境友好型清洁产品的理念。这片占地22ac（9hm²）的场地能够吸收或保存所有的雨洪径流，所有建筑在结构设计上均可在未来进行楼层加高，同时还用一部分土地专门建造了一座向公众开放的公园。与大多数工厂不同的是，这片厂区四周没有围栏，是一座高度自动化的工厂，产品种类达200种，全年产量达数百万瓶。在30ft（9m）高的空间内安装了自动化仓储系统，夹层则用作行政办公区和实验室。厂房的一部分屋顶覆盖有一座温室，由纽约Gotham Greens公司负责运行；剩下的屋顶部分则铺设了太阳能电池板，并安装了一座风力发电机，为整座厂房提供电力支持。工业设施的规划和设计创新是一个经常被忽视的领域，而美方洁厂区有力地证明了工厂的价值可以远超出简单的商品生产范畴。

图3.64 得克萨斯州经过设计的湿地，用于净化工业废水、过滤矿粉和其他悬浮颗粒物、并储存降水径流（Roux Associates提供）

图3.65 伊利诺伊州芝加哥市美方洁厂区的整体太阳能电池板、风力发电机、蓄水池和屋顶温室使其成为最环保的厂房之一（© Patsy McEnroe Photography/William McDonough +Partners提供）

图3.66 芝加哥美方洁厂区生产车间一景（Method Home提供）

图3.67 芝加哥美方洁厂区堆满货物的仓库（Method Home提供）

第4章

休闲区

　　在北美城市，公共休闲用地占城市总用地面积达到30%，而这些区域的规划和管理也是规划师面临的一大难题。亚洲和非洲的许多处于迅速扩张进程中的城市在休闲区规划设计上甚至远远落后于西方，而且很多地区并没有设城市休闲区的传统。专门的休闲区的面积大小不一，小至口袋公园和游乐场地，大至开放的自然保护区。通常而言，新的休闲区是其他功能的场地开发过程中的附属产物，但也可为增补城市公共服务设施而专门规划建设。每个不同的场地都有建设各自的公共休闲场所的做法，除地形和气候以外，历史上当地利用室外空间的传统也是一大影响，这种传统也是形成独特场地设计的基础。

　　休闲（recreation）一词约起源于1400年，最初指的是养病或劳累过后恢复精力的地方，现在衍生出娱乐、消遣之意。确切来说，休闲区现在仍然具有恢复体力、休养康复等功能，但其作用早已远不止于此。例如，休闲区能够促进儿童身心发展、锻炼社交技巧和训练肢体灵敏度、拉近社区邻里关系、通过锻炼保持健康、强化家庭与社会的联系、缓解工作疲惫、拉近人与自然的距离、为公共事件提供活动场地，以及具有美学价值等。这么多功能难以用一个词语或标签来综述，开放空间（open space）一词的含义过于狭隘，因为舒适的休闲区总会布满各类设施；而公园（park）又只是休闲区的一个种类；嬉戏区（play area）或运动场（playground）尽管也可以供成人使用，但通常专供儿童使用。所以本章节仍采用休闲场地（recreation place）作为总称，并在描述不同类型的空间时对名称加以细化。

休闲场地的人文功能

　　从儿童迈出第一步起,环境在人的肢体能力、社交和认知技巧方面就开始发挥作用。尽管儿童最早的活动区域是受保护的室内环境,但到两岁时,儿童已经能够在父母的看护下探索更广阔的户外空间了。游戏是儿童锻炼肢体能力和开发智力的途径,《联合国儿童权利公约》明确提出为儿童创设游戏空间的重要性,承认儿童有权"休息和嬉戏,参与适宜其年龄段的游戏和娱乐活动,而且可以自由参与文化艺术活动"(第31条)。

　　人的各个发展阶段都离不开游戏空间。最小的婴儿发现自己拥有抓取物体的能力,并培养手眼协调性以抓住悬挂在其上方的物体;在蹒跚学步时期,他们学会走向父母伸开的臂弯,抓住扶手或长凳小心地行走;到3~4岁时,儿童会对短距离的爬楼梯感兴趣,滑滑梯和过桥让他们兴奋不已;5~6岁的儿童开始投入合作游戏中,与同伴分享玩具并思考游戏方式;7~8岁时,他们的兴趣转移到组队游戏和有组织的运动上,喜欢搭建器物并参与其他形式的创造性游戏。总而言之,儿童总是在寻求新的尝试,他们需要不断挑战自我才能持续成长,因此环境必须足够安全,保证儿童在不可避免地摔倒时不至于受伤。

　　在童年期结束以后,游戏对人的发展仍然非常重要。有组织的体育运动能够培养人的团队协作和合作精神,掌握田径项目或技巧性攀登的技术也会激发人的自信。青少年往往想在他人面前炫耀技能,因此常常会在滑板公园花费大量时间,展示他们精湛的技艺,或在露天广场的攀岩长凳上炫技,这些长凳的边缘常常被磨得锃亮。与朋友一起参加越野跑或徒步项

图4.1　孩童在学习蜘蛛网式秋千的玩法(North Carolina Office of Public Education and Public Affairs)
图4.2　户外游戏(National Fund for Family Allowances, France)
图4.3　庆祝团队合作(Game TimeCT)

图4.4　骑自行车的老年人
（Kzenon/Shutterstock）

目能帮助他们形成亲密的团队关系。随着年轻人逐渐步入长期久坐的职场，户外运动就成了应对体重上涨和肌肉松弛的措施，户外环境的意义也随之变化。步入老年后，有氧运动就是延年益寿的选择，散步团或锻炼团成为老年社交网络的中心。

　　户外环境对残障人士而言的重要性愈发加倍。能够坐着轮椅穿过一片休闲场地，停下来锻炼四肢，遇见他人，或仅仅是观察这一切，都是他们生活中至关重要的一部分。当患有发育障碍的儿童加入其他人一起做游戏时，他们之间的差异就缩小了。休闲区需要包容、接纳差异，而不应该歧视特殊人群。

　　环境除了承载交通、提供人们所需的商业和居住外，还有更加重要的意义，那就是为个体发展提供空间和场所。休闲区并不局限于社区内正式的公园和运动场，那些经过特别设计的街道、广场和停车场也可以成为游戏的场地——在最不可能出现休闲区的地方，往往会出现最富有创意的休闲场所。

休闲场地的标准

　　社区需要多大面积的休闲场地？美国最通用的一个标准是人均40m²，尽管其来源已不可考，但这是一个理想的常用标准（Lancaster 1990）。

更复杂的衡量标准则从开放空间所需提供的服务水平入手进行评估，并会将各类空间都考虑在内，从口袋公园、运动场，到社区公园、综合运动设施，甚至到更大的自然保护区。全球各地城市的真实绿地面积差异极大，巴西库里蒂巴（Curitiba）的居民人均绿地面积为52m^2，纽约、多伦多和巴黎分别为23.1m^2、12.6m^{2}和11.5m^2，而在东京，这个数字仅为3.1m^2。总体而言，亚洲城市的人均绿地面积远远小于北美城市，欧洲则处于中间水平。休闲场地利用方式的文化差异是影响这种不平衡的一大因素，但是很难确定这种不平衡究竟是室外休闲场地面积不足导致的，还是由于传统的利用公共环境的方式所致。世界卫生组织建议人均绿地至少应达到9m^2，大约相当于旧的美国标准的四分之一（Morar等2014）。

　　相比起面积，更重要的议题是城市需要什么类型的休闲场所，而这仍然是由国家和城市文化所决定的。有些地方会将儿童游戏设施与学校校园相结合，而在其他地方这两者是分开的。有些城市偏好多用途的公共空间，晚间可供人们跳舞而白天供儿童嬉戏，这一点在中国尤其明显；而有些地方则要严格区分儿童游戏设施与专门的休闲区（leisure）。北美地区的城市通常会对新建城区的休闲场地制定专门规范，开发商要么自行建设休闲场地，要么可支付在项目地段外建造休闲场地的费用。例如，加拿大温哥华市要求开发商的新建场地要有2.75ac（1.1hm^2）/1000名居民的公共休闲场地，或者向政府支付一定费用来建设类似场所。此外，有一个重要问题是如何划分本地、邻里社区和更大地区层面上的休闲场地。例如，

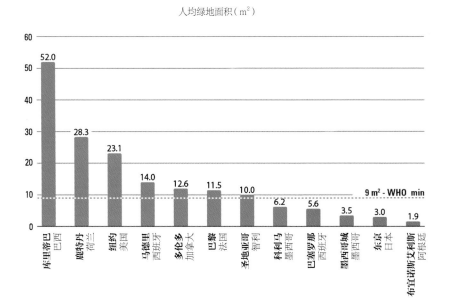

图4.5　不同城市人均绿地面积（Adam Tecza/Sustainable Cities International Network）

表 4.1　典型休闲设施标准

设施类型	数量/人口	服务半径	最小面积需求	朝向要求
射箭场	1/50000	30 分钟路程	0.65ac（0.3hm²）	箭靶朝南
羽毛球场	1/5000	0.5mi（1km）	1600ft²（150m²）	南北方向长轴
棒球场				
正式场地	1/5000	0.5mi（1km）	3.5ac（1.4hm²）	本垒板朝东北偏东
少年棒球联盟	1/5000	0.5mi（1km）	1.2ac（0.5hm²）	本垒板朝东北偏东
垒球场	1/5000	0.5mi（1km）	2ac（0.8hm²）	本垒板朝东北偏东
篮球场	1/5000	0.5mi（1km）	8000ft²（750m²）	南北方向长轴
滚球场	1/5000	0.5mi（1km）	1200ft²（120m²）	
板球场	1/20000	30 分钟路程	5ac（2hm²）	球道呈东北—西南方向
冰壶（2 冰道）	1/20000	30 分钟路程	6000ft²（600m²）	
草地曲棍球	1/20000	30 分钟路程	1.5ac（0.6hm²）	西北—东南长轴
足球				
美式橄榄球	1/20000	30 分钟路程	1.5ac（0.6hm²）	西北—东南长轴
加拿大式橄榄球	1/20000	30 分钟路途	1.6ac（0.6hm²）	西北—东南长轴
国际足球（足球）	1/10000	0.5mi（1km）	2ac（0.8hm²）	西北—东南长轴
英式橄榄球	1/20000	30 分钟路程	2ac（0.8hm²）	西北—东南长轴
澳式橄榄球	1/50000	30 分钟路程	5.7ac（2.3hm²）	西北—东南长轴
高尔夫				
练习场	1/50000	30 分钟路程	13ac（5hm²）	东南—西北长轴
高尔夫球场	1/20000	30 分钟路程	15ac（6hm²）	
通用球场	1/20000	30 分钟路程	120ac（50hm²）	
手球	1/100000	15~30 分钟路程	1000ft²（100m²）	墙位于北端
掷蹄铁套柱游戏	1/2000	0.25mi（0.5km）	500ft²（50m²）	
冰上曲棍球	1/100000	30~60 分钟路程	0.5ac（0.2hm²）	南北长轴
跑道	1/20000	0.5mi（1km）	4.3ac（2hm²）	终点线位于北面
游泳池	1/20000	0.5mi（1km）	1ac（0.4hm²）	
乒乓球	1/2000	0.5mi（1km）	1000ft²（100m²）	
网球	1/2000	0.5mi（1km）	7000ft²（700m²）	南北长轴
排球	1/5000	0.5mi（1km）	4000ft²（400m²）	南北长轴

资料来源：改编自（Lancaster 1990）等其他资料

美国的国家标准规定，按每1000名居民的量来计算，居民区在住宅附近应保证0.25～0.5ac（0.1～0.2hm²）的休闲场地，在邻里社区要有1～2ac（0.4～0.8hm²）的游戏场所，以及5～10ac（2～4hm²）的有运动场的大型社区休闲场所。这种划分虽然很宽泛，却代表了北美城市的总体理念（Lancaster 1990；Moeller 1965）。中国2018年发布了新一版的《城市居住区规划设计标准》GB 50180—2018，将"居住区—小区—组团"的空间组织层级更新为"15—10—5分钟社区生活圈"，把居住群体的具体生活和行为特征，以及对环境、设施的实际使用需求作为居住区规划设计的依据，并规定各级应配套规划建设公共绿地，并应集中设置具有一定规模且能开展休闲、体育活动的居住区公园。

可以看出，从住宅到各类休闲场地的理想通勤距离也可作为设置休闲场地的标准。表4.1列出了各类运动场地的参考需求和建议距离。显然，各国常见的日常活动和有组织的运动各不相同，在设置地方标准时应考虑这些差异。此外，也需要设置供学习者练习使用的场地，以及临时比赛使用的场地，哪怕其所需空间很小，如城市街道旁的一个篮筐也许就能满足孩童的需求，而面朝车库的一面墙就可作为练习投掷手球或网球的绝佳场所。

街道与公共空间

盖里·哈克（Gary Hack）教授的少年时代在加拿大度过，曾与朋友在街头打曲棍球度过无数冬日。除了球杆以外没有任何设施，连球门也是用积雪堆成的，而在结冰的街道上，

图4.6　加拿大街头的曲棍球（Arctic Photo）
图4.7　纽约布鲁克林的街头游戏（© Arthur Leipzig/纽约 Howard Greenberg Gallery提供）
图4.8　西雅图的街头篮球（Joe Mabel/Wikimedia Commons）

图4.9 俄亥俄州辛辛那提的人们正在粉刷道路（Arts Wave提供）
图4.10 密歇根州威廉姆森县（Williamson）停车场与篮球场二合一（来源不详）
图4.11 哥本哈根的街头蹦床（crazikyle/imgur）

网球打起来比冰块容易（而且打在身上也没那么疼）。附近也有室内溜冰场，但短短半小时的闲暇并不值得少年们花时间换上旱冰鞋。在真实的曲棍球比赛中，街头出身的曲棍球手往往击球技术高超，身姿敏捷，非常显眼。夏天，这条街就变成了青少年的自行车赛道和棒球练习场，当然，偶尔会打破某家的窗户。街上汽车很少，因此比赛往往能不受干扰地流畅结束，那时的青少年儿童俨然就像是这条街道的主人。

街道作为游戏场地的传统在世界各地的城市都由来已久。纽约狭长的街道可以进行棒球游戏，街道两边的台阶还有时常坐着饶有兴趣的观众；年纪小的孩子会在人行道上用粉笔画跳房子和其他跳格子游戏；在炎热的夏日，人们会把草坪上的喷水器接上消防龙头，水花四溢给人们带来凉意；世界上很多地区的青少年的足球运球和控球技术都不是在正规的足球场，而是在街头和一些废弃的空间学会的；郊区的尽端路是理想的社区篮球场，夜间家庭的宵禁时间一到，比赛也就结束了。研究发现，街头、空场地和其他住所附近的区域作为休闲场地的利用率远远高于正式的专门场地。因此，规划休闲场地可以从未充分利用的功能性空间入手，如很少使用的道路、林荫大道、停车场、硬质铺地的校园广场等系列空间。

利用街道最简单的做法是粉刷路面，并在停车场边缘安装休闲设施，这样街道和停车位在晚间和周末能得到二次利用。通过这种方式可以告诉公众，街道和停车场不仅仅是供机动车辆使用的空间，而且能让交通减缓，还可以大大扩展街道的功能，让街道变成常用休闲场地的一部分。哥本哈根城区在街道沿线安装的蹦床吸引了各年龄段的人群，很多其他城市也

图4.12　加利福尼亚州比弗利山庄拉谢纳加（La Cienega）室外运动场（City of Beverly Hills）

图4.13　西班牙圣巴斯蒂安（San Sebastián）的共享街道（Heather K. Way提供）

图4.14　密歇根州底特律市中心的街头篮球场

图4.15　多伦多纳森菲利普斯广场上滑冰的人群（Michelle Shen提供）

图4.16　德国弗莱堡Rahel-Varnhagen-Straße游戏街（City of Freiburg）

图4.17　阿根廷布宜诺斯艾利斯的圣特尔莫广场（San Telmo Plaza）和街道，人们在周日跳探戈（Helge Høifødt/Wikimedia Commons）

都在道路沿线设置了户外运动场地。

还有一种策略，是通过仔细研究现有的道路路网，找出使用率不高的街道并将其转变为户外休闲场地。欧洲城市里的一些道路没有设路缘石，并且会在一天或一周的某些时段关闭部分路段，将其转变为休闲场地。底特律市独具创意地将一些富余出来无人使用的城市道路转变为室外篮球场和休闲场地，吸引了众多白领和服务业职员在午休和下班时间来此消遣。这种策略的优点在于，可以在短期内尝试不同的用途，如果效果很好就可以长久保留。休闲场地还可以有季节性的变化，如水池和水体设施在冬季可用作滑冰场。在冬天，多伦多市政厅的纳森·菲利普斯广场（Nathan Philips Square）就会变得像一个熙熙攘攘的蜂巢那样，因为原本清澈如明镜的水池成为大家所喜爱的滑冰场。

在设计新街道的时候，一定要确保周围环境让儿童在游戏时安全。让街道成为受欢迎的游戏区需要控制交通，尽可能减少停放的机动车数量（因为车辆既可能遭到破坏，也能藏匿突然跳出的儿童），为带孩子的家长设置沿街座椅，以及增设游戏设施等。另一个可行的策略是通过设计让道路能够在周末封闭交通，专供人们休闲使用，同时确保附近的街道能够承载足够的交通流量，如果是林荫道，也可以采用封闭单侧车道的做法。

儿童游乐场

儿童游乐场往往是场地设计中最缺少创意的部分，通常只是先留出一小块空场地，通过翻阅儿童游乐设施的产品目录，由客户订购在预算范围内可购买到的数量最多的产品。最后的成品往往是色彩鲜亮、保障安全，属于那种成年人很喜欢而孩子却可能很快就厌烦的场地。这种做法的好处在于，成品游乐设施的设计原则是风险最小化，而且成品往往经过了严格测试，能够最小化因受伤事件而带来诉讼纠纷的可能。尽管大量的成品游乐设施组件都经久耐用，但它们的组合方式需要富有创意才能激发儿童的潜能。而且，在设计阶段，儿童游乐场还可以有多种思路和创意。

我们可以把一个问题作为切入点，即游乐场所计划满足处于何种年龄阶段和发展阶段的儿童的需求。表4.2列出了儿童生理、社交情感和智力发展的关键阶段，以及促进不同年龄段各类需求发展的设施。学龄前儿童的游乐场所需的设施类型显然和活泼的七岁儿童不同，但通过精心设计，游乐场完全可以同时满足不同年龄段儿童的需求。其中的关键要点是分区

表 4.2　孩童各个发展阶段所需的游乐设施

年龄	生理发育	社交—情感发展	智力发展	所需设施和设备
0~2	击打悬挂的物体；开始爬行和走路；开始抓住并紧握物体	以自我为中心；单独游戏但需要成人协助	探索和发现，开始进行协调运动	可击打的悬挂物体；可供抓取的物体；积木等软质物体；鼓励探索的设施；柔软地表，与学步儿童分开
2~3	走路和说话；跳跃；攀爬和爬行	单独游戏但需要靠近他人	能够理解较短的指令	适合步行的地表；攀爬设施（小型）；安全的跳跃设施；短滑梯；鼓励平行游戏的设施；自我探索设施；沙子和水
4~5	大型运动技能开始发育；需要大量活动但肌肉缺乏耐力；平衡能力开始发育	以自我为中心并缺少耐心；需要得到认同；喜欢重复；学习分享；在个体游戏和群组游戏间切换	喜欢解决问题；求知欲强；总体缺乏感觉；能区分真实与虚构	刺激运动的设施；锻炼敏捷性和灵活性的器材；梯子和攀爬设施；解决问题型器材；可开展表演游戏的场地；浅水喷泉和水管
6~7	身高体重持续增加；下肢比躯干短；大肌肉运动能力发育；男女童技能水平一致	小组游戏或单独游戏为主；需要被表扬；能力开始分化	注意力持续时间仍较短，推理和记忆能力增强；寻求富有想象力的游戏；寻求创意性的机会	水平梯、引体向上杆、攀爬设施；平衡木；创意游乐园；圈地游戏和合作游戏等的设施

资料来源：改编自 Thompson、Hudson 和 Mack，未注明出版日期

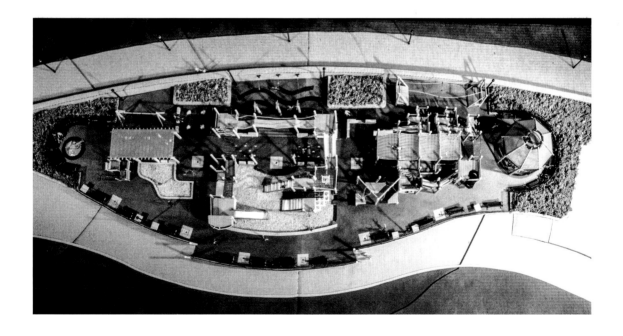

图4.18　纽约巴特利公园城洛克菲勒公园（Rockefeller Park）儿童游乐场模型（Johansson and Walcavage/Carr, Lynch, Hack and Sandell）

图4.19　洛克菲勒公园儿童游乐场玩沙区
图4.20　洛克菲勒公园儿童游乐场幼儿游戏区
图4.21　洛克菲勒公园儿童游乐场大龄儿童游戏区
图4.22　洛克菲勒公园儿童游乐场秋千活动区
图4.23　洛克菲勒公园儿童游乐场成人休息区
图4.24　洛克菲勒公园儿童游乐场野餐餐桌

图4.25　洛克菲勒公园儿童游乐场出水墙
图4.26　加拿大温哥华市格兰维尔岛（Granville Island）水景公园
图4.27　佐治亚州亚特兰大市百年纪念公园（Centennial Park）程控喷泉
图4.28　洛克菲勒公园儿童游乐场里的雕塑（Tom Otterness/Gary Hack摄）
图4.29　纽约市河畔公园鲍勃·卡西里（Bob Cassilly）河马游乐场
图4.30　攀爬墙（Lappset Group. Ltd）

和顺序：幼儿需要和岁数大一些、更活泼的孩子分开，而且需要监护人时刻看护。儿童所需游戏场所的面积也随年龄而增大。因此，确定目标用户人群并在场地图中标出不同发展阶段儿童的活动区，是设计儿童游乐场的先决条件。

各年龄段的儿童游乐设施可以被视为一系列"细胞"单元，而道路和座椅区就是细胞之间的连接组织。年龄最小的孩子需要最温和的环境，沙滩是一个理想又安全的游乐场。安全地砖也是另一个必要条件，尤其在有滑梯和攀爬设施的区域更是如此。随着儿童年龄的增长，他们可以使用吊桥和协作游戏轮等更大的攀爬设施，这些设施需要与年龄小的幼儿活动区分开，但应该保证在幼儿视线范围内，这样他们可以观察大孩子的活动，挑战自我潜能。秋千也需要安置在专门的区域以防发生事故。

儿童游乐场需要设置围栏，既能保证儿童在活动区内游戏，又能防止狗进入，并阻挡无关人群进入。父母和看护者也是游乐场的使用群体，因此需要为他们提供舒适的休息座椅（这样可以促进他们与其他成年人闲谈）、夏日的遮阳设施以及充足的停放婴儿车的空间。在游乐场增设野餐桌椅能方便成年人在看护孩子的同时进行工作，还能成为游乐场里的用餐区。

水能给游乐场带来特殊的魔力。它可以为炎热的天气带来凉爽，可以无伤大雅地嬉戏玩闹，湿润的沙子还能建造城堡和其他童话故事里的东西。在有程控喷泉的地方，预测水流什么时候会喷出就能成为一大乐事。

雕塑和器具能唤起儿童对童话故事的记忆，是表演游戏的一个重要道具。精美的雕塑不是临时的道具，它们本身就可以是永久艺术品。游乐设施的创意设计能创造出特殊形式的雕塑艺术品。

儿童也可以参与设计并建造他们自己的游乐场。始于20世纪60年代的儿童冒险乐园（adventure playground）运动提倡为儿童提供材料和工具，鼓励他们在成人指导下建造小屋、攀爬设施、水道、吊索和其他他们所能想到的设施，各种材料，如拆除的木头、轮胎、金属板、废弃的椅子和家具等，都是冒险乐园中允许使用的资源。一些冒险乐园强调个人或小组协作，如建造小屋需要后续的房屋维修和社会维护，一些乐园还允许将宠物饲养在小屋内。很多冒险乐园建立在集体智慧的基础上，通过不断添加新的材料，最终形成不可思议的组合体。彩色油漆能够掩盖简陋的建造结构，提升小屋的外观。

冒险乐园通常不太符合成年人的审美，因此首先要为小屋选一个不引人注目的地方放置，或在四周建造围墙，让儿童的创造隐藏在成年人的视

图4.31　澳大利亚维多利亚州圣基尔达（St. Kilda）的冒险乐园（City of Port Phillip）

图4.32　加利福尼亚州伯克利冒险乐园的溜索（Coby McDonald/California Magazine 提供）

线之外。在开放时段，至少要有一名成年人在场负责登记工具、分发钉子和其他耗材，并制止过于危险的活动。随着儿童逐渐长大，游乐场已经不能适应他们的需要，此时就需要对游乐场进行翻新，确定是否将小屋清除废弃，为新一代的小小建筑师们腾出新的场地。从这个角度看，冒险乐园与城市建筑并没有区别。

学校操场（schoolyards）

学校的露天操场是很重要的社区休闲场地，但是常常没有得到充分使用。很多城区的学校操场仅供孩子们在早上十点和下午休息时段透气，在

图4.33　纽约市布鲁克林校园硬质路面上的图案（PS 124 Brooklyn）
图4.34　英国多佛学院（Dover College）操场内多种运动的标记线（SSP）
图4.35　纽约P. S. 216校园内的可食用植物种植区（Raymond Adams/WORKac提供）
图4.36　西弗吉尼亚州帕特南县（Putnam County）乔治·华盛顿小学校园里的园艺场（Kenny Kemp/WVGazette）

此短暂停留15分钟左右。操场上可能设有篮筐，如果场地面积够大，有时有足球球门（或橄榄球球门）用作课后练习。但出于草皮维护和规避事故风险责任的考虑，校方往往不允许在放学后使用操场，也不允许成人使用这些设施。实际上，在规划得当、设施完备的情况下，学校的户外场地可以有很多用途。

喷绘后的地表能让哪怕最袖珍的操场变成儿童的游戏乐园，也能避免绿地仅限于单一运动。增添户外游戏设施可以让操场在学校上课时段以外，如周末和暑假，也能得到利用。

操场改造还有一些更深入的措施，包括营造学习环境，以及用来生产有用的产品。例如，园艺是一种非常有益的休闲活动，各年龄段人群皆可参与，而且田野实验有助于学生有效地学习生物学基础知识。很多中小学已经将校园的全部或一部分开放空间用来种植蔬菜、花卉和水果。园艺用地四周需要设置围栏，以阻挡动物入侵。创建园艺区通常需要周围居民志愿与学生合作，这样还能加强社区与学校的联系。在温带气候区，一个简

单的温室就能帮助学校园艺区有效运转，植物
可在室内催芽，而温室就是大型生物实验室。
用雨水灌溉园艺区可以让学生了解水循环的过
程，天然肥料和杀虫剂能教会学生植物生长背
后的化学知识。学校餐厅可以食用这里生产的
农产品，而由于植物生长并不受学年影响，学
生和志愿者在假期仍然需要照料这些园艺区。

　　园艺是一种深受大众喜爱的休闲活动，可
以拓展到城市的其他空间中，如道路的中央隔
离景观带、私人花园、庭院和大众公园中社区
负责的场地等。

青少年与成人运动场

　　随着青少年和成人对极限运动的兴趣日益
增长，各地兴建了大量直排轮滑、滑板、自行
车越野赛（BMX）、攀岩、跳远、竞技自行车
场、跑酷（parkour）等各种运动场所。建设
滑板公园的最初原因是人们不喜欢滑板运动爱
好者，认为他们破坏了传统公园和广场上的长
凳与墙壁，因此需要将其运动场地隔开。如今
这项运动已经成为一种艺术形式，也是同龄人
之间一种炫耀方式，并已出台滑板公园的设计
标准，有的自行车越野赛道也用此标准作为
参考。精心设计的滑板公园包括环形池、U形
池、起跳台、翻盖（clamshell）、金字塔赛道
和长条滑椅等多种类型的滑板赛道，均设置了
常用尺寸（Poirier 2008）。滑板公园的选址
应远离居住区和公园等偏好安静的环境，为大
区域范围内的滑板运动爱好者服务。当然，滑
板公园有一定的危险，但这也正是它的魅力所
在。因此，在这类公园开业前应解决好相关的
法律问题，设置足够的警示牌和监控设施。

图4.37　加利福尼亚州圣费尔南多谷（San Fernando Valley）
的派德罗滑板公园（Pedlow Field skateboard park）（Cbl62/
English Wikipedia）
图4.38　法国圣马克西姆（Sainte-Maxime）自行车越野赛
（Fabrizio Tarizzo/Wikimedia Commons）

各种各样的极限自行车运动也深受人们喜爱，甚至出现在国际体育赛事的赛场上。在摩托车越野赛中，6～8位骑手共用一条单向赛道，赛道为黏土-砂砾表面，全程包括纵跳、转弯和其他增加难度的障碍物。此外，赛道还可能会包括一段需要骑手争抢时机的单行道。越野自行车骑手们的目的可能并非是赢得比赛，而是要在同龄人面前展示自己高超的技术。有时他们会在滑板公园内炫技，但由于这些场地往往是硬质铺地，且弯道极大，因此并非理想的场地。专业的自行车越野赛道表面为黏土-砂砾层，偶尔会出现混凝土质的障碍物，因此能够减缓路面在骑手摔跤时造成的冲击。

攀岩曾是登山爱好者的专属领地，如今也已成为一项流行的城市运动。攀岩墙在健身中心已很常见，同时也正在户外场地流行起来。竖直的墙体一般高6～13m，表面有抓点和保护栏，顶部有环钩用于固定安全绳。攀岩墙可以是单独的一堵墙，也可以附设在建筑外墙上。攀岩墙建设的关键在于底部要铺设填充物，作为减轻触地冲击的安全地面，一般会铺设泡沫材质、充气垫或厚木屑等疏松材料。

跑酷脱胎于军事训练项目，是一种危险等级更高的极限运动，正受到越来越多年轻人的喜爱。这项运动的核心是攀爬、障碍物、跳跃或飞跃障碍物，尽可能以直线路径到达目的地。跑酷的背后有多种哲学原理和规则，独特的风格和精准的动作同样重要。这项运动常见的风险包括高空坠落、毁坏财物和伤害他人等。与滑板运动一样，建设专门的跑酷运动场已经成为一种流行的风潮，这些都是真正意义上的成人运动场。

室外运动场

传统有组织的运动场地（或球场）是社区的中心，也是城市休闲场地的一部分。尽管不同国家的传统运动项目存在一定差异，但在大部分地方，不论业余爱好者还是职业选手都需要场地进行练习。从童年时期开始，学习团队体育运动就是培养友情、团队协作、领导技巧和自尊自信的一种方式。在学习过程中，成年人会把重要的经验传授给下一代，同时还伴随着身体技能和精神信念的传递。中年时期，人们在下班后的傍晚和周末组织团体运动比赛，这既是维持友谊（和竞争）的手段，也是保持身材的方法。澳大利亚男性热衷于在周末运动休闲，与朋友一起打橄榄球、踢足球或踢澳式足球。在寒冷的加拿大，户外冰球是城市里流行的一项团体

图4.39 马萨诸塞州格罗斯特（Gloucester）自行车越野赛道场地（Seven Cycles提供）

图4.40 英国哈罗盖特（Harrogate）的溪谷花园滑板公园内的越野自行车表演（Harrogate Borough Council）

图4.41 加利福尼亚州丘拉维斯塔（Chula Vista）自行车越野赛道场地（NBC 7 San Diego）

图4.42 加利福尼亚州圣路易斯奥比斯波市（San Luis Obispo）卡尔波利（CalPoly）休闲中心的攀岩设施（Cal Poly University提供）

图4.43 巴勒斯坦加沙地区的跑酷运动（European Pressphoto Agency）

图4.44 加利福尼亚州圣迭戈跑酷场地（Nerd Reactor提供）

图4.45 墨尔本市中心的体育
场馆（谷歌地图）

运动，大部分孩子在放学后直接去球场。在周日，同一片球场可以是各年
龄段滑板爱好者的天地，在这里可以欣赏到他们的即兴表演和比赛。随着
越来越多民间球队和联盟的组建，大部分美国城市的篮球场、网球场、棒
球场、足球场和冰球场总是有着长长的预约单。

有些城市的做法是选定一项运动，并在所有的休闲场地都配备与其相
关的设施。例如，网球运动在澳大利亚墨尔本市有着悠久的历史，市中心
集中了大量网球场，几乎在所有人出门步行几分钟的距离内都能找到网球
场。当然，墨尔本也是澳式足球的发源地，城市内有很多足球场供业余爱
好者和职业球队使用。还有些城市选择钻研某一项竞技运动，如俄克拉何
马城立志将该市打造成地区赛艇运动的中心，已建设完成一片设施完备的
赛艇池和船坞。很多城市都会借举办国际体育赛事的机会大力建设竞技运
动场地，尽管充足的体育设施能够提升市民对这些竞技运动的参与度（如
速度滑冰、自行车竞赛、跳台滑雪和雪橇运动），但仍然有很多场地和设
施在赛事结束后就几乎闲置。因此，体育设施规划的一个关键要点是着眼
于长期需求，而不仅仅是短期的赛事需求。

大型专项运动场馆的成功与否取决于其远期发展需求，而需求往往较
难精准预测。场馆建设还取决于可用的建设土地，常常需要协调各类彼此

竞争的设施用地。因此，规划休闲场地的第一步就是弄清楚现有土地上可
建设设施的种类以及各类设施的数量。图4.47和图4.48展示了多类运动项
目所需的场地布局标准规模。我们可以在场地基本底图上拼贴各类运动场
模板，以便快速地判断场地的容量；还有一个方法是在电子版中快速调整
场地边界的形状，寻求符合某类运动场地容量的最大解。在调整运动场地
或球场的朝向和位置、设定进出通道和布置观看席位置的过程中，逐步就
能做出各种设施的权衡组合。例如，场地内应设置两个足球场，还是设置
一个足球场加六个网球场和一个篮球场？这个决策必须要考虑各种场地的
使用者人数，如一个网球场仅供2~4人使用，人均用地显然就比篮球场
要大。

　　运动场的组合与布局方式受多种因素的综合影响，而不仅仅是合适与
否的问题。维护费用是其中一大因素，是否有组织化的俱乐部负责场地又
是一个问题。工具栏4.1介绍了西雅图杰斐逊公园（Jefferson Park）将两
座水库改为休闲观光场地的最初几个备选方案，展现了多种因素的影响。
大型休闲场地在长期使用过程中会不断新建或改造，场地规划和设计也应
具有相应的弹性以适应未来休闲潮流的变化。

　　此外，团体运动参与者需要更衣室、衣物储藏室和盥洗室，同时还需
要能躲避风雨的带顶棚设施。如果有观众前来观看比赛，他们需要沿路边
设置的座椅、卫生间和食品饮料摊点。场地规划可以将这一系列服务设施
设置在场地中心，四周通过步道与各球场相连。当然，职业球队和有追求
的业余球队都不仅仅是需要一个简单的场馆，而是需要可以培养成员感情
的俱乐部，这就会增设休息室、酒吧、餐厅和会员固定存物区等设施。还
有一些社区的建设就是以运动为主题，如亚特兰大附近的湖滨运动社区
（LakePoint Sporting Community），在运动场周围，俱乐部会所和零售
商业区密集，年轻人、带孩子的父母、观众和职业运动员们络绎不绝。

图4.46 俄克拉荷马城的船坞
区（Georgia Read/Read
Studio Inc./Oklahoma City
Boathouse District提供）

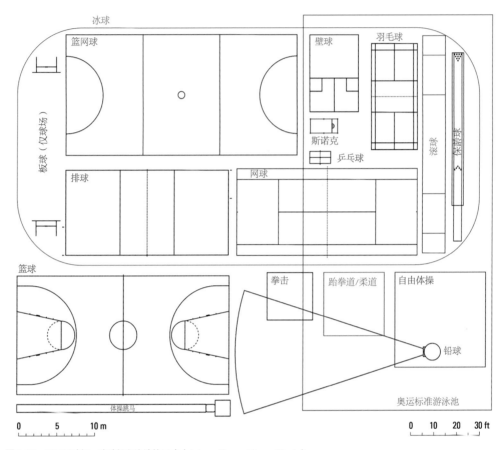

图4.47 不同运动场、冰球场和泳池的尺寸（Adam Tecza/Gary Hack）

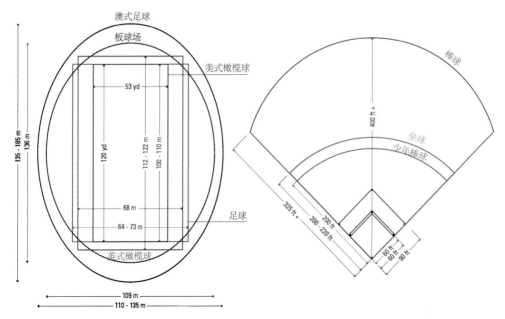

图4.48 各类运动场和球场所需场地尺寸（Adam Tecza/Gary Hack）

工具栏4.1

西雅图杰斐逊公园比选方案

杰斐逊公园位于西雅图灯塔山社区内，是一座有着百年历史的休闲水库地区。多年来，人们在此相继修建了大量的休闲设施，包括一座9洞高尔夫球场、一座高尔夫训练场、一家草地滚球运动俱乐部、儿童游乐园，以及一个供附近小学使用的大型多功能运动场。当时两座大型水库面临被废弃的情况（北侧水库很快就停止使用了，而南侧水库则会在不确定的将来废弃），占地137ac（55hm²）的杰斐逊公园中将多出50ac（20hm²）的空置土地，因此当地需要制定新的场地规划。

设计师就策划方案和规划设计布局提出了多种比选方案，如在北侧水库的位置修建极限运动场地；场地中央设置安静休闲场所，四周设置极限运动场地；将水库向北迁移；还有一个更理想化的方案提出填埋水库原址，这样可以建设更多运动场。经过多方讨论、成本分析、征求公众意见和流线分析后，最终确定了一项长期规划方案，在极限运动场和安静休闲设施之间取得平衡，同时提出了分期实施步骤，为南侧水库将来的发展留出空间。

十多年来，该方案的大部分内容已建设完成，包括一座滑板公园、位于北侧水库原址上的一大片草地和一片水上乐园，以及对草地滚球场及南侧运动场的修缮。

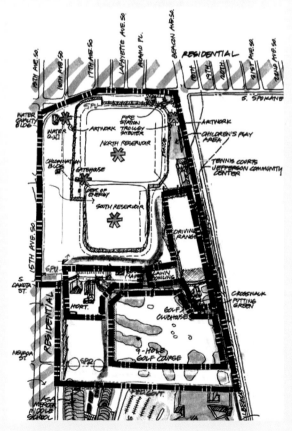

图4.49 华盛顿州西雅图市杰斐逊公园场地开发前平面图（Seattle Department of Parks and Recreation, SDPR）

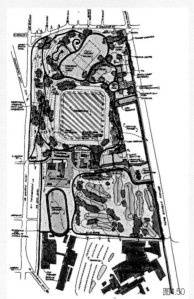

图4.50

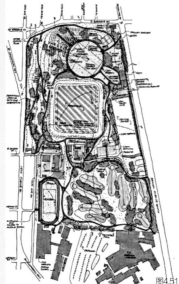

图4.51

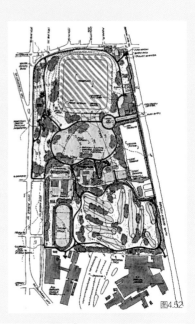

图4.52

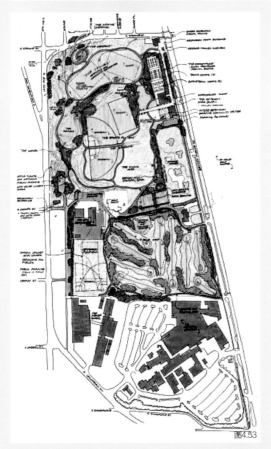

图4.53

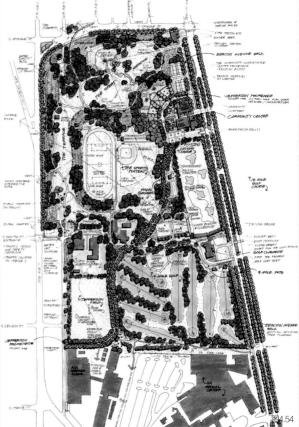

图4.54

图4.50 比选方案1（SDPR）
图4.51 比选方案2（SDPR）
图4.52 比选方案3（SDPR）
图4.53 入选的意向方案（SDPR）
图4.54 长期规划设计方案（SDPR）

图4.55　杰斐逊公园的滑板公园
图4.56　杰斐逊公园北侧草地
图4.57　杰斐逊公园的灯塔山水上公园（Wendi Dunlap/flickr）
图4.58　杰斐逊公园草地滚球俱乐部
图4.59　杰斐逊公园内带照明的运动场（SDPR）

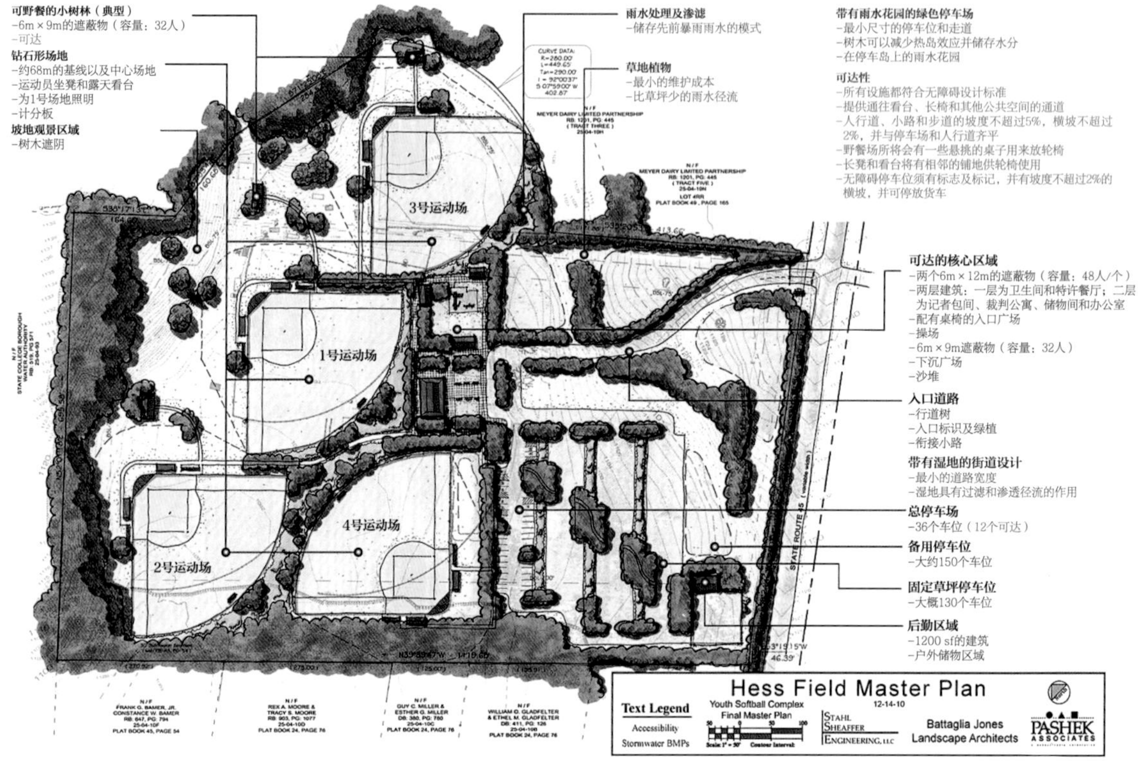

可野餐的小树林（典型）
-6m×9m的遮蔽物（容量：32人）
-可达

钻石形场地
-约68m的基线以及中心场地
-运动员坐凳和露天看台
-为1号场地照明
-计分板

坡地观景区域
-树木遮阴

雨水处理及渗滤
-储存先前暴雨雨水的模式

草地植物
-最小的维护成本
-比草坪少的雨水径流

带有雨水花园的绿色停车场
-最小尺寸的停车位和走道
-树木可以减少热岛效应并储存水分
-在停车岛上的雨水花园

可达性
-所有设施都符合无障碍设计标准
-提供通往看台、长椅和其他公共空间的通道
-人行道、小路和步道的坡度不超过5%，横坡不超过2%，并与停车场和人行道齐平
-野餐场所将会有一些悬挑的桌子用来放轮椅
-长凳和看台将有相邻的铺地供轮椅使用
-无障碍停车位须有标志和标记，并有坡度不超过2%的横坡，并可停放货车

可达的核心区域
-两个6m×12m的遮蔽物（容量：48人/个）
-两层建筑：一层为卫生间和特许餐厅；二层为记者包间、裁判公寓、储物间和办公室
-配有桌椅的入口广场
-操场
-6m×9m遮蔽物（容量：32人）
-下沉广场
-沙堆

入口道路
-行道树
-入口标识及绿植
-衔接小路

带有湿地的街道设计
-最小的道路宽度
-湿地具有过滤和渗透径流的作用

总停车场
-36个车位（12个可达）

备用停车位
-大约150个车位

固定草坪停车位
-大概130个车位

后勤区域
-1200 sf的建筑
-户外储物区域

3号运动场

1号运动场

4号运动场

2号运动场

Hess Field Master Plan
Youth Softball Complex
Final Master Plan
12-14-10

Text Legend
Accessibility
Stormwater BMPs

STAHL
SHEAFFER
ENGINEERING, LLC

Battaglia Jones
Landscape Architects

PASHEK
ASSOCIATES

图4.60 宾夕法尼亚州哈里斯市
（Harris Township）的赫斯运动场
（Hess Field）总体规划中的垒球场
平面（Center Region Parks and
Recreation）

图4.61 佐治亚州艾默生
（Emerson）的湖滨运动社区
（LakePoint Sports提供）

多功能休闲区

团队运动和其他休闲活动能吸引社区内各类不同的群体，打破收入、种族、年龄和能力等壁垒。城市中的市镇广场曾是各种背景的社区成员的聚集地，而现在，它的作用被公园、运动场、人行道和自行车道所取代。休闲设施种类齐全的地方是开展社交活动最理想的场所，正如西雅图杰斐逊公园那样，面向各年龄段的空间扩大了当地的运动休闲活动范围，也让这里成为更有意义的社区中心。

城市中心区由于土地资源紧缺，无法满足所有的休闲需求，空间的弹性由此显得尤为重要。例如，开放场地最好既能作为运动场使用，又能充当社区节庆演出或音乐表演的场所。一天、一周或一年内某些时间闲置的空间可能是城市风貌或景观美学上的加分项，可是却失去了休闲娱乐的用途。近年来，优秀的公园都能找到各种设计策略实现多功能用途的叠加，这就需要创造性的管理和时间安排。纽约巴特利公园城洛克菲勒公园的设计就尽可能多地集中了不同的活动设施，充分考虑到了前来参观休闲的人群的多样性：单身人士、带孩子的父母、中小学生、老人、办公室白领、游客和观光客，以及外出郊游的城市居民等。每年、每天都不断有人来此进行休闲活动，洛克菲勒公园在人们心中也是一个全年皆适合前去的独特休闲区。

工具栏4.2

纽约巴特利公园城洛克菲勒公园

洛克菲勒公园占地2hm^2，是巴特利公园城北社区的一部分。它的建设宗旨是提供尽可能多的休闲活动机会。巴特利公园城社区和翠贝卡社区的居民举行过多次会议和研讨会，商讨公园的规划设计和活动安排。各方提出的需求彼此之间也有互相矛盾之处，如既要建造一座安静的绿色公园，又要有尽可能多的硬化地面以满足体育运动的需要；既要考虑到有组织的运动又要保证功能区的灵活性；既能满足不同年龄段人群的需要，又要为儿童留出专门的空间；公园既需要与居民社区相连，同时也要对周围上班的人们开放。

最终这座公园采用线性布局的模式，几乎满足了上述所有需求。公园划分了4个并排的活动区域：一条滨河大道、一片连续的绿地、一条蜿蜒穿过整座公园连接各个活动场地的步道，以及一系列紧邻附近社区供休闲活动和极限运动使用的场所。绿地草坪面积很大，足够足球、棒球和曲棍球等各类运动比赛使用，并配备有可拆装的围栏、球垒、场地标志线和球门，避免场地成为单一群体的专属球场。4块平台分别可供社会团体、体育运动（篮球和手球）、儿童游乐和安静休闲使用。公园内有两座亭子，分别为演出舞台和设施管理处，后者内设有公园管理处、设备存放和出借处及公共卫生间。

这里生长的耐盐树种和多年生植物赋予了各区域鲜明的特色，四季色彩变化分明。这座公园曾多次当选纽约市最受欢迎的开放空间，吸引了广大地区的人们前去观赏、休憩。

设计团队：
建筑与规划设计：Carr, Lynch, Hack and Sandell
景观设计：Ohme, Van Sweden Associates
运动场设计：Johnsson & Walcavage
凉亭设计：Demetri Porphyrios

图4.62 纽约市洛克菲勒公园鸟瞰（Battery Park City Authority）
图4.63 洛克菲勒公园规划示意（Carr, Lynch, Hack and Sandell）

图4.62

图4.63

图4.64 河滨大道
图4.65 绿色草坪
图4.66 穿过公园的步道
图4.67 社交活动平台
图4.68 社交活动场地内午间下棋的人们
图4.69 运动场地上的半场篮球场
图4.70 运动场
图4.71 睡莲水池
图4.72 演出舞台
图4.73 公园管理处及周围的休闲活动设施

第5章

大学校园

高等教育研究机构在社区中发挥着日益重要的经济引擎作用，大学校园的规划也应以高效性和教育性为导向。高校机构也能刺激附近地区的发展，带动商铺、服务、面向师生的餐厅、与机构相关的研究设施和创业公司，以及相关住宅设施的发展。也正因为这一原因，校园的规划设计也必须考虑周围环境。

大学的历史源远流长，大学最早起源于欧洲、中东和亚洲等地的修道传教传统，那时的知识仅限于在宗教的围墙之内传播。太学作为中国古代的国立最高学府，最早设立于汉朝。伊斯兰世界的高等教育机构的最初目的是在先知于公元632年逝世后传播他的教义和精神。位于非斯城（Fez）的卡鲁因大学（University of Al-Karaouine）兴盛于公元9世纪，在1000年以前，它与开罗的爱资哈尔大学（Al-Azhar University）并列为阿拉伯文化、科技和宗教研究中心。一般认为，欧洲最古老的大学是创建于1088年的博洛尼亚大学（University of Bologna），随后诞生了牛津大学和巴黎大学。

欧洲早期的大多数大学都位于城市，通常由几座临街建筑构成。教学楼的户外空间四周一般建有专供师生使用的回廊。随着大学规模的扩大，原本教学楼附近的建筑越来越多，大学所在的地区最终成为城市的学术中心。

美国率先建设了专门的教育机构园区，也提出高等教育机构应该退出钢筋水泥的城市，迁往环境优美的乡村小镇（Turner 1984）。最早零散分布在美国大学城里的几座教学科研楼如今已发展为综合性的研究型大学。这些大型教育园区的建筑形式对全世界新兴城市和地区成千上万新建的大学产生了巨大影响。

图5.1 欧洲最古老的大学——博洛尼亚大学（Gaspa/flickr）　　**图5.2** 印第安纳州西拉法叶市（West Lafayette）普渡大学（Purdue University），是大型公立综合性大学的原型（Purdue University）

研究机构的类型

　　虽然我们在这里用"大学"（university）作为统称，但如今高等教育机构实际上种类繁多，对空间的需求也各不相同。通过不同的名称可以看出它们之间的区别：学院、大学、研究所、理工学院、大学校、高等学校、社区学院、专业技术学院、神学院、音乐学院等。其中，很多学校最初只是小型学院，后来逐渐演变成涵盖多种教育方向的多用途机构。不同机构的核心教育使命仍展现出不同的空间布局原型。

　　学院（colleges）一般以本科生教育为主，学生从中学毕业后即可入学。最顶尖的学院往往是寄宿制的，大部分学生均可住在校方提供的宿舍中，位于他们上课的教室附近。有些学院的教学区位于住宅区内，这与由小型学院组合而成的剑桥大学和牛津大学的模式类似。耶鲁大学在美国也复制了这种模式，澳大利亚和加拿大的部分大学也是由此类寄宿学院（residential colleges）组建而成。近年来，很多美国大学组建了学院宿舍（college houses），有些甚至具有鲜明的主题风格。这类住宿区内空间设置完备，用餐、研讨和促进住户之间学术交流的设施应有尽有。

　　托马斯·杰斐逊（Thomas Jefferson）为当时刚建立的弗吉尼亚大学（1818年）设计的"学术村"（academical village）提出了一种新的学院组织模式。杰斐逊的设想是为各学科修建独立的学科馆（pavilion），彼此以回廊相连，中间是一片大草坪，学科馆分布两侧。各学科的教职人员就居住在各自的学科馆内，这些楼宇背后的场地（range）则是菜园、学生宿舍楼和餐厅。草坪的上首位是一座罗马万神殿式的穹顶建筑，最初作为全校师生的集会场地，后来改作图书馆。其时学院共开设10个学

图5.3　牛津大学的各学院
（SirMetal/English Wikipedia）

科，各科由1位教授负责，每个学科有100名学生，他们都住在草坪外侧的宿舍内。那时的教育与如今大部分学院一样，学识渊博的教授指导学生们循序渐进地学习各自领域内的学科知识。

在美国，多所高等院校的校园都采用了典型的学术村布局模式，在原有模式的基础上加以改造，扩大为能够同时容纳数千学生和数百位教师的校园。位于校园中央的草坪改为校园广场、草地或开放绿地，原有的学科馆被大型的学科楼取代（如英语系学科楼或化学系学科楼），草坪上首位的圆形建筑则改为学校的大礼堂、图书馆或行政楼，学生和教职工宿舍则向外侧移动，修建了专门的宿舍区。多年来，校方在草坪周围新修了学生活动和文化活动场馆，当体育运动成为大学生活的必要组成之后，周围地区也兴建了很多运动场和体育馆。近年来，美国很多规模较大的大学开始重新采用这种严格的功能分区模式，将生活和学习空间相结合，并将教职员工宿舍融于其中。

大学（universities）之所以区别于学院，原因在于它同时具备专业化教育研究与基础学科的教育功能。本杰明·富兰克林（Benjamin Franklin）将一所人文学院与一所医学院合并，创办了北美地区第一所真正意义上的大学——宾夕法尼亚大学。大学的学术使命主要在于通过学术和研究工作探索新的知识，教学费用可能只占一所大学财政预算的1/3，教学区面积占比可能不到一半。一直以来，大学的演变都十分缓慢；在

20世纪的大部分时间里，学术研究方法和教学法都维持着相对稳定的状态。尽管增加了新建筑，大部分校园的基本形态仍保持不变：满足面对面交流的需求，以图书馆作为中心资源，按学科划分教室、会议室和实验室。但变革的步伐正在日益加快，如今大学校园空间布局面临的挑战是如何跟上急剧变化的科学研究的性质。今天的科学研究需要整合多学科，而且近年来越发倚重数字化基础设施进行知识的传输与存储，并与社区成员紧密联系。因此，空间灵活性是当今大学校园空间设计与组织最重要的目标。

理工学院（polytechnics）也兼具研究和教育功能，尤其是在科学和工程领域，但此类学院的核心不再是图书馆和教室，而是实验室。很多专门机构常称为研究所（institutes）或研究院（academies），也正是遵循了这一原则，美国国立卫生研究院和中国科学院就是典型的例子。法国大学（grandes écoles）的最初目的是创建单独研究某些领域的专门机构（如巴黎美术学院、巴黎高等师范学院、法国国立行政学院等）。巴黎玛丽居里大学（巴黎第六大学）等机构包括多个专门的研究所，各研究所的布局可按照特定学科的重要性变化而进行调整。俄罗斯则形成了按应用领域划分专门研究和教学机构的模式（如林业、铁路、化学、石油、建筑等），中国和东欧国家的大学也采用相同的模式。在这种模式下，实验空间（车间、育种圃、实验室）是校园的核心，它们更像是工业或商业建筑群，而非古代高等教育追求的田园诗般的校园。

职业技术院校则刚好相反，它们的学生通常都已经工作。这类学院的名称不一，如技术学院（technical colleges）、职业学校（vocational

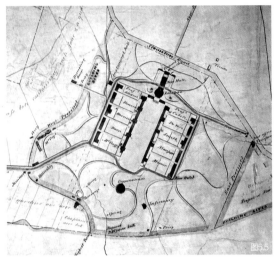

图5.4 夏洛茨维尔市（Charlottesville）弗吉尼亚大学由杰斐逊设计的学术村（J. Sertz/University of Virginia Collections）
图5.5 杰斐逊设计的学术村平面（William Abbott Pratt/University of Virginia collections）
图5.6 俄亥俄州立大学的椭圆形大草坪（Ohio State University）

schools)(英国)、中等职业学校(trade
schools)、专业学校(院)(career schools or
colleges)、社区学院(community colleges)、
商业专科学校(business academies)、职业学
校(Berufsfachschulen)(德国)、专技学校
(technicums)(欧洲)和专门学校(senmon
gakko)(日本)等。这些学校都有各自独特的
传统,其课程设置和空间需求区别很大。但为
满足已工作的青年人和中年人的需要,它们通
常都位于城区或郊区的上班地点附近,靠近公
共交通线路或其他交通便利的地点。

高等教育界涌现出许多新兴成员,如虚拟教
育机构和拥有多个独立校区或完全没有校园的大
学,包括开放性大学(open universities)、互联
网学院(Internet universities)和提供线下与线
上混合教学服务的大学。对这类机构而言,学
生只是偶尔使用校园,甚至完全不需要校园。
此时,场地规划面临的问题可能就是如何组建
网络校园,因为学习不仅仅是知识和信息的获
取。但教育机构的很多功能仍然要依靠真实的
沟通来实现,如职业规划、教学技能培训,以
及设计与创意艺术等需要高接触度的教学内
容,目前这类机构的设施需求尚不清楚。

常年居住在大学校园的人往往会对学校的
建筑和场所产生深厚的感情。年轻人在这里度
过了成年期的岁月,而对教职员工而言,居住
在校园内变成了他们的生活方式。运动和文化
活动、重大事件和行为模式都会逐渐固化,并
随着传统一代代传承下去。校友总是回到曾经
的校园,在他们熬夜学习过的宿舍前,在深受
师生喜爱的校门口或雕像前,在有着特殊回忆
的地方拍照留念。在高等教育环境的设计过程
中,如何激发师生对校园的情感与实现其基本
功能一样重要。

图5.7 巴黎玛丽居里大学,即巴黎第六大学(Edouard Albert
et Urbain Cassan/Wikimedia Commons.)
图5.8 明尼苏达州布鲁明顿(Bloomington)的诺曼戴尔社区学
院(Normandale Community College),学生主要是在郊区工
作的人群(© Dave Warwick)

尽管知识在不断进步，学习的技术支持近年来也飞速发展，大学校园却变化缓慢，新建筑就矗立在古老建筑的身边。仔细观察校园环境，你就能感受到大学教育理念的发展历史。

教育场地

正式的教育过程是学习者与传授者之间的交流，可以在一对一的教师办公室，或是工作坊、实验室交流，也可以是课堂教室中的小组授课、研讨桌前的讨论，以及在会议室里的大型讲座。教育的形式包括学生、教师和演讲嘉宾的讲座，学生作业展示，观看电影等视频资料，或学习其他电子形式的间接资料。学生会有个人作业，有些可在计算机上完成，有些需要在图书馆和档案馆里翻阅资料；同时，也会被分派小组任务。通过参与简单的休闲活动和体育运动，学生既能学习运动技能，也能体会合作精神。在寄宿学校，除了至关重要的生活设施与学习设施之间的联系，休闲娱乐活动也很关键。教学有时也会发生在咖啡馆、酒吧、剧院和休闲活动场地等校园外的环境里。因此，大学的规划远远不限于围墙之内。

设立博士点和职业教育课程的大学还应该包括产学研的实践平台，如医学诊所和牙科诊所、医院、建筑或规划设计研究机构（以中国为典型）、配备先进的专业化器械的研究机构等。很多大学的核心宗旨就是开展研究和探索新知识，因此相关设施甚至会占据校园一半以上的面积。

场地规划和设计会通过以下三个方面影响教育质量、研究水平和大学生活：

建筑布局——通过校园的结构布局，确定三维空间内建筑的功能、布局、开发强度、单个建筑物体量、开放性与透光性、建筑材料和形式的一致性与匹配度，以及预留未来扩建和改建的空间。

场地空间——包括入口处（和停车区），聚集场所，促进偶然社交的人行步道，休闲娱乐场地，公共区域的地面、景观和装潢，以及保障整个学校平稳运转的后勤场地。

场地基础设施——行人和车辆的出入口及流线、停车场及管理、安保系统、通信系统、信息基础设施、服务和运维系统。在任何一所大学，基础设施都是一笔很大的支出。

工具栏5.1

西拉法叶市普渡大学主校区总体规划（Sasaki，2009）

西拉法叶市普渡大学主校区总体规划由Sasaki事务所与校园规划委员会经过两年磋商后共同制定。该规划仔细分析了已有建筑和现有的可利用场地，研究了重要的环境问题，并兼顾了未来的空间需求。规划涵盖了以下五项主要原则：倡导集约发展；建设州街（State Street）作为协作发展中心；以高度混合功能区带动整体创新；沿外围林荫大道打造综合交通系统；以及保留西侧土地（图5.12）。这份总体规划将整个校园划分成多个功能独立的区域，并用绿色走廊将原本分散的教育、研究和居住社区串联起来。包括道路和停车场地在内的基础设施系统是未来发展的核心要素。

以下所有插图均由Sasaki事务所提供。

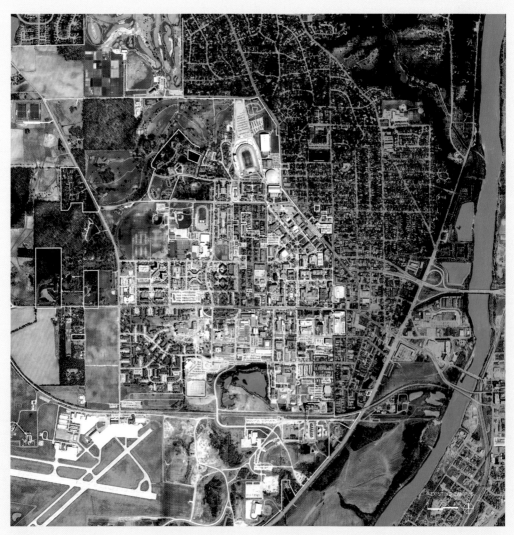

图5.9 印第安纳州西拉法叶市普渡大学主校区现状

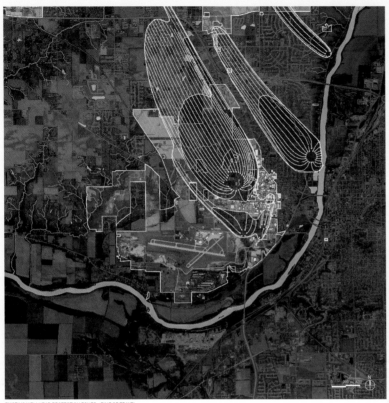

EXISTING WELLHEAD PROTECTION ZONES - TIME OF TRAVEL

图5.10 校园内及附近地区的水源保护区

潜在需求
只有研究生=140万ft^2
历史=340万ft^2
现有总平面=650万ft^2

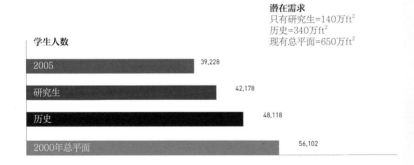

学生人数

2005	39,228
研究生	42,178
历史	48,118
2000年总平面	56,102

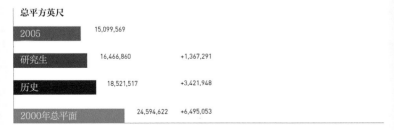

总平方英尺

2005	15,099,569	
研究生	16,466,860	+1,367,291
历史	18,521,517	+3,421,948
2000年总平面	24,594,622	+6,495,053

概念想法：20年后校园核心区的可用容量
"该大学可以满足现有校园内的大幅增长，足以满足未来20年的需求。"

图5.11 预期未来20年的空间需求

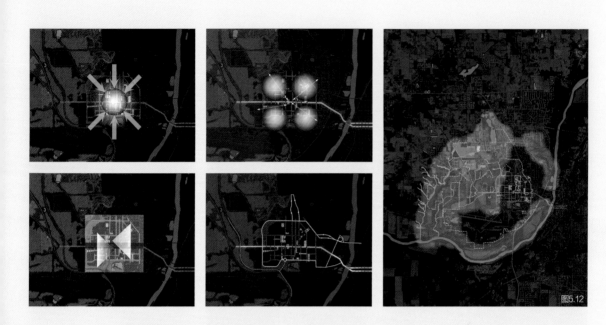

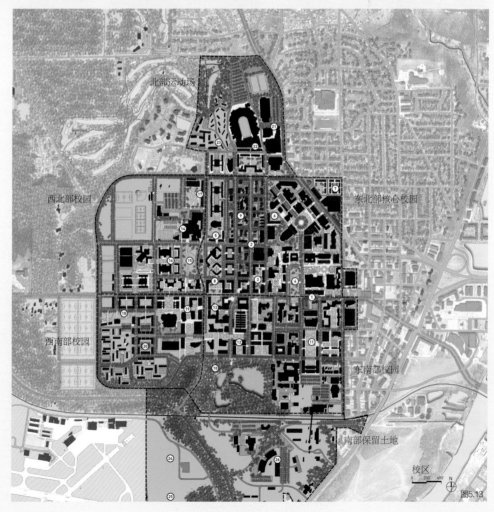

图5.12 五项校
园规划原则
图5.13 校园总
体规划平面

图5.14　校园建设意象效果图

图5.15　校园公用设施管沟

图5.16　校园交通系统

校园总体规划（master plan）通常会包含上述各个方面，开发周期为5~20年。总体规划会确定现有建筑物和预期建筑物的位置、场地内主要交通流线（行人、车辆、后勤服务）、基础设施网络和决定建筑形式与景观形式的设计导则。在快速发展、变化频繁的地方，总体规划可能需要每5年更新一次，以纳入新的设计想法，标注新增的土地，并根据不断发展的教育技术进行相应调整。

大学的空间需求

大学的类别多样，其校园格局也各不相同。每一所大学校园都具有独特的历史，折射出其教育理念和研究精神，大学的发展也离不开社会资源的支持。不同大学之间的主要区别有：专业院校（如美术学院或医科大学）与综合性大学；土地有限的位于城市中的校园与位于大学城或郊区的土地面积较大的校园；寄宿学校与通勤学校；只开设本科教育的文理学院与兼具学术教育和职业教育的研究型大学，等等。美国的很多州立大学都属于赠地学院（land grant colleges），旨在促进农业和工程教育，其校园内土地面积广阔，配置农场设施和实验室。大型的城市型院校通常会开设医学院，其附属医院既有临床教学功能，也提供医疗服务。很多大学都通过政府或私人赠予的方式获取校园用地，场地的大小未必能很好地契合学术需求。基于上述种种现象，我们很难就不同大学的场地和空间需求做出简单概括。

表5.1列举出了142所大学校园的数据，以美国院校为主，按照不同的教育目标分为6组。如表5.1所示，公立大学的平均规模最大，位于城市的院校和大学城内的院校分别拥有28000名和23000名学生。美国的私立大学规模稍小，大约是公立大学的一半，理工院校的学生人数则更少。其中学生数量最少的是美国的学院，仅为2200多人。其他国家的大学样本量不足，但已有的数据与美国的公立大学非常接近。

尽管不同的教育环境差异很大，但平均而言，位于城区的美国公立大学的学生人均建筑毛面积为313ft^2（29m^2）。由于教职人员占用空间比例较大，所以更准确的指标是师生人均校园建筑面积，这个数字是232ft^2（22m^2）。如表5.1所示，私立大学的学生人均建筑面积大约是公立大学的两倍，校园人均建筑面积约是公立大学的1.5倍，而理工院校的数字则更大。美国的学院通常位于较偏远的地区，校园人均建筑面积也最大。这些

表 5.1 大学校园指标对比

	大型美国公立大学（城市地区）	大型美国公立大学（小镇）	美国私立大学	美国理工院校	美国学院	国际上其他大学[1]
样本数量	21	42	32	6	31	10
平均学生人数	28795	23208	10409	7830	2258	26713
平均教师人数	2765	1661	1351	605	203	1761
生师比	14.7	16.1	10.1	13.5	11.5	17.4
平均职工人数	7310	4525	4737	3039	445	2629
平均校园人口	38893	29864	16494	11474	2833	31188
平均建筑面积（m²）	836622	792229	585704	506604	133425	305174
学生人均建筑面积（m²）	29	34	56	65	59	11
校园人均建筑面积（m²）	22	27	36	44	47	10
平均校园面积（hm²）	232	632	264	84	131	104
学生人均校园面积（m²）	81	272	253	107	581	39
校园人均校园面积（m²）	60	212	160	73	463	33
人均停车位（停车位数/校园人口）	0.29	0.42	0.38	0.33	0.52	0.13
校园容积率	0.36	0.13	0.22	0.60	0.10	0.29

资料来源：Ayers Saint Gross Architects "Comparing Campuses"，www.asg-architects.com/2007/07/research/case-studies research/comparing-campuses/.

注 1：包括加拿大、澳大利亚、中国香港和爱尔兰等地的大学

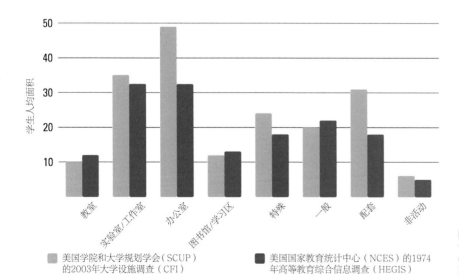

图5.17 美国大学的空间利用情况（Adam Tecza/Society of College and University Planners）

美国学院和大学规划学会（SCUP）的2003年大学设施调查（CFI）   美国国家教育统计中心（NCES）的1974年高等教育综合信息调查（HEGIS）

表 5.2　大洋洲大学校园空间分布

空间类型	总面积占比（%）	全日制学生人均可用建筑面积（m²）
学术（教学、研究、学术办公室、学术通用配套设施、专业教室和实验室）	46.8	5.2
集中行政设施（办公空间）	12.0	1.1
集中预约空间（阶梯教室、研讨教室、自习室）	9.4	0.9
图书馆（包括自习区、学生计算机自习区、信息共享空间等）	8.5	0.9
师生服务（包括辅导、运动和休闲设施等）	5.9	0.6
商业空间（书店、餐吧等）	4.8	0.5
其他（包括建设中的设施和空置设施）	5.2	0.7

资料来源：Tertiary Education Facilities Management Association（2009）

数字包括学生的宿舍，而宿舍在校园建筑的面积占比可高达30%。

其他国家大学的空间规模和对学生人均建筑面积或校园人均建筑面积的要求往往低于美国。大洋洲的调查显示，大约33%的高等院校的同等全日制学生（EFTSL）人均校园建筑面积（不包括宿舍）不足12m²，46%的院校同等全日制学生的人均校园建筑面积为12～17m²，只有21%的院校超过17m²（Tertiary Education Facilities Management Association 2009）。其中的差异很大程度上是由需要特殊设施的学科受重视的程度造成的，如科学实验室或医学院等。

院校的学科设置也会影响它的空间需求。一项针对美国大学的调查显示，办公室和实验室/工作室占学生人均可分配空间的比例最大，分别为48ft²（4.5m²）和35ft²（3.3m²）。学生人均图书馆面积普遍为12ft²（1.1m²），学生人均教室面积为10ft²（0.9m²）（Society for College and University Planning 2003）。对大洋洲大学的调查结果也与此类似（Tertiary Education Facilities Management Association 2009）

接下来，要根据建筑空间要求估算大学的场地需求，需要确定开发建设密度、室外休闲场地和停车区面积，以及未来扩建预留的空间规模。以目前的美国大学为参照，学院校园的容积率为0.1（10%），理工大学为0.6（60%），大型的城市内大学的平均容积率约为0.4（40%）。所以，在美国，一所规模为2000名学生的新建学院需要290ac土地，一所1万名学生的理工大学至少需要265ac（107hm²）土地，而一所3万名学生的大型公立大学则至少需要540ac（218hm²）土地。当然，是否能达到这一数字尚需根据实际情况确定。

大学校园规划原则

人际交往（human contact）是一切大学的中心原则，它是将人们集中起来做教育、学问和研究工作的根本目的。

无论是有意还是随机，在人际互动的过程中，都会迸发和碰撞出新的观点，缔结人际关系，并改变想法和扩大人们的世界观。创造人际交往的机会应该是校园规划的核心，它决定了哪些是核心活动，而哪些可以较次之。大学校园规划需要将建筑群以较高密度进行组合，以保证使用者之间可以产生互动，同时设计室内外空间和人行步道促进真实交往。此外，还必须提供集会场地供特殊时期使用。

第二条重要的规划原则是身份识别性（identity）。大学的识别性体现在校园内建筑和空间的系统组合方式，例如，校园中心是哪里，体现了大学的何种特色，校园的特殊之处在哪儿，有无展示校园特色的建筑材料和风格？长期以来，斯坦福大学、莱斯大学和科罗拉多大学波尔德分校都各自保持着一致的建筑风貌，整个校园环境高度协调统一。

不同的学科和教育机构也应具有各自独特的识别性。数学系应布置在校园的什么地方，商学院、环境工程学院呢？通常传统设计策略是英语、化学、物理学、生物学、数学和语言文学等基础学科位于中心地区的绿地周围，而土木工程、建筑学或商科等应用学科位于外侧，或者可根据学科

图5.18　康涅狄格州纽黑文市耶鲁大学老校区内一处公共室外休闲场地（Yale University）

图5.19 加利福尼亚州帕洛阿尔托（Palo Alto）的斯坦福大学校园的建筑风格协调统一，具有整体一致的建筑材料，也使得校园保持统一的风貌（Tom Fox/SWA提供）

设置单独的院落组团，如艺术、工程、生命科学或医学等各自有独立的中央开放空间。如今，很多有趣的科学发现都出现在交叉学科领域，跨学科研究中心已经成为校园空间组合模式中的关键元素，如环境研究、纳米技术或生命科学等，这也引起了行业对中心和边缘的再思考。

大学的变化虽缓慢却从未停止，因此第三条重要的规划原则就是校园的可适应性（adaptability）。校园内需要有空间供未来新用途、新机构和尚未出现的组织机构使用，还需要设置一定数量的通用空间以满足长期的多功能使用，以及一定的流转空间供新机构暂时使用。由于后期发展需要预留空间，一流的校园规划必定是高度灵活的。当前大学在校园改建方面的投资日益增加，因为重建与新建一样，都是院校发展并适应不断变化的学术环境的重要手段。

第四条原则是平衡塑造校园空间布局的众多因素。校园应该远离城市喧嚣，但又不能是完全脱离城市的一片净土；校园要尽可能减少日常生活中的干扰因素，保证学生能够专心学习，但同时又能衔接外部世界的工作、生活和文化。在实际规划设计中，这意味着校园的中央往往是一片安静的环境氛围，住宿区与教学区互相连接，不同空间在此汇聚。有些大学的校园分散在城市的多个街区，那么规划的核心任务就是要设计清晰的内部空间以作为校园活动中心。此外，这也意味着那些过于依赖内部空间（超市、绿地和步道）的大学需要同样重视它们的外围地区，即校园与社区的连接处，校园商业设施是学生和教职工生活的重要支持系统。

与其他场地一样，大学校园也应具有可持续性特征，这包括节能、节水、开发利用太阳能、降低景观的资源需求和其他减少校园碳足迹的措施。有些校园内的景观不仅仅是装饰物，更是生产空间，这类校园既为其他类型的场地提供了借鉴，也在年轻学生（他们往往是校园可持续建设的积极倡导者）的心中埋下可持续发展的种子。大学也一直是调查研究和管理温室气体排放的领军者，大学校园里的新机构更应该考虑碳排放的影响。

尽管每一个校园规划都会体现，也应该体现大学独特的理念，上述五项主要原则——人际交往、识别性、可适应性、相对安宁和可持续性——能够确保大学校园的场地最大限度地实现其利用价值。

校园原型

学院类校园

很多最古老的学院都仿照修道院修建而成，回廊式的校园结构独立于周围拥挤的商业街环境。包括萨拉曼卡大学（University of Salamanca）和位于牛津的墨顿学院（Merton College）（1264年）在内的最早一批此类学院均为封闭的四方院，学者和教师均居住在此。本科学生及其家人最初都居住在周围的城市里，但当牛津大学新学院（New College）于1379年成立之后，他们也迁入了四方形的校园内（Turner 1984）。这些传统在牛津大学和剑桥大学一直延续至今，并在北美和澳洲的大学里得以沿用，如悉尼大学、加拿大特伦特大

图5.20 费城的宾夕法尼亚大学校园四周的书店和店铺是师生和社区居民重要的聚集地点
图5.21 沈阳农业大学校园中央的水稻田（土人景观提供）
图5.22 西班牙萨拉曼卡大学的回廊（Diego Delso, delso/Wikimedia Commons）

图5.23 剑桥各学院平面图，其中很多位于繁华的商业街与康河之间（Cadell & Davies 1808）

图5.24 剑桥大学国王学院，面朝商业街——国王街主干道（King's Parade）（Geoffrey Robinson/AlamyStock Photo）

图5.25 剑桥大学国王学院后方景致（RXUYDC/Wikimeida Commons）

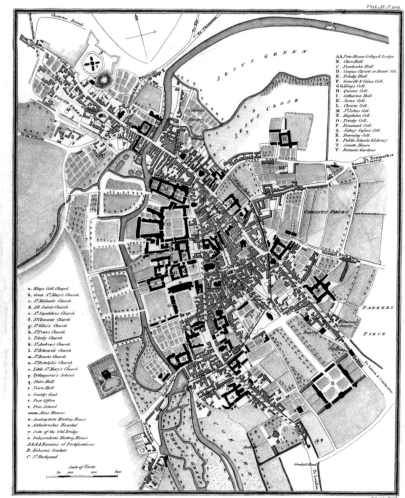

PLAN OF THE UNIVERSITY AND TOWN OF CAMBRIDGE.

图5.23

图5.24

图5.25

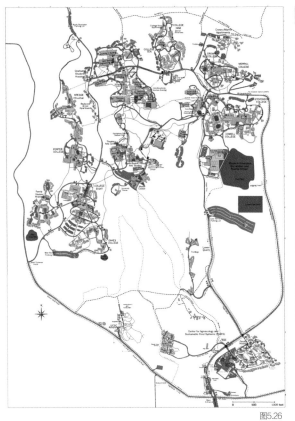

图5.26

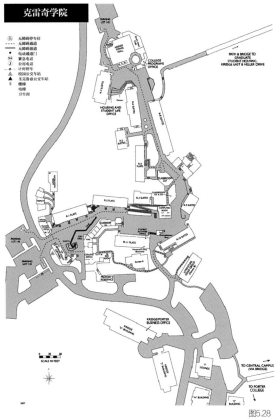

克雷奇学院

图5.28

图5.27

图5.29

图5.26　加利福尼亚大学圣克鲁兹分校校园平面（UCSC）
图5.27　加利福尼亚大学圣克鲁兹分校巴斯金（Baskin）工程学院楼（Dynaflow/Wikimedia Commons）
图5.28　加利福尼亚大学圣克鲁兹分校克雷奇学院平面（UCSC）
图5.29　加利福尼亚大学圣克鲁兹分校克雷奇学院一景（Brad-Cuppy/Wikimedia Commons）

学、耶鲁大学、加利福尼亚大学圣克鲁兹分校等都是典型的例子。

剑桥的学院是这类校园的典范。尽管各学院的历史和形式各不相同，它们却有三个共同特点：正门均面朝商业街，或与之相隔一片绿地或小教堂；生活空间与教学空间均集中在一座封闭的回廊式庭院内；学院后通常有一片绿地，为人们提供缓解街市尘嚣和学业压力的空间。这样一来，学院兼具市镇生活、学术和休闲的多重空间属性。多年来，随着学校规模扩大，很多研究院、实验室和其他设施在老校区以外的地方得以新建，但剑桥的核心和灵魂仍然存在于其高度统一的建筑风格和风貌之中。

加利福尼亚大学圣克鲁兹分校创办于1965年，是一所仿照剑桥学院模式建设的一所较新的大学，大部分校区位于森林茂密的山坡上。各学院与校园的综合设施既彼此独立，又相隔不远，穿过林间小道即可彼此通达，主要车道位于校园外侧。每一所学院都体现了各自的教育理念以及独特的场地条件和地形。学院内一般都包括宿舍、教学空间、教师家属区、餐厅、小型图书馆和其他学生生活配套设施。第二批修建的学院在校园设计阶段还征求了学生的意见和建议。克雷奇学院（Kresge College）就是学生参与的结果，该学院以一条步行街为中轴线，步道宽阔处人群聚集地，狭窄处则促进学院内的交通流动，深受一代又一代学子的喜爱。

绿色校园

托马斯·杰斐逊设计的弗吉尼亚大学学术村堪称绿色校园的典范，但更早之前，美国的一批早期学院就已开启了绿色校园的先河。在哈佛大学主校区，宿舍楼与教学楼之间交错纵横的道路模式早在17世纪晚期就已形成（Turner 1984），威廉玛丽学院和东部其他一些早期的学院也都采用了这一模式。这些校园的规划随着建筑物的增加而不断更新，如今在新英格兰地区，以安静绿地为校园中心的高校达数十所。最典型的案例莫过于佛蒙特州明德学院（Middlebury College）的双四边形绿地广场、缅因州柯比学院（Colby Collage）的中央绿地和曾坐落在山地上的布朗大学。

到了19世纪晚期，美国各州都兴起了创办赠地学院的浪潮，美国的大学建设出现爆炸式增长。根据《莫里尔法案》（Morrill Acts），联邦将土地拨给各州用以创办和资助新的大学，专门培养农业和机械技术人才。后来，很多高校都增设了农业实验站和继续教育项目。在赠地学院浪潮的影响下，美国先后创办了70多所大学，托马斯·杰斐逊的设想成为这些学校校园规划的样板。

伊利诺伊大学香槟分校（UIUC）的校园完全依照托马斯·杰斐逊

图5.30 弗吉尼亚大学大草坪
（Sanjay Suchak/UVA Today
提供）

图5.31 缅 因 州 沃 特 维 尔
（Waterville）的柯比学院绿地
鸟瞰（Dave Cleaveland/Maine
Imaging）

的设计建设而成，只是规模大了许多。大礼堂位于一片400ft×1000ft
（122m×304m）的四边形绿地的上首位，对面是20世纪末建成的学生活
动中心。绿地的两边分别是教学楼、中央图书馆和行政管理部门。再往外
走，四边形的外围是实验室、艺术设施和其他需要较大空间的设施。随着
工程学科发展迅速，校方又在离四边形绿地广场不远处修建了一片建筑
群。随着专业学院的增设和农业实验室的扩大，大礼堂在另一面建成了第
二个四边形中心绿地。尽管历经扩建和改建，占地1ac（0.4hm²）的莫里
尔麦田却得以保留完好，而且据说堪称世界上历史最悠久的常年种植的
麦田。

图5.32 伊利诺伊大学香槟
分校的四边形院落（Sasaki
Associates提供）
图5.33 伊利诺伊大学香槟分校
校园平面（Sasaki Associates
提供）
图5.34 加利福尼亚大学伯克
利分校的中央绿地（philip.
greenspun.com提供）
图5.35 得克萨斯大学奥斯汀
分校中央广场（University of
Texas）

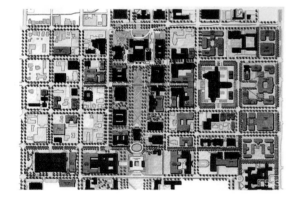

这类新的赠地大学的中央绿地广场都有各自独特的风格。俄亥俄州立大学的椭圆形大草坪（见图5.6）是面积最大、最美观的正式绿地空间之一，四周环绕着各类学术、行政和文化设施。位于加利福尼亚大学伯克利分校的中央绿地空间连续，保留了原先包括草莓溪在内的山地景观。得克萨斯大学奥斯汀分校的校园内最醒目的就是位于中央的行政塔楼，与1.6km外的州政府总部处于同一条轴线上。以上所有大学校园内均不允许日常机动车通行，相反，人行步道四通八达，而且有广阔的草坪供师生休闲活动使用。

工具栏5.2

印度尼西亚舒邦市西爪哇大学新校区（Sasaki 2016）

　　新校区距舒邦市（Subang）25km，是一所拥有10300名全日制学生和230名教师的寄宿制大学。这所大学以科学（60%）和人文（40%）学科为主，旨在打造具有国际高质量教育的"生活—学习—休闲"一体化校园。

　　校区的场地本是一片连绵起伏的农业用地，曾作为马术场使用，大量的开放顶棚设施可以再次利用。预计建成空间达16.6万m²，其中约一半面积是学生宿舍区。

　　整个校园由一条植被茂密的溪流一分为二，其规划的核心策略是沿溪流两岸打造一片学习谷地（learning valley），将自然与校园生活紧密结合起来。沿着谷地分别坐落着教学区、学生活动中心、休闲设施和大片开放空间。溪谷的一部分地区将继续作为农田，为校园供应食物。居住区和一片混合功能区位于谷地外侧地势较高的地区，将校园与周围社区连接起来。

　　本页所有插图均由Sasaki事务所提供。

图5.36　印度尼西亚舒邦市西爪哇大学新校区（West Java New University）场地状况
图5.37　可建设用地
图5.38　场地概念规划

可用土地净面积
（NULA）
在前面斜坡分析的基础上，对场地区域进行逐案检查，特别对场地水系周围的建议缓冲区和关键地形陡峭区域进行勘察，从而估算得出场地可用土地净面积。

图5.37

BIG IDEAS

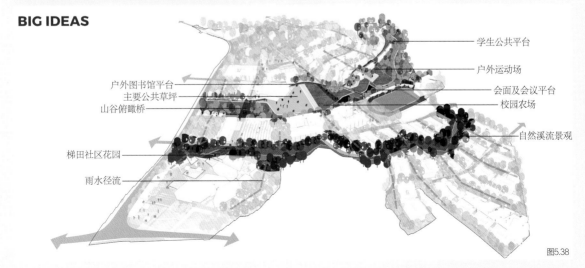

学生公共平台
户外运动场
会面及会议平台
校园农场
自然溪流景观

户外图书馆平台
主要公共草坪
山谷俯瞰桥

梯田社区花园
雨水径流

图5.38

图5.39 场地规划核心概念：
学习谷地
图5.40 校园规划平面

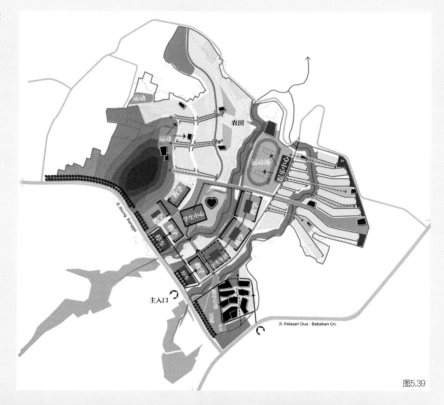

图5.39

校园整体平面

1.图书馆+学生生活（学生中心）
2.校园绿地
3.教学楼
4.学生中心（马术）
5.混合功能
6.混合功能建筑入口广场
7.酒店
8.会议中心
9.地面停车场
10.娱乐中心
11.运动场
12.社区设施
13.餐厅
14.多功能场地
15.户外场地
16.学生宿舍
17.教工住宅
18.农田
19.台地社区花园
20.生活设施（废水处理）
21.服务设施

图5.41　校园规划鸟瞰效果图
图5.42　校园学术区示意

图5.41

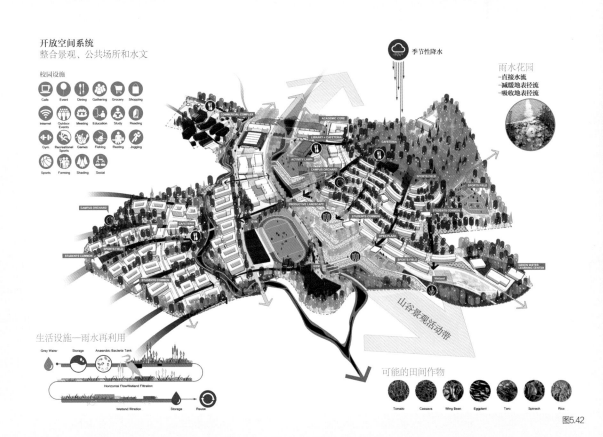

图5.42

图5.43 学生活动中心

图5.44 坡地住宅示意与剖面

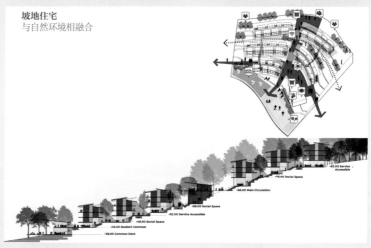

表5.3 西爪哇大学新校区空间分配（单位：m²）

空间类型	推荐总面积	西爪哇大学新校区总面积	CEFPI[1] 建议总面积	差值
教学	46026	44026	54115	−10089
办公	5700	4875	6372	−1497
自习	10000	1154	10944	−9791
运动	14000	14132	17587	−3455
学生生活	13700	9185	13721	−4536
辅助设施	13000	—	13070	−13070
医疗	642	46	642	−596
学生住宿	147269	83354	147269	−63915
职工住宿	9320	9320	9320	—
总计	259657	166091	273039	−106948

注 1：学习环境协会。
CEFPI：教育设施规划委员会，全称 Council of Educational Facility Planners International

在绿地四周的校园中，机动车仅限于出入核心教学区。大部分校园会在外围道路上设置大型停车库，通常与运动场馆共用停车场地。大型参观设施也按照一定逻辑进行布局，如体育场、运动场馆、博物馆和吸引大量短期游客的机构均位于外围道路两侧，一些大型实验室和其他变化频繁的设施也可能会布局在外围地区。由于校园核心区的使用密度大，学生宿舍群通常都位于外围道路外侧。

大部分校园规划都在既有道路、建筑和基础设施的布局框架内进行。不过，发展中国家在郊区新建了很多新大学和校区，它们完全可以实现建成环境与场地自然景观的密切融合。位于印度尼西亚舒邦市的西爪哇大学新校区的规划就是一个优秀的案例。这份规划在力图搭建生产性校园景观的同时，也着力促进师生间的交往。当地温暖的气候使得大量的教学过程可以在室外进行，而校园中央的建筑空间则是对传统绿色校园的一种创新。

理工学院

麻省理工学院（MIT）位于波士顿剑桥区，其土地购于 1911 年，在校园规划时，校方决定借鉴欧洲的大学。据称，全世界第一所理工学院创建于 1782 年，是如今的布达佩斯技术与经济大学，到 20 世纪初时欧洲的理工学院已遍地开花，蓬勃发展。所以，麻省理工学院派代表团到柏林、维也纳、达姆施塔特（Darmstadt）、德累斯顿（Dresden）等有新建建筑的理工大学进行考察。回到美国后，代表团指出麻省理工学院的新校园应该建设一座独立的连续建筑物，内部结构与模块组合要保证实验室、教室和教师办公室的灵活布局，而且这些设施势必更新很快，因为当实践随知识革新时，设施需要随之发生变化。这种独特的校园建设方法与早先的美国院校大相径庭。

威廉·威尔斯·博斯沃思（William Welles Bosworth）对麻省理工学院主建筑群的规划设想比校方更加前卫，这片建筑于 1916 年落成，

图5.45 布达佩斯皇家约瑟夫大学（现布达佩斯技术大学）（Misibacsi/Wikimedia Commons）

其内部结构遵循了校方的原意，柱网间距为30ft×50ft（9.1m×15.2m），均采用单一的混凝土结构。但博斯沃思并不满足于中规中矩的方案，他采用了环形设计，建筑群环抱着一片广阔的草坪，外墙采用了新古典主义风格（后墙并未添加装饰，他的设想是后期可与新的建筑物连通），并将校图书馆的顶部设计为圆穹顶加以点缀。在过去的一个世纪里，麻省理工学院在主校区里增加了数十栋建筑，几乎全部以地上或地下通道相互连通，并呈现模块化结构。贯穿整片建筑的主干道被称为"无尽长廊"，两侧每一处建筑的用途都经历过多次调整。宿舍、运动场馆、研究所和商学院的校舍离这片互相连通的建筑群不远，未来校园还将继续扩大这片连贯的空间。

在欧洲和美国的理工学院中，还有很多优秀的校园规划实践，很多理工大学和综合性大学的校园规划都以它们为模板。位于匹兹堡的卡耐基技术学校（今卡耐基梅隆大学，Carnegie Mellon University）的校园规划创新性地将多栋可改造的实验楼用一条马蹄形的长廊串联起来，中央是一片绿色空地。这所校园是由亨利·霍恩博斯特尔（Henry Hornbostel）在1900年设计的，早于麻省理工学院的校园。这种规划方式确保每一座实验室的面积大小和空间模块都具有高度灵活性。直至今日，很多最早建立的实验室仍在作为教学设施使用。

这种模式后期在空间灵活性上做了更多探索。在1963年的柏林自由大学新校园设计竞赛中，Candilis, Josic, and Woods事务所（与Manfred Schiedhelm合作）摘得桂冠。他们提出构建一个由步道与室内长廊组成的网格系统，每个网格的大小约为65.6m×65.6m，教室、实验室和其他大小不一的教育及研究空间可以在后期逐渐嵌入整个网格系统中（Domingo Calabuig, Castellanos Gómez和Ábalos Ramos 2013）。尽管只有一部分校园按照这种设想建设，其他建筑仍建为综合大楼，但这种规划启发了后来的此类开放系统的规划设计。

由埃伯哈德·蔡德勒（Eberhard Zeidler）设计的加拿大麦克马斯特大学（McMaster University）医学中心将这种设计模式发挥到了极致：纵横交错的长廊和垂直升降系统构成密集的三维网格，机械和电力系统穿插其中。这样的整体架构保证了楼层可以按需建设，一块区域的后续建设和修改不会影响整座大楼的整体运行。在30多年的使用中，为了适应医学的学科性质和研究性质的改变，医学中心经历了大规模调整。

这类平面和立体交通网络非常复杂，而且可能会高估路线循环的需求。更常见的策略是先建立一条中轴线路，再将各类设施沿中轴布局。东英吉利大学（University of East Anglia）就是其中最优秀的案例之一，由丹尼斯·拉斯登（Denys Lasdun）于1962年设计。校园的中枢顺着场地较高的地势，将各区域连接起来。在运动场一侧的斜坡上，学生宿舍如瀑布般连珠成串，堪称整座校园的点睛之笔。所有住宿学生只需经过一小段带顶棚的步道即可到达教学区。这一系统可以在后期扩建与修

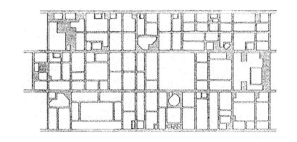

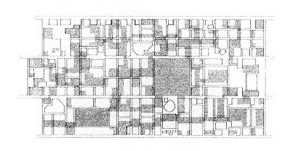

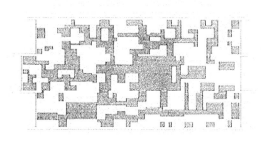

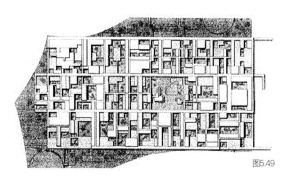

图5.49

图5.50

图5.49 柏林自由大学错综复杂的建筑空间示意（Domingo Calabuig, Castellanos Gómez, and Ábalos Ramos 2012）
图5.50 柏林自由大学鸟瞰（Freie Universität Berlin/Bavaria Luftbild提供）

图5.51

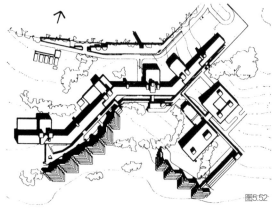

图5.52

建，新的建筑也能与中轴相通。

慕尼黑工业大学加兴校区（Carching Campus）的数次新建建筑都采用了这种策略，规划以校园的线性中心（地铁站出口）为核心，多条轴线向四周辐射散开，研究设施和教学设施位于轴线两侧。这些轴线与麻省理工学院的无尽长廊不同，是为研究小组提供的汇合空间。开车来的人们会从另外一侧入口进入这些设施。

理工学院的规划有无限可能，大学和研究机构也可从中得到借鉴。不论何种策略，都需要将交通网络和日常互动空间等永久性元素与变化频繁的教学设施和研究设施区分开来。如果它们能和麻省理工学院最早的建筑一样，经过一个世纪依然屹立，那么这种策略就是成功的。

图5.53

图5.51　加拿大汉密尔顿市麦克马斯特大学医学中心（Dan Zen/Wikimedia Commons）
图5.52　英国诺里奇市（Norwich）东英吉利大学一期场地平面（Denys Lasdun）
图5.53　2014年的东英吉利大学（John Fielding/flickr/Wikimedia Commons）

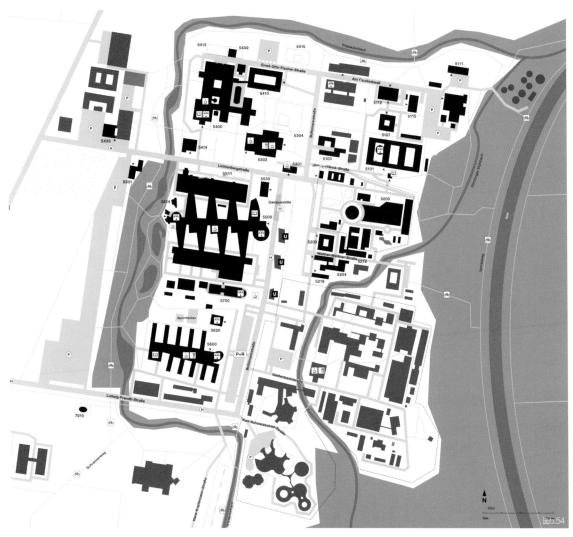

图5.54　德国慕尼黑工业大学加兴校区校园平面（Edi&Sepp Gestaltungsgesellschaft/Technical University of Munich提供）
图5.55　慕尼黑工业大学加兴校区鸟瞰（Ernst A. Graf/Technical University of Munich提供）
图5.56　慕尼黑工业大学加兴校区内的中庭（Church of emacs/Wikipedia Commons）

图5.57　费城宾夕法尼亚大学
校园示意，城市道路有选择性地
对机动车封闭（University of
Pennsylvania提供）
图5.58　宾夕法尼亚大学校园中
心的布兰奇利维公园（Blanche
Levy Park）
图5.59　宾夕法尼亚大学洛克
斯特步道（Locust Walk），由
一条穿过校园的城市街道改建
而来（Kendall Whitehouse/
University of Pennsylvania
提供）

位于城区的大学

在城市密集建成区，高校通常无法随需求进行扩张，除非它们迁走周围的居住区等设施并征用土地。这类学校最开始往往只是沿街的独栋建筑，日积月累逐渐发展出一片校园。过去的近百年间，位于费城的宾夕法尼亚大学的校方都不得不让一路电车和其他机动车辆从学校中心穿过。后来经过缜密的规划部署，电车通道被移入地下，横贯校园的道路上禁止车辆通行，原本的车道变为草坪中的小径，形成一片校园绿地，人行步道纵横交错，贯穿校园的每个角落。

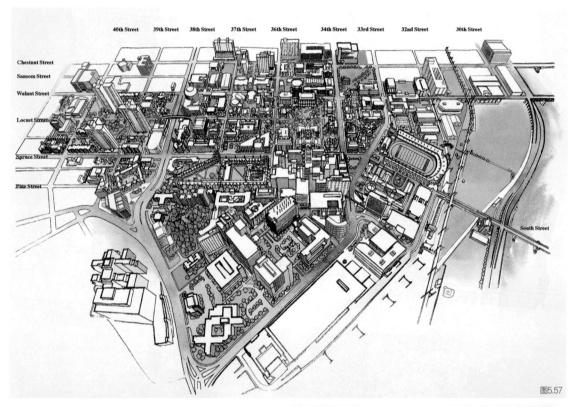

图5.57

图5.58

图5.59

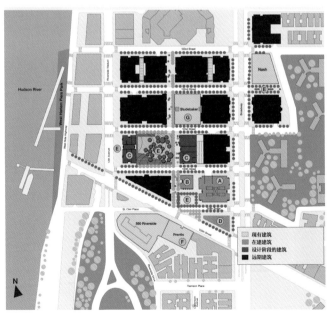

为城市生活而建的大学校园

Ⓐ JLG科学中心（Jerome L. Greene Science Center）由伦佐皮亚诺建筑事务所（Renzo Piano Building Workshop）设计，戴维斯·布洛迪·邦德（Davis Brody Bond）作为执行建筑师。该中心将成为哥伦比亚大学的脑行为研究中心（Mortimer B. Zuckerman Mind Brain Behavior Institute）。除提供最先进的研究和教学设施外，该科学中心底层还为零售、健康中心、教育实验室等提供了场所，并为幼儿园到中学12年级的儿童、教师和社区开展脑力活动、精神健康研究、神经系统研究等提供空间。

Ⓑ Lenfest艺术中心（Lenfest Center for the Art）同样由伦佐·皮亚诺建筑事务所设计，戴维斯·布洛迪·邦德作为执行建筑师。它不仅将展示哥伦比亚艺术家在电影、戏剧、视觉艺术和写作方面的创造性作品，还将深化艺术学院和哈莱姆（Harlem）的活力文化社区之间的合作关系。现位于晨边高地校区的MRBW画廊（Miriam and Ira B. Wallach Gallery）将入驻该中心，也将首次面向公众开放。

Ⓒ 哥伦比亚商学院将迁往亨利·克拉维斯大楼（Henry R. Kravis Building）和罗纳德·O.佩雷尔曼商业创新中心（Ronald O. Perelman Center for Business Innovation）。建筑由纽约Diller Scofidio +Renfro建筑师事务所与FXFOWLE合作设计，将促进商学院参与曼哈顿上城的经济发展和创业。

Ⓓ 大学论坛由伦佐·皮亚诺建筑事务所设计，达特建筑师事务所（Datter Architects）作为执行建筑师，将提供一个多用途的场地，构建校园与社区之间的通道。它将包括一个430座的礼堂、会议室和大学办公室。

Ⓔ 公共开放空间是哥伦比亚大学环境可持续发展规划的核心。所有街道都将继续开放，步行友好的街道将在哈得孙河滨水复兴区的欢迎通道沿线提供当地餐饮和购物。

Ⓕ 普伦蒂斯大厦（Prentis Hall）曾经是曼哈顿工业时代的牛奶加工厂，现在是哥伦比亚爵士研究中心、计算机音乐中心和艺术学院工作室的所在地。它旁边的滨河路560号是教工和研究生宿舍，将在充满活力的第125街有一个新的公共大厅。

Ⓖ 斯图德贝克大楼（Studebaker Building）曾经是一家汽车制造工厂，由于哥伦比亚大学的改造创造了环境可持续发展的空间，获得了美国绿色建筑委员会颁发的LEED银奖。

图5.61

图5.60　纽约市哥伦比亚大学主校区，以校园内的草坪为中心（Columbia University提供）

图5.61　纽约市哥伦比亚大学曼哈顿维尔校区场地平面（Renzo Piano Building Workshop/Skidmore Owings and Merrill/Columbia University提供）

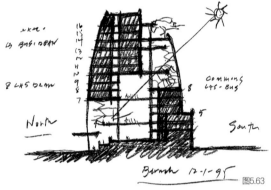

图5.62 哥伦比亚大学曼哈顿维尔校区未来街景效果（FXFOWLE Architects提供）
图5.63 纽约巴鲁克学院垂直校园概念草图（William Pedersen/ Kohn Pedersen Fox提供）
图5.64 巴鲁克学院垂直校园街景（Kohn Pedersen Fox提供）

在有些地方，为了降低校园密度，大学会从城市中密集的商业区搬迁至城郊边缘，然而随着城市的扩张，这些大学再次陷入城市的包围中。坐落于纽约的哥伦比亚大学就是如此，哥伦比亚大学的晨边高地校区（Morningside Heights campus）是由查尔斯・M. 麦基姆（Charles M. McKim）于1893年设计的。绿地位于该校区的核心位置，低纪念图书馆（Low Library，现行政楼）和巴特勒图书馆（Butler Library，重建后成为哥伦比亚大学主图书馆）分立绿地两端。该校区向外扩张的空间有限，因此哥伦比亚大学打算在晨边高地校区以北10个街区处的曼哈顿维尔（Manhattanville）打造一座新校区，供学校的研究机构和专业学院使用，两座校区间隔一站地铁路程，Baker Field田径综合楼及哥伦比亚大学的大型运动场位于3.2km外，这种布局策略值得很多位于城区的高校学习。

大多数位于城区的校园最初的形成只是因为机缘巧合，需要一些建筑作学术之用。当场地加大时，就需要进行集约布局利用。纽约巴鲁克学院（Baruch College）抓住机遇，将原先分散的学校建筑周边的一整个地块买下，打造了一座垂直校园。学校各课程就分散在这座15层高的校园建筑内，整个校园居高望远，视野开阔，建筑中庭就是师生的日常交际空间。大部分学生为在职人员或半工半读的学生，天近傍晚，垂直校园里学生成群，生机勃勃。尽管建筑占据了整个街区，但胜在通过精巧的设计给四周街道留出充足光照，与附近的建筑形成鲜明对比。一楼的大学书店和其他零售及餐饮设施又让学校和周围社区紧密融合。

波特兰州立大学的校园与城市环境密切相融，成为城市肌理的有机组成部分。这所大学

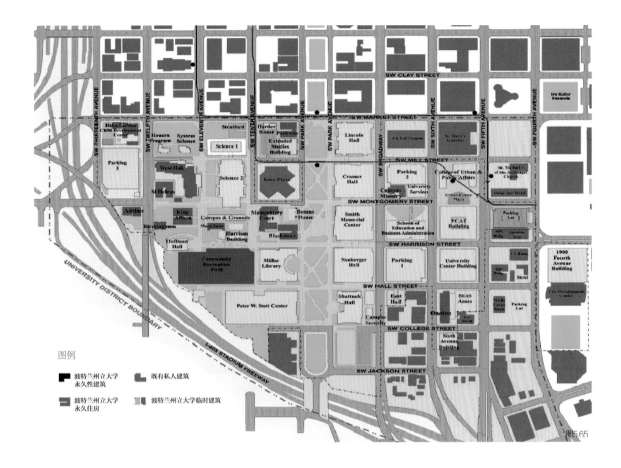

图5.65 俄勒冈州波特兰市波特兰州立大学校园平面（Portland State University）
图5.66 波特兰州立大学内穿过校园建筑的电车（Portland State University）

没有大门和防护屏障，大部分建筑都保留了原始的街区格局，仅有几座大型的休闲运动设施跨两处街区。有些街道已改作步行道路，波特兰的公园大道是一条线性公园，穿过了整个校园，并构成校园的中央绿地。电车系统也穿梭于校园之中，一座重要的站点甚至就位于城市与公共事务学院的正下方。建筑物之间只在必要之处通过几座三层高或更高的天桥跨过街道相连通。波特兰州立大学展现了一些独特的设计原则：保持建筑物的高度一致；建筑特征协调统一；公共空间风格一致且相互连通；以及限制街道上的交通流量。

虚拟校园

在线教育正在对传统的大学校园提出挑战：如果教育可以通过互联网在任何地方实现，那校园存在的意义是什么？当今世界，有数以千百万计的人无须踏入传统的大学校园，就能学习不同的课程。同时，数量空前的新大学正在涌现，尤其是在那些快速现代化的国家，其中很多大学都是历史悠久的名校旗下的分支教育机构，由本部大学通过网络开设课程。新的教育科技必将改变校园的功能和校园教育的实现形式。

高等教育的功能众多，因此，有必要对需要固定设施的功能与可虚拟实现的功能进行辨析和区分。高等教育最基础的作用是知识传授，即从书籍、讲座、展示和其他资源中获取知识；然后是能力培养，包括如何开展研究、做设计、建造并测试产品、做试验、写论文或报告、辩论、发表公共演说、解决争端、体育竞争等，其中很多都需要教师和导师的指导；此外，还有重要的作用是价值塑造，以及提供这些价值所需的知识基础和人际交往技能，这些是结交朋友、培养交际和潜在的志同道合者的必备条件。在接受高等教育的过程中，年轻人在社交关系和知识素养方面都会逐步成熟，最终做出长期职业规划等人生重要的选择。学生们遇到的老师、访问学者和演讲者会对他们的职业方向产生重大影响。

然而，上述这些功能并非全都需要学生通过四年甚至更长时间的大学生活来学习；事实上，有些功能更适合在职场、运动场上或通过出国留学实现。获取知识的途径从教科书转向在线资源并不是偶然出现的，至少当前互联网已经取代了图书馆的很多功能。但是，那些难以整理成章、需要教师指导，或只能通过紧密的真实互动实现的学习类型，是高校校园必将继续存在的理由。迄今为止的大型开放性网络课程（MOOCs）的实践表明，只有线下配备指导老师帮助学生理解并运用他们正在学习的知识，这种网络学习的效果才能最大化。

未来，我们必将看到大教室逐渐减少，小组讨论空间增多。虽然数字革命带来广泛的建模、自动化和模拟操作，并改变了研究的性质，但实验室、工作坊、设计工作室和演出场地仍然非常关键，只是需要充分把握技术的进步。此外，促进人际交往互动的场地会更加重要，即便知识的获取已经多源化，大学依然会是居住与合作、社交与活动的场地。

以马萨诸塞州桥水州立大学（Bridgewater State University）为例，一部分大学正以居住—学习小组（living-learning group）为核心概念重构校园，学习空间与师生的居住空间彼此融合。当前，一些大学校园内还设置了酒店，供那些只来校园几天或几周的学生使用。这类学生在校园内短期停留后，回到家中通过网络课程进行学习。宾夕法尼亚大学的沃顿商学院已经在多个城市（费城、旧金山和新加坡）开设了配备屏幕和摄像头的远程教室，不同时区的学员可以同时参与课堂讨论，并且通过摄像头等设备彼此可见。类似的这些创新学习环境也许就是大学校园的明天。

连接校园与其所在社区

高等教育场地的规划并不止于大学教学楼的边界红线，相反，广义上高校的形式多种多样，例如，大学可以独立拥有医学机构，或与其他医学机构合作，而这些机构同时也是临床教育场所；有些大学校园不设置师生宿舍，而是由周围社区提供；半独立性质的研究机构可能聚集在校园附近；为利用大学的师生资源，创业公司或其他研究型企业也会选址在高校附近。硅谷的高科技产业在很大程度上要归功于斯坦福大学的教师和毕业

图5.67　清华大学东门外的清华科技园

生，而坎布里奇东区（East Cambridge）则因紧邻麻省理工学院及其附属研究机构而形成了世界上最大的生物医学研究集群。以创办于20世纪60年代的斯坦福大学附近的帕洛阿尔托（Palo Alto）研究园和费城西部的大学城科学中心（University City Science Center）为先例，很多大学已经率先创办了高校科技园，以实现智力资源的商业成果转化。如今，在中美两国，几乎每一座大学都参与了校园附近的高科技研究园的创办和开发。很多大学还以那些希望在大学附近居住、工作、购物和娱乐的人群为目标，在校园附近购置土地，开发商业和住宅项目。从更宽泛的角度来看，每一所大学都与周围环境密不可分，环境会影响大学吸引最优秀的学生和师资的能力。

从1996年起，宾夕法尼亚大学开始进行周围社区及滨河空间开发，此举既是出于提升自我价值的目的，也是为了方便教师并吸引企业在附近落户。此前，校园外围的大面积停车场既是犯罪的温床，又将大学校园社区与周围人口密集的居住社区相隔离。在过去几十年间，宾夕法尼亚大学利用丰富的土地储备，开发了新的商业区、居住区、酒店和办公设施，包括一家大超市、电影院和书店，将校园与西侧社区之间进行缝合。20年前，校园东面有一大片土地对外出售，这样校园与东部斯库基尔河（Schuylkill River）上通往中心城区的大桥之间原本1km的距离将会被填满。新的规划方案名为"链接宾大"（Penn Connects），在宾夕法尼亚大学校区各片区和斯库基尔河之间构建了四条廊道，一部分土地用作大学的休闲运动场地，通过斯库基尔河上的一座新建步行桥与中心城区相连。其他三条地面上的通廊沿线将开发新的校园研究空间、酒店和私人企业及研

图5.68 规划中的宾夕法尼亚大学校园与费城市中心的主要连接通道（Sasaki Associates/University of Pennsylvania）

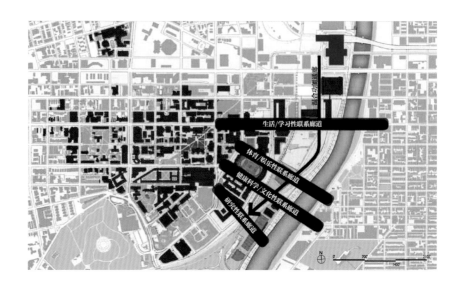

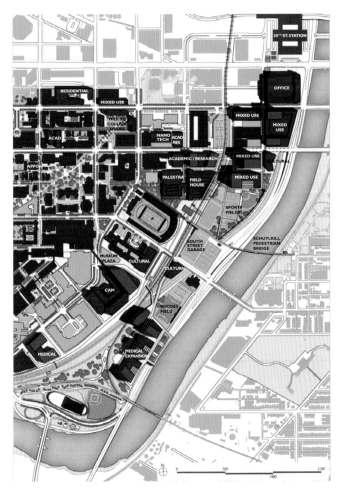

图5.69　宾夕法尼亚大学斯库基尔河沿岸地区未来规划平面（Sasaki Associates/University of Pennsylvania 提供）

图5.70　费城连接宾西法尼亚大学与市中心的核桃街（Walnut Street）走廊（Sasaki Associates/University of Pennsylvania提供）

究机构。当前项目正在紧张建设中。

　　营造宜人的社区环境不仅仅是一座位于城区的校园所面临的问题。为了提高竞争力，位于城郊的大学也需要配套便利的购物和生活设施以及便捷的交通网络。马来西亚国油大学（Universiti Teknologi Petronas）位于霹雳州（Perak）斯里伊斯干达（Seri Iskandar）的新校区于2004年建成。这座现代化校园位于郊外，远离城市喧嚣。作为一所著名的石油工程大学，新校区对私人企业具有天然的吸引力，因此校园周边就需要大量供交流、面谈、会议的场所。校方计划在教学区与研究园的连接处建设一座活动中心，并努力营造良好的环境，以吸引优秀毕业生落户校园附近，从而与周围社区连接并融合。

　　教育与商业中心的混合体很可能是未来发展的趋势之一。正是由于学习与实践密不可分，而且社交便利的环境就是创意的孵化园，这种混合才具有更广阔的市场。

图5.71　马来西亚霹雳州斯里伊斯干达的国油大学（Universiti Teknologi Petronas）及邻近的研究设施和商业设施平面（Sasaki Associates提供）

图5.72　国油大学规划中的校园活动中心俯瞰效果图（Sasaki Associates提供）

第6章

公共空间

　　公共空间是城市中人际交往的场所，是聚集人群、看与被看的地方，也是人们休息、远离喧嚣和欣赏城市美景的地方。公共空间的形式多种多样，如购物广场、休闲广场、口袋公园、大型公共广场、漫步道、眺望平台等多种开放场所。当然，正如中卷第5章所述，街道，尤其是城市步行区，也会发生人际交往；此外，公共休闲区也是人际交往的空间，我们已在第4章中进行了详细论述。本章将重点关注良好的城市公共空间。

　　城市公共空间的范畴非常广泛。规模最大的公共空间往往具有象征意义和礼仪用途，如北京天安门广场、华盛顿国家广场和波士顿市政厅广场。每一座大城市都应该配备至少一个大型公共空间，用来容纳上千名当地居民聚集，如庆祝体育队伍赢得冠军，或聆听演说，抑或举办地方节日

图6.1　俄勒冈州波特兰市先锋广场（Andy Hamilton/Pedestrian and Bicycle Information Center）

图6.2 波士顿市政厅广场在2013年举办波士顿呼唤音乐节 Calling Music Festival（Emma-Jean Weinstein/WBUR）

图6.3 芝加哥公平大楼广场

图6.4 巴黎蓬皮杜艺术中心（© Paris Tourist Office/Amélie Dupont）

图6.5 纽约布莱恩特公园在阳光下休息的人群

图6.6 纽约佩雷公园的瀑布（Jack Carman/Design for Generations LLC提供）

图6.7 罗马西班牙广场大台阶上观望的人群

庆典。在没有重大活动举行时，这些地方可能会空无人烟，因此景观设计必须在杳无人迹时依然保持美观。而规模较小的公共空间的主要意图可能是提升大型公共建筑或私人建筑的标识性和重要性，如芝加哥和旧金山的市政中心广场、纽约西格拉姆大厦（Seagram Building）、芝加哥公平大楼（Equitable Building）和中国香港汇丰银行大厦底层的公共空间等。有时，小型公共空间也可能是有意设计的公共生活舞台，如巴黎蓬皮杜艺术中心和纽约的洛克菲勒中心。城市公共空间给人们提供了逃离压抑的城市环境的喘息之地，如纽约布莱恩特公园（Bryant Park）和东京中城；它们又或许是隐藏于一条小路上的僻静之地，就像纽约佩雷公园（Paley Park）、波士顿北角区的保罗·里维尔广场（Paul Revere Mall），或威尼斯和罗马的任何一座小广场那样。有些公共空间的来源颇为偶然，可能会在原本的功能上叠加新的用途，如罗马的西班牙广场上宏伟的台阶在夏天就变成观望人来人往的露天剧场；而在天气晴好的日子里，纽约公共图书馆和温哥华法院的台阶上总是坐满了人。成功的公共空间设计的关键是在最初就制订出富有创意的方案，同时留下足够的空间供他人探索，供人们使用。

成功的公共空间

在场地平面图上划出公共空间固然简单，但要创造良好有效的公共空间却绝非易事。明智的规划师往往会研究当地优秀的公共空间案例，分析其成功的原因。公共空间项目研究（Project for Public Spaces）在对全世界上千个公共空间进行评估后发现，成功的空间具备四个关键特性：①交通便利；②可举行活动；③环境温馨舒适，风景优美；④场地可供社会交往（Project for Public Spaces 2009）。下面列举了在规划设计公共空间时需要注意的几个方面。

空间尺寸

公共空间要达到一定面积以保证人与人的社交距离，并且避免被某些个人或群体占用而不让别人进入。以坐着或站立的个人为中心，周围3～4m的半径范围即是个体的社交空间。在距离20～25m时，大部分人已看不清对方的面部表情（Gehl, Gemzøe 1996），此时就失去了个体的识别性。在大型空间中保持6～25m的中型区域，能兼具"公共性"和社会交往的属性。

图6.8 重建前的科普利广场
图6.9 波士顿科普利广场上后来增添的喷泉吸引了很多路人
图6.10 科普利广场步道两侧的聚集空间

大部分成功的公共空间场地本身都不超过70~100m（Gehl & Gemzøe 1996），不过在中国一些高密度城区中，在面积两倍于此的公共场所内仍能进行有效社交活动。当然，这很大程度上取决于活动的类型。例如，波士顿科普利广场（Copley Square）曾一直被认为是一片混凝土浇筑的空地，但在重新开发，嵌入绿地、街边咖啡馆、遮阴座椅和喷泉后，这里开始涌入熙熙攘攘的人群，变成波士顿最受欢迎的地区之一。

人流与聚集空间

成功的公共空间通常都位于交通流量较大的主要道路旁。道路可能穿过公共空间，或者位于公共场所一侧，而活动空间位于较安静的一侧。来往的人群可能会在场地内开展活动，同时也一定会有路人经过。如果公共空间是一条河流，那么聚集地就是河流中的一个个漩涡，漩涡的大小会和人流量相一致。死气沉沉的公共空间是无人涉足的，正如因无人前来而沉寂的死水池一样。

正确判断人流通道的尺寸也很重要。如果某条狭窄道路两侧站着吃盒饭的建筑工人，那么女性很可能会绕道而行。某些公共空间内的步道可能会过于狭窄，致使人们无法在此驻足聊天或使用沿线设施。此外，尽管我们无法控制进入某一场地的人数，但我们可以通过设计来保证出入口处以及沿主要步道两侧空间的社交场所。

阳光

在温带气候地区，阳光是决定行人在何处停留的最重要因素。坐在阳光下本身就是一种深受人们喜爱的消磨时光的方式，而且明媚的阳光还能延长公共空间在春秋两季的活跃期。哪怕是微小的坡度就能提高场地的光照，而有技巧地布局墙体围合，以及反射地面光照，还能起到场地保温的作用，从而进一步延长场地活跃期。光照过强可以适当遮挡，但如果光照不足，却很难有真正的解决办法。因此，在北半球地区，朝北的公共空间很少能像朝南的场地空间那样受人喜爱。例如，旧金山市就规定，新建建筑不得影响公共空间光照致使其中午的光照时长不足两小时。

在气候炎热、阳光强烈的地区，人们则需要遮阴。在威尼斯圣马可广场上的咖啡馆里，遮阳伞下的座位往往收费高昂；在墨西哥宪法广场上，大树下的座位需另外加钱。随太阳的轨迹灵活收起和撑开的遮阳棚是极其聪明的做法，它可在晨间和傍晚时分收起，中午则撑开为坐在下方的人群带来阴凉。因此，在确定某一空间内各个活动区的位置时，有必要画出太阳的运动轨迹和周围建筑物的阴影，尤其是含有演出场地的公共空间，必须特别注意午间和傍晚时太阳的方位，避免阳光直射妨碍观众欣赏演出。

集聚人群

场所空间的熟客往往能够毫不费力地与他们认识的人寒暄或交谈，但临时访客则难以做到这一点。因此，场地内的设施和活动往往是开启人际交往的钥匙，哪怕仅仅是短暂的交谈。当喷泉吸引着儿童走近水池，同样也会吸引家长们在池边聚集，而家长之间可能就会产生视线接触和简短的交谈。芝加哥千禧公园的皇冠喷泉就是这样一块神奇的磁石，孩童们玩着猜测自己何时会被喷泉淋到的游戏，而父母则在旁边观看孩子嬉戏。这种用具体设施吸引

图6.11 澳大利亚墨尔本市维多利亚公共图书馆前洒满阳光的草坪
图6.12 芝加哥千禧公园中的皇冠喷泉

人群集聚的过程，正是创造社交空间的一种传统技巧，也是形成"三人成众"（triangulation）的过程（Whyte 1980）。

观看他人常常是最好的聚集人群的手段之一。一群专心玩地滚球的老人就能吸引一圈围观人群，观众会讨论策略并点评比赛者的表现。象棋桌边从来不缺少梦想成为象棋大师的观棋人，一场临时篮球赛或手球赛也往往会引来一群人围观。街头音乐家、人体雕塑、跳交谊舞的人或业余魔术师也会吸引一圈观众，人群驻足观看、相视微笑，并饶有兴致地交流评论。在场地上的即兴演出或有准备的表演都为行人提供了驻足和展开交际的理由。

美食

最成功的公共空间里数量最多的往往是美食店铺。店铺的形式多种多样，从高档餐厅到街边小店，以及随处可见的路边咖啡馆、外带食品铺、可在附近桌椅上进餐的小吃亭、移动餐车摊点、小贩沿街叫卖的吃食，还有越来越多仅在一周的特定几天出现的农产品摊位。在纽约，引入美食摊点已经成为复兴萧条的公共空间的有效手段。在布莱恩特公园的街边咖啡馆和摊位进餐，就能欣赏附近的绿色风景。每到午餐时间，无论天气如何，一家位于麦迪逊花园广场的汉堡店门口就排起长长的队伍。在佩雷公园，一家小小的街边咖啡馆就能为这里带来生机，吸引着行人停留在水幕墙瀑布周围的静谧空间中。而位于室内的公共空间里，如纽约IBM大厦里的竹园，一处餐吧就是人们与朋友停歇的栖处，咫尺之外就是繁忙的人行步道。

兼作农贸市场、跳蚤市场或花市的公共空间陈设在一周内会多次改变，如匹兹堡的集市

图6.13 在旧金山渔人码头上表演的马戏团（Sardine Family Circus）（© BrokenSphere/Wikimedia Commons）
图6.14 纽约麦迪逊广场花园Shake Shack等食品摊点为公共空间带来了活力（Madison Square Park Conservancy提供）
图6.15 匹兹堡农贸市场恢复成集市广场（John Altdorfer/Klavon Design Associates, Inc.）

广场（Market Square）和布鲁塞尔大广场等，此举可以避免大型公共空间利用率低下。在曼谷，甚至有很多位于高层大厦底层的大型广场的陈设每晚都会变化。在营业时间结束后，这里会搭建起大型移动厨房、美食展览和桌椅，将原本严肃正式的空间变成生机勃勃的户外美食广场。清晨，这里又再次空旷干净起来，迎接潮水般的商务人士。

社交活动

在气候适宜的时节和地方，公共空间可以成为城市客厅，人们在这里与朋友会面交谈。公共空间也可以是非正式或正式活动的举办场所，在中国很多城市，清晨人们在此结伴练太极，上午遛鸟，午后玩玩象棋或者纸牌、麻将，傍晚时分则开始跳广场舞。在周末和傍晚，可以看到跳广场舞的人群身穿统一定制的服装，规模颇大，占领了整个场所空间，以至于周围居民往往对此颇有怨言，希望音乐声能小一些。天气好的时候，这些地方经常会支起乒乓球台，先到者先得。更大型的公共空间还会吸引儿童和成年人在此放风筝，也展示他们各自精彩美丽的风筝。所有这些活动都是形成和维持邻里社区社会关系的纽带，都值得更多的支持。

另一些活动则并非所有人都喜闻乐见，如有些青少年喜欢有台阶、墙壁和带有座椅设施的公共空间，并把这些设施当作有挑战的滑板场地，而且在这里向朋友展示自己的技术。但这类活动会给场地带来冲击，并会将其他人逐出所在的空间。如第4章所述，为此，我们可以设置专门的滑板公园。此外，街头小贩也是一个隐患，他们可能会占用宝贵的地面空间，也侵犯了那些前来休闲的人群的隐私，而在主场地以外设置一个市场就能很好地解决这个问题。

节庆与表演

固定节日和有组织的节庆活动无疑是公共空间吸引居民和游客的方式，而场地设计本身也应该考虑这些功能。节庆活动是展示城市特别活动的舞台，也是聚集当地居民和相关团体进行交流的一种方式。大部分城市都会举办户外艺术展，如欧洲城市会举办圣诞集市，北美城市的公共广场在夏天会陆续上演一系列音乐节活动，墨西哥城市的广场更是不会缺少露天演奏台。如今，很多城市广场都用摩天轮和过山车作为特色景观，这些设施全天营业，吸引着人们前来驻足和体验。但小型的、临时的活动也同样重要，如儿童节日活动、古董车展、邮票展会、时装秀、当地音乐演出等。

图6.16 苏州某小区广场上跳广场舞的人群　　**图6.17** 巴塞罗那广场（MACBA Plaza）上的滑板练习者

这类活动都需要一系列基础设施支撑，如电力、供水、洗手间和垃圾处理等。临时架设电缆电线非常危险，最好是在场地规划之初就考虑这些需求。利用容易搭建和拆卸的支撑架与模块材料可以很方便地搭建临时舞台，举办一两次活动，但如果要举办持续性的演出，就需要在场地规划时考虑舞台搭设问题。如此，可以预先安装舞台灯光和音响系统，也提前妥善布局演出后台和仓储设施。

周围环境

临时活动会使人们聚集到公共空间，但如果仅依靠举办活动，公共场所更多的时候可能都会处于闲置状态。良好的公共空间往往能从周围环境吸取人气，如威尼斯圣马可广场等历史场所，其周围的建筑物功能与整个开放空间是有机融合的：两旁满是商店的拱廊既是阴凉的步行街，又是欣赏商品的好地方；广场边有着各式各样的餐馆；人群与鸽子争夺剩下的中心地区等。在亚洲，那些繁忙的商业区往往都位于公共空间与私人空间的过渡区。哪怕是在最微小的场地，只要有小小的咖啡馆，单调的人行道也能变身成一个充满活力的空间。

因此，我们不妨把公共空间划分为三个区域来思考：①公共空间的外部边缘地区可在日间部分时段和傍晚时段用作其周围用途的活动场地，如路边小摊、咖啡馆、店铺促销等；②专属于某些群体的部分空间，如农贸市场、书摊、儿童游戏区等；③预留的机动空间，可以举办各类活动、演出和表演赛事。将公共空间视为活动空间，可以避免产生无人使用的荒芜场地。

图6.18 阿姆斯特丹堤坝广场（Dam）夜景（Jax Stumpes）
图6.19 马萨诸塞州新贝德福德（New Bedford）的露天音乐会
（New Bedford Whaling Museum提供）
图6.20 巴塞罗那加泰罗尼亚广场上的表演者（Masha Kubysina
提供）
图6.21 得克萨斯州达拉斯市达拉斯艺术广场上的演出场地（© Nigel
Young/Foster + Partners提供）
图6.22 威尼斯圣马可广场
图6.23 中国香港铜锣湾的步行街
图6.24 意大利都灵的街边咖啡馆

安保

　　在很多国家，公共区域天然被认为是安全的，公园和步道长期以来都是各类群体共享的空间。一名临时安保人员就是秩序的象征，他可以催促行人往前走、阻止路边小贩占用过多的空间，以及在深夜里疏散吵闹的人群。然而，随着公开吸毒事件的增多、打架斗殴和媒体广泛报道的恐怖主义事件，以及越来越多的流浪人群，公共空间的安保压力陡然增大。特别是在北美地区，由于公共空间的使用并没有约定俗成的惯例，导致很多人不愿意进入功能模糊和人群不明的空间。

　　要提高空间的开放性和友好性有以下几种措施。一是积极解决流浪人口问题，避免他们在广场和开放空间聚集。切实有效的措施包括，在他处成立流浪人群收容所，聘请善于沟通的街道工作者说服他们搬进收容所，如果有必要的话还可以制定地方法律，禁止流浪人口在人行道和公共空间定居等。在寒冷地区，这些措施也是必需的，否则流浪人群可能会因寒冷致死。二是公共空间的设计要独特而醒目，与周围人行道区分开来，且配备夜间照明设施，以便行人能在走进之前看清此地聚集的人群，开阔的环境和视野也有利于治安人员巡逻监管。如前文所述，公共场所举办的各种活动和设置的食品店铺哪怕在夜间也能吸引大量人群。三是可以安装监控摄像头对整个场地进行监控，并派遣安保人员在易发生危险的地点巡逻。尽管这种监控措施会引发有关隐私的争议，但至少应告知行人他们进入了监控区域。目前，大部分公共空间都采用远距离监控的方式，并未全部安装提醒标识。此外，也可以转变监控的方式，如向场地内的人群显示监控摄像头的画面，像时代广场的新年夜庆祝活动就在广场上的超大屏幕上实

图6.25　纽约华尔街的安保屏障（Marvel Architects提供）

时播出人群动态。

当前，公共空间还有另一个值得担忧的安全问题，即阻止有可能实施爆炸或其他危险行动的人进入建筑物或人群中。此类人群的首要攻击目标就是具有重大象征意义的建筑物，如政府大楼、法院、大使馆、股票交易所等，或集市和其他人群集中的地方。为此，有必要设置屏障阻止车辆进入公共空间并远离建筑物，但由于很多重要建筑物都紧邻人行道，只能实行人力监控。当前有许多新型安保屏障，可以做到美观舒适，在阻挡车辆的同时充当行人座椅，在不需要的时候还可以缩进人行道地下，或者可以如华盛顿纪念碑那样，融入景观之中。不过，所有这些措施都只能抵御最简单的攻击，最可靠的安保依然要靠往来人群自身的警惕，以及维护城市公共秩序的安防人员。

本地公共空间

在社区或本地商圈内设置的公共空间有助于塑造地区形象，同时还能在日常交际中拉近人与人之间的距离。这类公共空间大小不一，可以是仅有几张长椅的小广场，也可以如费城的四座中心广场那样甚至赋名给周边社区。空间可以是绿地景观，如萨凡纳（Savannah）优美的居住区中心绿地，也可以是巴塞罗那很多社区里的硬质铺装广场。本地公共空间可以有多种形式，但所有成功的空间都呈现出共同的关键特质——交通便利、活动众多、优美舒适，而且能够促进社交。成功的社区空间是居民生活的第三地点，成为家（第一地点）与工作场所（第二地点）的补充（Oldenburg 1989）

纽约有两座游人众多的迷你公园，即先驱广场（Herald Square Park）公园与格里利广场公园（Greeley Square Park），占地均为200ft×100ft（60m×30m），它们曾是历经百年的交通安全岛。两座公园的形式都极其简单：四周种植绿化，形成封闭空间，中有步道穿过，其间还有聚集人群的各种设施及使用者可自行挪动的遮阳伞与简易桌椅。二者都设有食品摊点和卫生间，这在纽约是极度缺乏的便民设施。尽管两座公园面积都很小，但在公园入口却有宽阔的场地供人们会面或打发时间。走出公园，街道上是熙熙攘攘的人群缓缓而行。周围办公楼和住宅公寓林立，也坐落着整座城市最大的百货商店，在小小的公共空间里如此轻微的干预设施却能极大地改善这里的生活质量。

先驱广场周边密集的步行道让这座公园一年四季游人如织，无独有偶，在具有完全不同的气候和文化环境的哈尔滨圣阿列克谢耶夫教堂广

图6.26 纽约先驱广场与格里利广场俯瞰（谷歌地球）

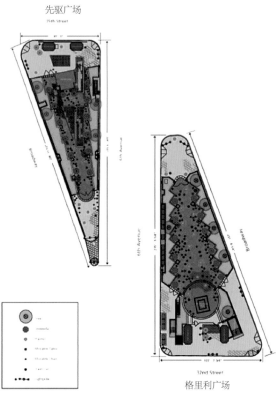

图6.27 先驱广场与格里利广场平面（Stantec）

场，这处中等大小的社区公共空间（约60m²），既是当地社区的核心建筑，也是公共生活的核心场所。这座广场布局十分简单：在古老的教堂前有一片离地1m高的步行广场，并设有一座演出舞台、一处夏日啤酒花园，与位于路边的景观共同构成独立的活动场地。主广场可以容纳各类活动，包括夏日晚间在此练习和表演的舞蹈队；其他人则或独自或结伴来此喝杯啤酒，与邻居消磨时光，或结交新朋友。四周步道上的聚集点则满足了不同群体的需求：有练习新曲目的传统音乐爱好者，有号称包治百病的推拿大师，还有结伴活动、展示爱犬的爱狗人士，以及自行车修理铺。冬天，啤酒花园歇业拆除，广场就成为当地冰雕展示和儿童玩雪的场地。居民们都把这里当作与他人一起消磨时光的场所，这座广场是名副其实的"第三地点"。

社区公共空间既是供人们休憩的地方，也是举行活动的场所。费城利顿豪斯广场（Rittenhouse Square）始建于19世纪，在1913年经保罗·菲利普·克瑞（Paul Philippe Cret）重新设计，长宽约为475ft×550ft

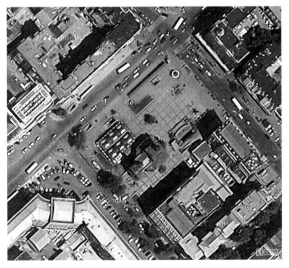

图6.28　午餐时分的格里利广场公园
图6.29　先驱广场公园里的一片安宁
图6.30　格里利广场公园的食品摊点和公共卫生间
图6.31　哈尔滨圣阿列克谢耶夫教堂广场入口
图6.32　哈尔滨圣阿列克谢耶夫教堂广场俯瞰（谷歌地球）

图6.33 哈尔滨圣阿列克谢耶
夫教堂广场上的广场舞队
图6.34 哈尔滨圣阿列克谢耶
夫教堂广场啤酒花园旁跳交谊舞
的人
图6.35 哈尔滨圣阿列克谢耶
夫教堂广场街头演奏音乐的人群
图6.36 哈尔滨圣阿列克谢耶
夫教堂广场上遛狗的人们

（145m×168m），占地6ac（2.4hm²）。广场规划非常规整：两条对角线
步道穿过广场，南北两端分别是居住区和商业办公区，广场内的环形步道
两侧则布置了长椅，供人们往来聊天休息。浓密的树荫是夏日里阴凉的去
处，而到了冬天的节日期间，树上就挂满了彩灯。在一天的各个时段、
一周的不同时间，广场上的人群都在变化。工作日的早上，居民在周围的
餐馆里购买咖啡，在上班前来这里交谈享用；正午时分，长椅上坐满了附
近公司的职员；晚间，喷泉和嬉戏雕像周围聚集着带孩子的家长。周六上
午，附近主街核桃街（Walnut Street）两侧搭起了花卉摊点，遇到天气晴
好的周末，人们三三两两地坐在草坪上沐浴阳光，或与家人、朋友野餐。
多年来，利顿豪斯广场一直是美国最受欢迎的公共空间之一，随着周围环
境的变化，这里也迎来了新的人群和用途（Jacobs 1992）

新公共空间规划面临的挑战之一是缺少固定用途，因为人们需要足够
长的时间熟悉场地内的设施并进行活动。通常选址在密集人口经过或穿过
的地点能够提高空间的醒目性，但此举并不足以吸引行人驻足。因此，需
要利用密集的活动策划吸引人群，并提高空间利用率，如举办节庆活动和
特殊仪式等。多伦多市滨水地带的湖滨区在过去十多年间举办了各种庆

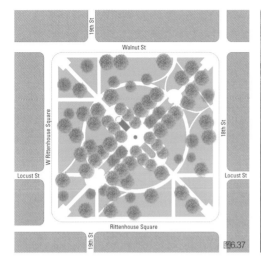

图6.37 费城利顿豪斯广场平面（Adam Tecza）
图6.38 费城利顿豪斯广场对角线式步道（Jeffrey M. Vinocur/Wikimedia Commons）
图6.39 费城利顿豪斯广场环形步道旁的长椅
图6.40 费城利顿豪斯广场阳光明媚的春日（Mary/Philadelphia Love）
图6.41 费城利顿豪斯广场上的雌山羊雕塑（Boomeresque/Creative Commons）
图6.42 费城利顿豪斯广场北侧步道上的农民市场（Marisa McLellan提供）
图6.43 多伦多湖滨区阿姆斯特丹节庆一条街

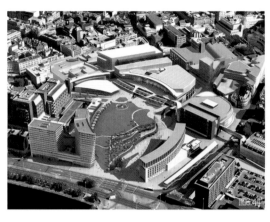

图6.44 英国利物浦Liverpool
One开发区与查维斯公园鸟瞰
（Grosvenor提供）
图6.45 利物浦查维斯公园里
的露天音乐会（Grosvenor提供）

典和活动，吸引人们前来探索这片此前鲜少涉足的场地，激活这片公共空间。湖滨区在当地搭建了许多临时场地供活动使用，成效良好的场地最终得以永久性保留下来。利物浦的查维斯公园（Chavasse Park）位于"Liverpool One"重建项目的核心地带，目前也采用类似的策略吸引人气，其广阔的开放空间尚未聚集足够的使用者，因此开发商利用可拆卸框架搭建活动设施，让这里成为音乐会和节庆活动的理想场地。随着越来越多的人前来探索这片公共空间，会有更多人返回此处寻求密集都市空间中的一丝平静，抑或寻找社交空间。

市民空间

市民空间（civic spaces）属于全体民众，它们是历史与当下共有的空间。市民空间的名称众多，如市民广场（civic square）、城市或城镇广场（city or town square）、人民广场（people's square）、露天广场（piazza）、主广场（plaza mayor）、坎波广场（campo）、索卡洛（zócalo）等，也有以城镇的建立者或这座城镇最受爱戴的人的名字命名的。它们是举行重大仪式、大型聚会和政治集会的地方。通过市民空间的风格，往往可以对一座城市做出初步的判断。

在中世纪时期的欧洲城镇，市民空间一般是指教堂外的空地，《印度群岛建设法规》（Laws of the Indies）是一部新大陆地区西班牙城镇建设规范（Mundigo & Crouch 1977），其中明确规定，"广场的面积要与当地人口数量相匹配，并考虑……城镇后期的扩大。广场的面积应不小于300ft×200ft（60m×90m），不大于800ft×500ft（240m×160m）。"法规还将广场视作周围环境的组成部分。其第126条规定如下：

广场内任何土地不得转让给私人个体；所有土地都将用于教堂建筑、王室建筑和城市公共功能；应首先修建商店和商人的住宅；广场建设费用由当地所有居民共同承担，同时商品交易需上缴一定数量的税额，为建造提供资金支持。

如今，拉丁美洲城市通常仍以市民广场为核心，周边布有教堂、政府大楼和集市。在19～20世纪，城市经历了大规模扩张和重建，市民广场通常正对市政厅和法院或法庭。而在西进运动时期修建的很多美国城市里，法庭位于法院广场的正中央，城市商业设施和市政厅大楼分列四周。

现如今，设计市民广场的举措已不多见，但广场本身无论好坏都留下了不可磨灭的印象。旧金山市民中心广场（Civic Center Plaza）建于1915年，最初作为巴拿马太平洋万国博览会的核心建筑，如今这里常举办节日庆典、游行、体育比赛庆典，也是日常的休闲空间。一排排修剪整齐的行道树装点着新古典主义式的市政厅，在炎炎夏日为人们撑开一片阴凉。广场地面平坦而柔软，草坪开阔，石料坚实，人们可以很方便地搭起桌椅、货摊和其他临时设施。

图6.46 布拉格老城广场

图6.47 意大利维杰瓦诺
（Vigevano）城镇广场
图6.48 哥伦比亚波哥大市玻
利瓦尔广场（Plaza Bolívar）
（Pedro Szekely/Wikimedia
Commons）
图6.49 位于旧金山市政厅的
市民中心广场（Supercarwaar/
Wikimedia Commons）
图6.50 1973年刚落成不久
的波士顿市政厅广场（Ernst
Halberstadt/US National
Archives）

工具栏6.1

中国广州新中轴

广州市珠江新城总体规划中设计了一条新中轴线作为核心，由水平和竖直方向上的多层立体开发共同构成整体结构。公共空间紧邻酒店与写字楼，居住区、商业店铺和其他办公楼宇位于后方。整座广场地下一层由购物区和停车场组成，一条地铁线穿过此地。人们从地下空间出来，从附近的大楼中走出，来到这里欣赏绿地风景和一系列固定活动。四条主要通道汇聚在中心节点上，同时连接了四座重要的文化设施——图书馆、少年宫、博物馆和作为城市地标的新歌剧院。广场中心地面经过硬化处理，用于举办展销会、儿童演出、特别仪式等有组织的活动。沿河一侧的喷泉和雾化器是人们夏日里的慰藉，夜间则会上演喷泉秀。远处矗立着广州电视塔和海心沙亚运公园，吸引着数以百万的游客，为中轴线注入新的活力。

图6.51 广州珠江新城的新中轴线（OBERMEYER提供）

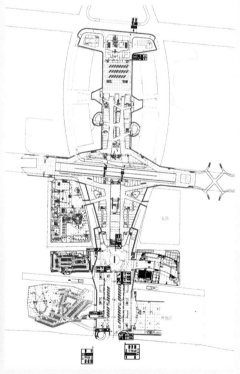

图6.52 广州新中轴线地下商业区（OBERMEYER提供）

图6.53 广州新中轴线地下商业区和地铁站入口
图6.54 广州新中轴线上的少年宫
图6.55 广州新中轴线上的新公共图书馆
图6.56 广州新中轴线上，新歌剧院斜坡上玩轮滑的儿童
图6.57 广州新中轴线上的汽车展销

与旧金山市民中心广场不同的是，波士顿市政厅广场地面坚硬，砖石铺就的地面上有多处台阶，自1968年落成后就一直困扰着人们。夏季这是一座高温热岛，冬季则狂风大作，寒冷异常，只有在庆祝体育赛事时才会活跃起来。这座广场最大的缺陷是它完全脱离了周围的环境，导致很少有人从此经过，广场周围也只有一小部分地区得到有效利用。多年来，人们尝试过很多办法来开发这座广场，如引入农贸市场、组织活动、在四周搭建用餐区等，但这座占地约8ac（3hm²）的广场面积太大，所有尝试无一例外地失败。这个失败的案例时刻提醒着人们，必须谨慎规划市民空间。

与波士顿市政厅广场形成鲜明对比的是广州的新中轴线，它最大的优点是善于从周围环境中吸取活力，展现了成功的公共空间与周围开发建设的紧密联系，每天都吸引着上千人往来于此。广州在珠江新城兴建了新的市民广场，种类繁多的活动对形形色色的市民和游客都充满了吸引力，让这里成为真正的公共空间。新中轴线没有流于常见的那种四周建筑一成不变的空旷格局，这里布置了各式各样的设施，哪怕稍显繁杂，但相比起人人喜爱的空间场所而言也是值得的。

滨水空间

尽管公共空间可以建在城市的很多地方，但滨水场所具有独一无二的吸引力。溪流、河流或运河的堤岸，或海滨或湖滨……这些地方天生就带有独特的魅力。无数歌曲和诗篇歌颂了水，水中的倒影拓宽了空间，水体美化了周围环境。水的存在也会影响气候，夏天清凉舒

图6.58　纽约巴特利公园城滨海大道上并排滑行的人们
图6.59　绍兴八字桥社区的河道

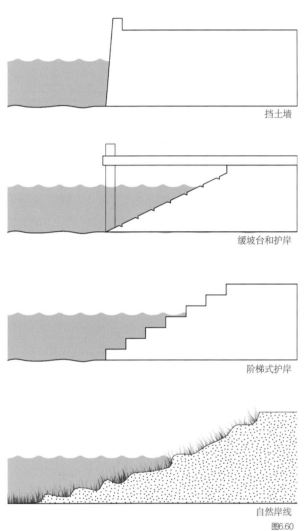

挡土墙

缓坡台和护岸

阶梯式护岸

自然岸线

图6.60

图6.61

图6.62

图6.63

图6.60 不同岸线的护堤形式（Adam Tecza/Gary Hack）
图6.61 巴黎塞纳河码头旁的硬质岸线
图6.62 英国马盖特镇（Margate）退潮时的防波堤（Acabashi/
Wikimedia Commons）
图6.63 纽约布鲁克林大桥公园海岸防护措施（© Elizabeth
Felicella/Esto/Michael Van Valkenbergh Associates）

适，冬天则愈发寒冷。身处水边，人们能够一瞥水上的航运交通和捕鱼作业，天气舒爽的时候还能划船休闲。大大小小的城市都在滨水地区建设了独特的公共空间，供人们聚集享受闲暇，远离日常通勤路线。在某些情况下，水道也是自然运动系统的一部分。

建设滨水公共空间需要考虑一些问题，例如，如何避免滨水地区土壤流失、洪水泛滥，抵御长期的海平面上升的风险，如何在面向公众开放与商业或居民独享滨水空间之间保持平衡、协调冲突矛盾，如何对利用率高、承受风暴冲击和季节性气温变化的滨水地区加以保护？上述以及其他许多问题都给滨水地区的开发建设带来挑战，但通过合理规划，滨水地区潜在的益处远远超过这些可能的风险。

首先需要确定水面与陆地的接壤形式。可供选择的方案很多，如修建混凝土砖石堤坝、板桩护墙、减载平台、台阶式护墙或天然岸线等。最终的选择取决于可用空间大小、水位变化、风暴强度、资源和引导行人接近水面的意图等。天然护岸有很多优势，它们可以保护潮间带地区的海生植物和水生植物。防波堤非常适合河岸，它能够有效增强河道在季节性水量变化时的承载量。除非河道内建有水量管控闸门或分水渠，否则维持稳定水位非常困难，但稳定的水位便于人类与水亲密接触，而且可将危险降到最低。得克萨斯州圣安东尼奥市的滨水步道的成功就离不开一座大型暗渠设施，为市中心平稳的水流提供泄洪渠道。

如果按照峰值需求进行建设，宽阔的滨水大道多数时候都会显得非常空旷，但尽管如此，滨水地区的公共空间仍然要以满足预期流量为先。一条3m宽的步道可轻松容纳并行的两对散步者，但如果自行车或轮滑爱好者并排

图6.64 加拿大温哥华东南福溪滨水大道的自然岸线（PWL Partnership Landscape Architects, Inc. 提供）
图6.65 得克萨斯州圣安东尼奥溪边滨水步道
图6.66 苏州工业园金鸡湖畔步道

图6.67　匹兹堡阿勒格尼滨河公园（Allegheny Riverfront Park）步道（Michael Van Valkenburgh Associates提供）
图6.68　费城斯库基尔河上的小道（Lane Fike/Schuylkill River Development Corporation提供）
图6.69　丹麦哥本哈根浮动游泳池（© BIG—Bjarke Ingels Group提供/Julien de Smedt摄）

滑行也经过此地，道路就应该加宽。此外，还应设置供人们停歇赏景和社交的场地。例如，纽约巴特利公园城的滨水步道采用双层系统，靠近水面的低层为快行道，慢行道则高出几英尺，两侧设有长椅，这是对此处极高的利用率的合理响应。对于周末人口密集的滨水步道，如上海外滩或苏州工业园的湖滨地区，宽度至少应达到15～20m。

在能够尽可能接近水面的场地，人们可以获得更愉悦的体验。有时，虽然仅有一条狭长地带可用，但仍然有多种设计方案。例如，匹兹堡滨河地区的设计，可以巧妙地通过桥梁或其他障碍物延长道路，构造一条连续的步道；又如，费城斯库基尔河（Schuylkill River）滨水大道直接在水上建造步道。滨水地区也可以修建漂浮设施，尤其是当地有潮汐水位变化就更加适合，哥本哈根的浮动游泳池和码头就是非常成功的案例。

通过巧妙利用滨水地区的条件，将环境与活动相结合，能够最大限度地开发滨水公共空间的潜力。近年来，最优秀的案例莫过于纽约皇后区猎人角滨水公园（Hunter's Point South Park）。该公园地处东河（East River）上，地下是大量地道和复杂的暗渠网，因此必须减轻地面建设工程，尽可能尊重现有的滨水环境。这里的大部分地区过去都是货船和火车的装卸码头，公园的设计也保留了很多历史痕迹。现在这里有大片草地供人们休憩、野餐，还有儿童游乐场、座椅休息区和大量园艺景观。一堵蜿蜒曲折的石笼墙穿过公园里的高地，防止附近的居住区受到风暴潮侵害。就在猎人角公园落成后不久，这一措施成功抵挡住飓风桑迪的袭击。这座滨水公园堪称一颗耀眼的明珠，在皇后区迅速发展的新兴都市社区中闪烁。

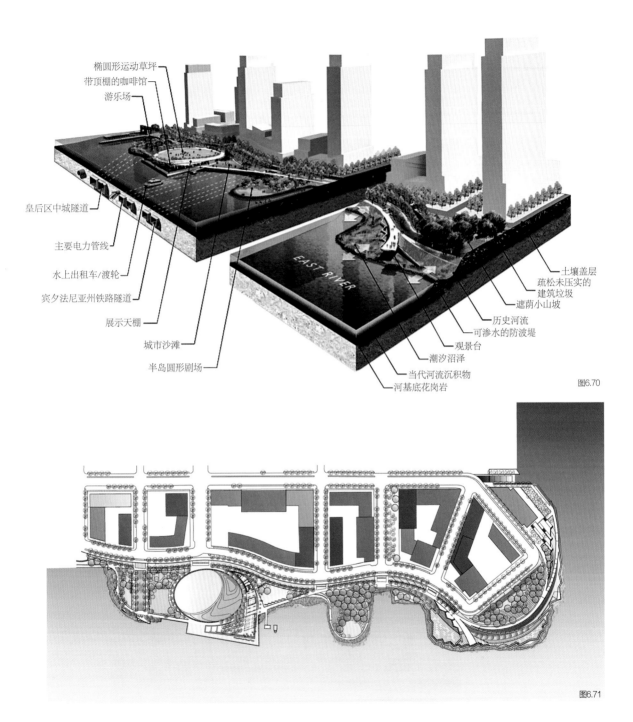

椭圆形运动草坪
带顶棚的咖啡馆
游乐场

皇后区中城隧道
主要电力管线
水上出租车/渡轮
宾夕法尼亚州铁路隧道
展示天棚
城市沙滩
半岛圆形剧场

EAST RIVER

土壤盖层
疏松未压实的建筑垃圾
遮荫小山坡
历史河流
可渗水的防波堤
观景台
潮汐沼泽
当代河流沉积物
河基底花岗岩

图6.70

图6.71

图6.70 纽约皇后区猎人角公园自然和人工要素相互间的复杂关系
（Thomas Balsley Associates/WEISS/MANFREDI/ARUP
提供）
图6.71 猎人角公园平面（Thomas Balsley Associates/WEISS/
MANFREDI/ARUP提供）

图6.72 猎人角公园中央绿地

图6.73 猎人角公园内留下的
铁轨

图6.74 猎人角公园起防洪作
用的石笼墙

第7章

混合利用开发

有机生长的城市具有丰富的空间肌理，居住区与商业空间、工作场地、文化设施、教育设施甚至生产活动场地彼此融合。纽约西第67街位于中央公园和林肯艺术中心之间，是这座城市最美丽的街区之一。在这片小小的街区内，坐落着俯瞰中央公园的高端住宅、艺术家和演员们居住的复式公寓、高档餐厅、精品店、社区大学、电视制作中心，还有住户多样的普通公寓。人们向往生活在这一街区，不是因为其身处繁华闹市，而是因为其环境的多样化和丰富。老旧住区的更新一定会在提供多样化住宅选择的基础上，引入餐厅、休闲中心、商店、机构和学校等设施，附带步行商业区（walkable commercial area）的居住楼盘售价往往会高于那些需要驾车购物的居住区（Hack 2013）。底商上建住宅的布局也有悠久的历史，早在工业时代以前就已经形成。时至今日，在杭州、广州、新加坡、中国台北、曼谷等亚洲城市的街道上仍能见到这类店屋（shop house），很多此类街区都已转型为旅游区，在店屋背后的巷子里，餐厅、便利店和当地的特色店铺林立，而店铺楼上则是新式公寓。正是这些街巷构成了全天活跃社区的肌理。

然而，很多新建项目都只是单一功能开发，尤其是美国。建设规范的限制和建筑业日

图7.1 纽约第67街沿线的混合功能片区
图7.2 天津意大利风情街布满餐厅和娱乐设施

益专业化的产品线（product lines）是造成这种现象的主要原因。美国的区划条例明确规定了场地内的功能类别，其中居住区的限制尤为严格。日本和中国台湾并没有对此做出严格区分，这些地方的建设规范重在规范建筑形式而非功能，近年来美国的建筑形式法规也采用了同样的策略（见上卷第15章）。克里斯托弗·莱茵伯格（Christopher Leinberger）指出了美国建筑中常见的19种标准的地产类型，包括定制建造式办公楼、办公园区、医疗办公楼、以超市为核心的社区中心、经济型旅馆、花园公寓和其他常见类型（Leinberger 2008）。开发商往往非常熟悉各类建筑的融资和建设模式，而且可能还有多种原型规划方案（prototypical plan），新项目只需在此基础上进行修改即可。住宅类开发商往往专注于自己的本行，商业或办公项目开发商也很少会冒险涉足住宅地产领域。此外，不同功能的施工建设和长期融资的操作方并不相同，竣工项目的出售经纪人和出租经纪人也非同一群体。因此，混合功能开发是一种极富挑战性的项目，无论设计还是开发过程，都需要跨领域思考和统筹。

当前，越来越多的人认识到混合功能开发的优势，美国的很多新城市主义城镇中心（new urbanist town centers）、日本和中国的城市综合体、及欧洲的城市重建项目都采用了混合开发的策略。在美国，以拉斯维加斯"城中城"（City Center）为代表的开发项目通过水平和竖直双向立体混合开发，成功打造出高密度的商业中心，吸引了大量当地居民和外来游客。位于马里兰州盖瑟斯堡市（Gaithersburg）肯特兰区（Kentlands）的混合功能中心虽然面积比前者小很多，但仍然集合了众多商铺、餐厅和居住区，旁边还有一座大型购物中心。混合

图7.3　广州店屋集中的地区
图7.4　北京望京SOHO混合功能商业体（SOHO）
图7.5　内华达州拉斯维加斯城中城混合功能区（Jahn Architects）

图7.6 马里兰州盖瑟斯堡市肯特兰区商业中心是中心城区的一处混合功能商业区

功能开发也能切实提高开发效率，它既能共享昂贵的停车区，又能营销某种生活方式而非简单的居住单元，而且上方楼层或周围的居民和上班族也会光顾这些店铺，形成内部的协同机制。这些优势说明，放弃传统的单一功能开发具有非常实用的意义。

规划原则

要设计高效的混合功能区，需要仔细规划出入通道、停车区和不同程度的私密场所。大部分情况下，各功能区需要独立运行，如商业区应遵循吸引路人的购物逻辑，而办公和居住区则需要严格控制出入，以维护用户的隐私和安全。但与此同时，场地设计又应该充分利用多种功能组合的优势，做到这一点需要实现各种功能间的微妙平衡，因此必然会经历反复尝试和犯错的阶段。

水平与竖直混合

有远见的建筑师长期以来都致力于打破常规的单一功能场地利用模式，开发居住—办公复合建筑（live-work building）。位于俄克拉荷马州巴特斯维尔（Bartlesville）的普赖斯大厦（Price Tower）出自著名

图7.7 俄克拉荷马州巴特斯维尔市的新型居住—生活综合大楼——普赖斯大厦，由弗兰克·劳埃德·赖特设计（Alex Ross提供）

图7.8 早期的混合功能建筑——罗马埃迪菲奥多元中心（Norbert Schoenauer）

建筑师赖特之手，这栋19层高的大楼建成于1995年，每层都同时设置居住和办公区域，每户公寓都有独立的电梯直达。根据设计，理论上，每层的居住、办公和其他功能占地均可按需调整，如最近这座大楼的一部分区域改作酒店用途。居住和办公复合式建筑更常见的布局方式是低楼层为办公区，而高楼层为居住区，既可享有良好的视野，也能为开发商带来更高收入。在北美，多伦多海泽顿商场（Hazelton Lanes）是最早采用这种模式的建筑之一；在欧洲，采用同样布局模式的埃迪菲奥多元中心（Edifcio Pluriusi）外形优雅，建成后引得各方争相仿效。旧金山达维斯大街上的金色大道社区（Golden Gateway Commons），其建筑的1~3层为办公区、停车区和店铺，其上为2~3层不等的住宅。

工具栏7.1

旧金山金色大道社区

金色大道社区（后改名为Embarcadero Square）位于旧金山码头附近，底部两层裙房为零售和办公空间，上有3座大厦，内设大量居住和开放空间。私人和集体私有空间的公寓共155套，3座大厦被一楼的底商和二楼的办公区所环抱，总建筑面积达25万ft²（2.32万m²）。其中，办公和住宅配备有相互独立的电梯。它是这座城市最高端的集居住、工作、购物于一体的综合体之一。

建筑设计：Fisher-Friedman Associates，1976。

图7.9 旧金山金色大道社区俯瞰（Fisher Friedman Associates/NBBJ提供）
图7.10 建筑剖面（Fisher Friedman Associates/NBBJ提供）
图7.11 建筑街景
图7.12 住宅庭院一景

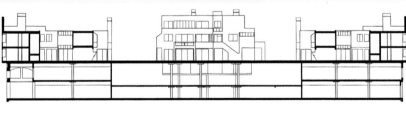

图7.10

图7.13 芝加哥约翰・汉考克大厦（© Royce Douglas提供）

　　芝加哥约翰・汉考克大厦在1968年建成之初堪称混合功能建筑（mixed-use building）的先驱典范。这座100层高的大厦由众多垂直方向划分的片区组成，涵盖了购物、停车、办公、公寓以及其他多种功能。如今，大约有4000名上班族、1700名居民和日均4000名访客往来于此，约翰・汉考克大厦就像一座垂直城市，将人们从一楼平稳地输送到各个功能区的空中大堂里，随后乘坐不同的电梯到达最终目的地。尽管只有少数居民在楼内办公，但这种混合功能却给这座大厦带来无限生机与繁荣。垂直混合功能如今已成为超高层建筑的标准分区方式，如迪拜哈利法塔、上海金茂大厦和台北101大厦。

　　将办公、住宅和其他功能在垂直方向进行组合，需要解决的一个主要问题是如何协调各类功能的建筑占地面积（building footprint）的差异。就美国的办公建筑而言，电梯中心距外墙的进深一般为45ft（14m），但传统公寓进深超过35ft（10.5m）时就很难满足居住需求。此外，大部分酒店的理想进深为25~30ft（7.5~9m），套房式酒店的进深会更大一些。当然，有多种设计方法可以解决这些差异，如加入阳台等元素，将住宅向内缩进，或采用下大上小逐步缩进的锥形造型。约翰・汉考克大厦从底部至顶部呈锥形，底部的商业区占地尺寸为180ft×275ft（55m×84m），而公寓楼层的面积则为125ft×210ft（38m×64m）。办公楼层和上方的居住楼层也可以采用不同的平面形状，这样可以加大上方居住层的周长并改善视野，如波士顿的著名商圈——文化花园（Heritage on the Garden）就是一例。若办公楼层上方为酒店，还可以如上海金茂大厦那样在酒店内部设置中庭。欧洲城市的建筑规范将办公区的建

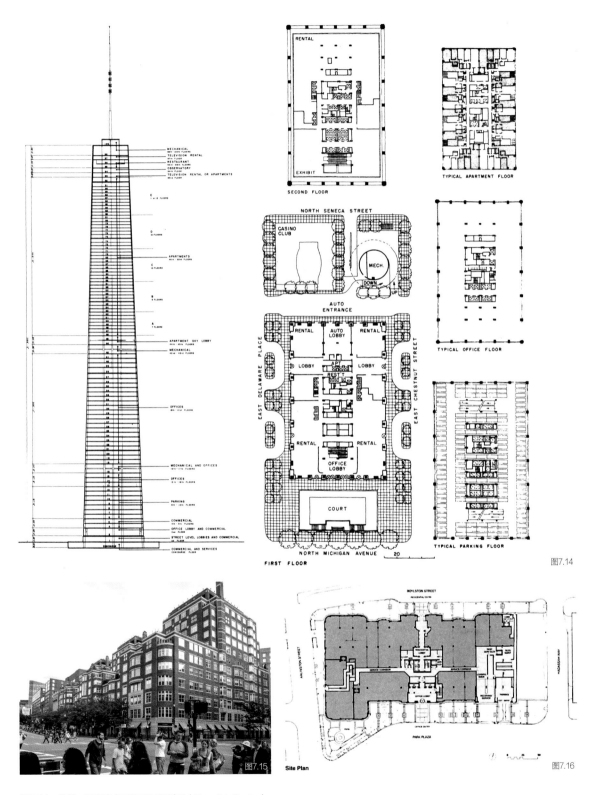

图7.14

图7.15

Site Plan

图7.16

图7.14 约翰·汉考克大厦的平面和剖面（Oswald Grube）
图7.15 波士顿文化花园底部办公层面积较大，上方的居住层有所退进
图7.16 从波士顿文化花园两侧电梯厅可分别进入（The Architects Collaborative）

筑进深限制在8～10m，这样上方的公寓楼层就能与办公区整齐地组合在一起。

在亚洲，将居住和商业功能结合是很常见的做法，因为亚洲城市并不十分推崇单一功能分区，人们也对不同目的的访客共乘同一电梯相对比较宽容。随着时间的推移和地区功能的转变，建筑的使用功能也可随之变化。中国台北逐渐形成了一种惯例，即新建办公区不能位于住宅之上。得益于此，上方楼层的噪声有效减小，也减轻了短期来访者对住宅楼电梯的使用压力。在东京，建筑退线要求使得上层建筑平面面积通常需要小于下层，因此住宅通常布置在办公区之上，这也会导致不同楼层面积相差较大，使得各楼层往往功能多样且混杂。

即便是在小尺度建筑内，要实现垂直方向上的功能混合也需要解决很多管道、设备方面的问题。例如，若住宅位于办公区或商业零售楼上，其住宅的卫生排水系统就需要从原来的多点布局在下方集中到竖直方向的少数几处地点，才能保证商业区所需的大型开放场地不受干扰。与此类似，通风系统也需分离设置，以避免不同功能区之间串味。在大型建筑中，可根据需要设置专门的楼层作为交通分流点。电梯系统也必须采取分隔式设置，既提供各功能区所需的不同等级的安保措施，又能够确保在某些功能区关闭时，其他功能区依然能全天候运转。出于安全考虑，通往地下停车场的电梯一般会停在一楼大厅，且无法通往住宅或办公楼层。

除了在垂直方向上混合功能，还可以在水平方向上共享场地。相比起常见的复合建筑形式，水平混合能够大大简化建筑结构和设备布局，性价比也更高。而且，在市场环境不一定能保障一次性大量建设的情况下，水平方向的混合功能布局也更易于进行分期建设。各个不同的建筑之间往往只需通过地下或抬高的共享停车场就能相互连接成一体，或者共享3～4层的裙房（podium）底座，裙房内设商业、餐厅和公共用途，在之上各自修建高层塔楼。这种模式已在中国香港等亚洲城市广泛采用，此类大型建筑综合体往往包括两座及以上的塔楼，不同建筑之间通过天桥或二层连廊相连。北京三里屯SOHO、香港联合广场、柏林索尼中心和波士顿保诚购物中心都是水平方向的多栋混合功能建筑综合体的优秀范例，其裙房均设置了大量商业零售店铺。

图**7.17**　上海金茂大厦下方为
办公楼，上方为酒店
图**7.18**　上海金茂大厦内位于
第40层的上海金茂君悦大酒店
中　庭（Lawrence Lavigne/
Wikiimedia Commons）

工具栏7.2

北京三里屯SOHO

三里屯SOHO综合体位于北京最繁华的地带之一，是一座集居住、工作、购物于一体的大型社区。SOHO整体由5栋办公大厦和4座住宅楼组成，坐落在同一个3层高的裙房底座之上，底座包括零售空间、停车区和服务设施场地，总占地面积为46.5万m²。大部分地下空间为商业区，由较多大面积开放广场与大厦相连。一座旱冰场、演出场地和精致的景观点缀赋予整座综合体灵动之感。每座大厦的地上两层也用于商业服务区。这些大楼最高处达97m，其外形、色彩、风格各异，在地下的专用停车位和地面一层都设置有大楼的独立入口。

场地规划：隈研吾建筑都市设计事务所（Kengo Kuma & Associates）

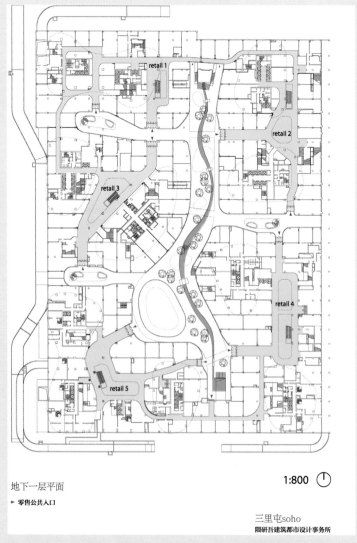

地下一层平面

▶ 零售公共入口

1:800

三里屯soho
隈研吾建筑都市设计事务所

图7.19 北京三里屯SOHO地下零售区平面（Kengo Kuma & Associates提供）

首层平面 1:800

► 零售公共入口
► 办公大堂入口
► 住宅楼门厅入口

三里屯soho
隈研吾建筑都市设计事务所

图7.20

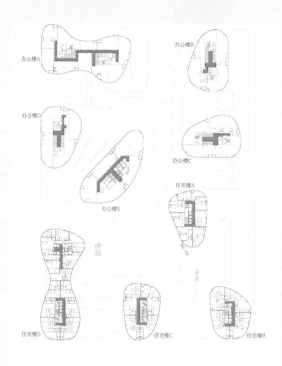

办公/住宅楼标准层平面 1:800
（七层以上）

三里屯SOHO
隈研吾建筑都市设计事务所

图7.21

图7.22

图7.23

图7.20 一层商业零售区平面（Kengo Kuma & Associates提供）
图7.21 办公楼与商业零售标准层平面图（Kengo Kuma & Associates提供）
图7.22 三里屯SOHO商业广场中心入口
图7.23 底层商业区一景

图7.24 香港国际金融中心（WING/Wikimedia Commons）
图7.25 柏林索尼中心街景，可见沿街的办公楼（© Rainer Viertlbock提供）
图7.26 柏林索尼中心朝向内侧的住宅楼（Dirk Verwoerd提供）
图7.27 波士顿保诚购物中心高层为住宅与办公空间，低楼层为商业零售空间

通道出入口

各功能区都需要有独立的通道和出入口。住宅楼和酒店需要可进入各自大堂的车道，而对商业区而言，则需要控制沿街开口数量，并与公共交通系统相连接。多数大型办公楼宇哪怕电梯入堂在较高的楼层，也通常会在一楼设置独立入口，这种设置一部分是基于出入安全验证的需要。在街道面积允许的情况下，有时还会特意开辟一条单独的后勤服务通道，但由于单独通道会打破地面活动的连续性，因此仅见于若干特例。纽约常见的一种解决办法是将住宅楼或酒店的车辆入口设置在后巷里。住宅楼的安保问题很重要，不能让陌生人进出供楼内住户使用的大堂和露台；但如果附近有商业区，居民又会需要通过带顶棚的连廊直接通往商业区。因此，如何既满足人流需求，又提供足够的安全保障，是出入通道设计面临的最关键挑战。

由于办公和住宅区普遍采用独立大厅和入口，混合功能的建筑可将住宅楼入户大厅与办公区入口大厅分别设置在大楼的两侧方向，将电梯竖井并排设置。如图7.16所示，波士顿文化花园的布局模式是应对此种情形的典范。

公共停车场

人口密集的混合功能综合体往往在停车设施上耗资巨大，因此停车空间，特别是地下停车场必须得到高效利用。混合功能建筑的一个显著优势是能够分时段停车，因为居民和酒店住客需要夜间停车，而商业区的购物者和员工则需要在白天停车。但在现实中，这种设想常常无法实现，因为居民希望能拥有专用停车位并配备安保。在某些情况下，可以在地下一层车库为住户预留车位（如每户一个停车位），采用单独的刷卡系统，而其他层的地下车库则同时提供访客停车位和住户所需的额外停车位，及购物者和上班族所需的停车位。

基于车库造价高昂，代客泊车是另一种提高车库利用效率的方式。专人停车服务能够实现多车并线停放（或通过起降机多层停放），所以只需高峰时段正常容量的一半就可以满足停车需求。而且这样一来，停车场所增加的收入和减少的建设费用（见中卷第2章）也足以抵消雇佣服务人员的费用。

隐私与噪声

当多栋高层建筑集中在同一场地内时，为保证不同功能区都享有隐

图7.28 温哥华福溪北区高层
建筑的间距

私，应保持多大的楼间距？很显然，答案不会是一个恒定的数值，因为
在不同文化背景下以及不同的功能片区，私人空间的距离和界限范围会
发生变化。比起办公和零售功能区，住宅和酒店要求的隐私程度更高。
不过，一般城市都会规定街道两侧正常大小的建筑物的最小间距，这
个间距目前已被人们普遍接受。在美国，建筑最小间距通常为50～65ft
（15～20m）。有些城市会有更加详细的规定，如温哥华市规定，同一街
区的建筑最小间距为18.3m，对侧建筑的最小间距为24.6m。即便是在符
合建筑间距规定的条件下，住宅楼也最好不要直接和相邻建筑对视，否则
就要安装防窥膜以保护住户隐私。

居民普遍喜欢安静的环境，尤其是夜间的安静；而商业区和娱乐设施
却往往越喧闹才越繁华。即使有些居民喜欢从窗外观看街道和广场上的活
动，他们也倾向于卧室朝向安静的一面。在柏林索尼中心，中央广场是电
影节和表演场地，因此上层住宅的客厅朝向中央活跃的地区，而卧室则朝
向相反的方向（见图7.26）。还有一种办法是按可容忍噪声的分级将不同
功能区隔开，如将住宅区与周围的娱乐表演区域隔开一段距离。

服务区

开发商普遍希望将各楼宇的装卸货平台设置在其中心电梯井附近，从
运营的角度来说，这种做法能提高效率，却需要将很大一部分场地门面用
作装卸区。在条件允许的情况下，将多处装卸平台整合在一起无疑是更合

理的做法，这样可以降低所需的装卸平台数。可将相邻建筑物的装卸平台设置在同一地点，或开辟一片大型的装卸区。如果项目规模较大，还可能需要将材料从货车上卸下后，分装入电子器械中，再将其运到各个工地。

垃圾收集是另一个重要的服务区内容，因此需要特别注意分散的垃圾回收点设置。其中一个办法是通过真空收集垃圾，另一种办法是利用专用车辆，其能从建筑的不同楼层收集垃圾并直接到达储存和装卸区（见中卷第9章）。

功能划分

大多数混合功能的建筑综合体都需要被分割（severable）成多个独立单元，以便对外出租、抵押和出售。在规划之初，就需要全盘考虑并确定建筑在水平和垂直方向上的分界线（demising line）。例如，谁来承担场地开放空间的长期运维？如果供暖系统和空调系统共同服务于不同的租户和业主，将来设备更换需要怎样的协商机制？由于不同功能区的设备、空间、结构、租售等的变更速度不同步，因此必须要考虑出入口和通道设置问题。例如，若商业零售部分未来需要关闭进行升级改造，会影响居民或职工从公交站点至居住区或办公楼的通道吗？当然，这些问题都有相应的解决办法，如果规划师为了避免这些问题就草率放弃混合功能的方案，将会是得不偿失的。

一种解决方案是对不同功能区实行独立产权或分契产权制度，将公共的空间和设施系统与私人空间进行明确区分。在有居住区、私人店铺或办公区的地区，必须实行独立产权制度，实现独栋建筑内部的责任划分。实践经验表明，穿行地役权也是获取和使用服务设施的有效方案。为避免将来出现费用和布局方面的争议，还有必要制订一项较为复杂的评估方案及将来的评估审核方式。所有这些方案必须尽早在规划设计时就制定下来。

混合功能开发的几种类型

单体混合功能建筑

小型混合功能项目能够给普通社区带来全天候的活力，特别是当某些地区的商业市场较为成熟时，这类建筑可以形成商业区、居住区及公交站点之间极佳的缓冲地带。早在半个世纪以前，在大部分美国、加拿大和欧洲国家城市中，普遍可见沿街住宅楼下设底商的格局，特别是在电车路线

的街道两侧更为常见。但时至今日，此类建筑的更新面临一系列挑战和困难，如租户需要更多的停车场所、政府规划的相关区划限制、周围社区居民担心其生活受到干扰等，种种障碍不一而足。然而，我们仍然能够通过一些典型案例分析得到关于解决办法的启发。

洛克里奇果蔬市场（Rockridge Market Hall）位于加利福尼亚州奥克兰市，是一处小型混合功能项目（占地约0.92hm²）。它在取得巨大的商业成功之余，也彻底转变了洛克里奇地铁站周围的环境。项目建设的最初目的是打造一座生鲜食品市场，并引入特色食品店，以吸引道路对面地铁站出站人群中的潜在顾客（Childress 1990）。整个一层都是商店和市场店铺，平地卸货区设在后门。由于当地建筑限高3层，加之此地办公楼和住宅的市场份额尚不确定，因此上面两层设计为既能用作生活居住，也可以很方便地改作办公空间。穿过一片开放式门厅后，就有一部电梯和楼梯通往上方楼层。市场大厅上方的户外屋顶露台为上方楼层提供了开敞空间。有一座小型停车场供零售顾客使用，而地铁站附近的停车场则供开车前来的人停放车辆。

若要在小型住宅区中引入较大的商业中心和办公场所，则需要进行精细的项目选址并做规模判定。随着新的车流和人流的涌入，需要对新交通流量进行合理应对，以维护周围住户的生活质量。温哥华"The Rise"综合体项目颇值得规划师深思（Urban Land Institute 2014），这里集中了三家占地庞大的卖场，包括一家超市、一家建材城和一个家居城，店铺全都独立经营，距居住区有一定距离。该项目选址于一条商业走廊和一处日益活跃的居住区之间，占地整整一个街区。规划构想是在吸引顾客前来

图7.29　加利福尼亚州奥克兰市洛克里奇果蔬市场鸟瞰（谷歌地图）
图7.30　加利福尼亚州奥克兰市洛克里奇果蔬市场街景
图7.31　加利福尼亚州奥克兰市洛克里奇果蔬市场通往二楼的楼梯

的同时，避免综合体在非营业时段成为无人问津之地。按照预期规划，场地可出租总面积达2.6万m²，包括零售旗舰店、小型商铺、当地服务机构的办公区，以及围绕四层楼顶露台建设的92户居住/办公单元，并提供了640个地下停车位。该项目在规划设计中面临的难题是，在建筑外侧四周如何开口才能保证不同功能区都拥有临街步道入口。这座大型零售卖场的主入口面朝商业街，居住区的入口大堂位于通往附近住宅社区的街道上，停车通道和建材卸货地点则位于另一条行人稀少的十字正交的路口附近。U字形住宅楼具有绝佳的地理位置，市中心的繁华景色和远处起伏的山峦可尽收眼底。可谓是整个布局中的神来之笔。

图7.32 温哥华"The Rise"综合体街景（Gary Fitzpatrick/Grosvenor Americas提供）
图7.33 温哥华"The Rise"综合体首层平面，入口位于四周的街道上（Grosvenor Americas/Durante Kreuk Ltd.提供）

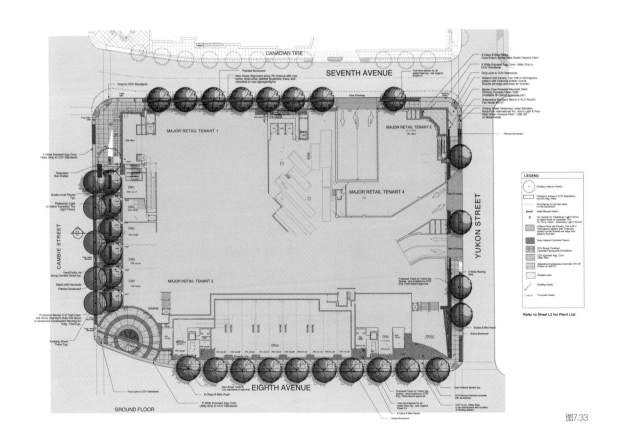

图7.33

费城的宾夕法尼亚大学将相邻的整整一个街区改成了集购物、餐厅和酒店于一体的综合社区，此处在过去的25年中一直都是停车场。新建项目名为大学社区（University Commons），在30万ft²（2.8万m²）的大楼内包括一家大型书店、众多临街店铺、三家餐厅及一家拥有228个房间和1.8万ft²（1670m²）会议空间的酒店。如何激活场地四周的大街是项目的难点，这需要深入分析地块周边的发展潜力。与常规做法不同的是，酒店大门不在主步行街上，而是开在反方向的一条僻静的街巷里，因此客户出入不会影响主街上的商业门店营业。酒店的侧门位于主街上，直接通往会议厅和酒店内部。大楼的装卸地点则统一位于一条尽端小路上。紧邻公共交通站点和书店大门口的是一个全年活跃的广场，人们日常在此碰面并在户外用餐，同时此处也兼作农贸市场和多种活动场地。这座综合建筑限高90ft（27m），与校园整体环境和周围建筑保持和谐。该项目不仅激活了其他商业开发活动，取得了商业上的成功，而且填补了整个社区的一大块空地，使这里焕发出勃勃生机。

上述三个项目都体现了小型城市更新项目要遵守的一条重要原则：从外向内进行思考，并与周围街道上的建筑体量和活动相协调。如果场地面积较大，可以在非临街地点建设独立的综合体，但小场地内的项目却必然会紧邻街道。当然也有例外，如果街道环境嘈杂，对行人缺少吸引力，那么倒打造了一片远离周围喧嚣的缓冲地

图7.34 温哥华"The Rise"综合体四层住宅中间的庭院（Larry Goldstein/Grosvenor Americas提供）
图7.35 费城大学社区鸟瞰（谷歌地图）
图7.36 费城大学社区街景（Inn at Penn提供）
图7.37 费城大学社区酒店下客区（Inn at Penn提供）

带。温哥华瀑布复式公寓（Waterfall Lofts）是一个很好的范例：街道沿线布置商业零售和办公区及工作室，所有居住单元则朝向建筑内侧安静的庭院。

垂直复合功能城市综合体

立体的复合功能项目需要精妙的建筑布局，才能同时满足不同的通道路线、服务设施和停车需求。在这类项目中，对场地的考量往往退居其次，结果通常会呈现出建筑内部空间高耸，而与四周环境不甚协调。很少有项目既能实现内部合理分区，又融入周围环境。以底特律文艺复兴中心为例，其中庭设计十分有趣，但从市中心几乎无法步行直达。而且在市中心和该项目之间有一片消极区域，集聚了下客区、空调排气口和其他障碍物。在更新项目中，设计师在建筑外围巧妙地增添了附属设施，重新布局出入口及通道，终于使这片连接地带焕发出生机，也让整个项目更加和谐地融入城市中心。文艺复兴中心还废止了一条环绕整个场地的公路，并在滨河一侧开辟了新的通道。如果最初就能进行合理规划设计，整个项目会取得更好效果。

图7.38　费城大学社区书店门口的广场
图7.39　温哥华瀑布复式公寓街景（Stephen Hynes/Nick Milkovich Architects提供）
图7.40　温哥华瀑布复式公寓中央庭院（Stephen Hynes/Nick Milkovich Architects提供）

图7.41　底特律文艺复兴中心俯瞰（Robert Thompson/Wikimedia Commons）
图7.42　底特律文艺复兴中心新的城市门面前的旅客捷运系统和行人入口
图7.43　底特律文艺复兴中心门前的喷泉广场（Brosnhoj/Wikimedia Commons）

工具栏7.3

日本东京六本木新城

该项目占地1.5hm²，由400块原本独立的地块整合而来。项目包括一座54层高的大厦，内有办公、一家酒店和一座位于顶楼的博物馆，大厦被一座6层高的集商业、零售、餐厅于一体的综合体所包围，综合体深入大厦地下。由于主要商业区位于主大厦周围而非地下，因此大厦内部的各功能区均采用了独立出入口，并各自配备安检站。附近还有两栋高层住宅和两座中层建筑、一家影剧院、朝日电视台和附属办公及零售空间。其总建筑面积达72.4万m²。

场地规划：KPF and Jerde Partnership

图7.44 六本木新城建筑组合示意（Jerde Partnership提供）

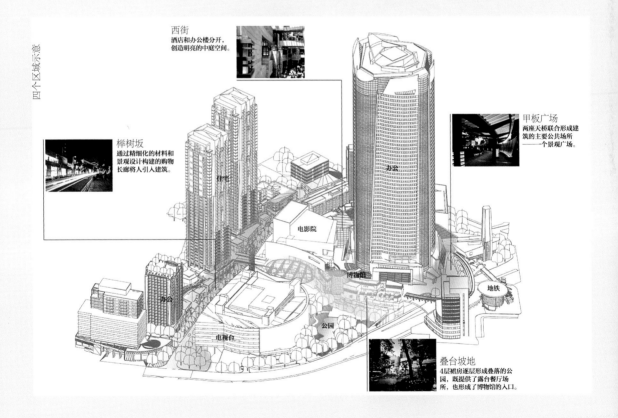

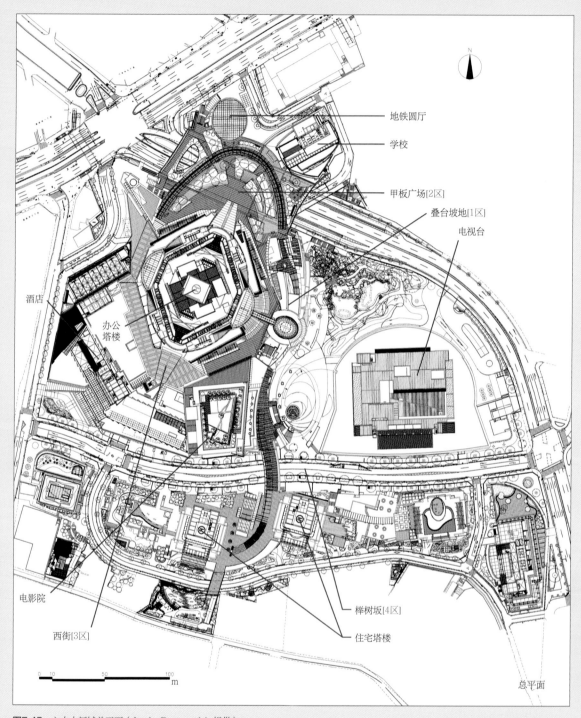

地铁圆厅

学校

甲板广场[2区]

叠台坡地[1区]

电视台

酒店

办公塔楼

电影院

榉树坂[4区]

西街[3区]

住宅塔楼

0 10   50   100
                              m

总平面

图7.45 六本木新城总平面（Jerde Partnership提供）

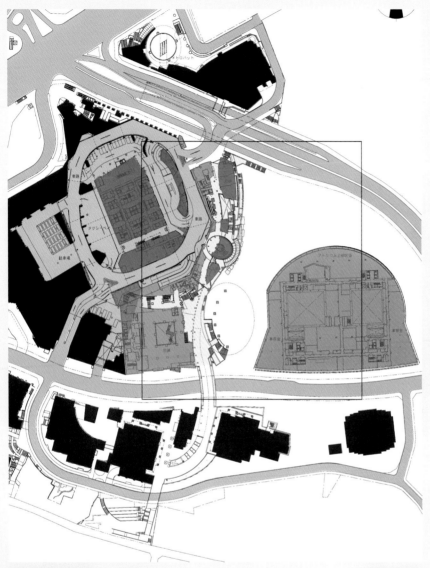

图7.46　六本木新城低层建筑平面（Jerde Partnership提供）

图7.47　六本木新城的甲板广场

图7.48　六本木新城西街商业区
图7.49　六本木新城榉树坂商
业区入口
图7.50　六本木新城榉树坂商
业区

东京六本木新城（Roppongi Hills）地处东京最繁华的区域之一，是一个相当复杂的项目，其中各个功能区环环相扣，联系密切。场地规划充分利用了所在地相对海拔约25m的小丘的优势，以4处室内外公共空间为核心展开布局。乘坐地铁而来的人群经电动扶梯穿过圆顶庭院即可到达一片开敞的公共空间"甲板广场"（Deck Plaza），继而从这里可以进入森办公大厦（Mori Tower offices）、森美术馆（Mori Museum）和西街（West Walk）。其中，弧形的西街紧靠大厦，是六本木新城第二大中心地带及核心商业区。凭借场地内的地势差，整个项目庭院打造成多个户外公园和表演艺术场地，既有正式演出场地也有即兴表演空间。榉树坂（Keyakizaka Dori）是4个公共空间之一，沿线商业店铺和餐厅林立，和谐融入城市肌理。在特殊活动和重大场合（如东京国际电影节）期间，这里禁止车辆驶入，成为步行区。六本木新城为我们提供了一个非常理想的案例，展示了大型混合功能综合体如何成功融入现有城市空间中。

横向复合功能城市综合体

相比起垂直分布，水平方向的复合功能布局可以更便捷地展现混合功能开发的优势。首先，独立成片的功能区易于项目融资，而且便于将场地进一步分割，进行各地块的独立开发建设。在前文中，我们已探讨过巴特利公园城落实这类开发策略、成功打造一个新兴城市社区的经验（见上卷第2章）。

马萨诸塞州的麻省理工学院大学园（University Park）地处市区，面积不大却整齐优美，其成功很大程度上要归因于清晰的建筑布局模式和高度统一的建设规范。附近的剑桥港社区长期以来都反对此处新建项目，因而开发方案经过了开发商、市政当局和附近社区居民之间漫长的磋商。该项目的设计导则被纳入当地的区划条例，要求项目需提供大面积的开放空间，严格规定了沿街建筑限高、停车场位于室内、居住区紧邻现有社区等一系列要求。麻省理工学院作为场地的出租方，也在出租场地时对开发商提出了部分条件。项目在竣工后再分租给不同建筑的所有者，因此校方对最终的开发质量具有长期约束权。

麻省理工学院大学园这一开发模式非常少见，它既遵循了设计导则，又高于导则，营造出了丰富的场地环境。马萨诸塞大道（Massachusetts Avenue）是当地最主要的商业街，但由于其沿街建筑门面有限，开发商便将超市布局在距此地一个街区远的地方，并在马萨诸塞大道上可以看见。超市位于一栋复合功能建筑的二层，便于其他商业设施吸引地面上的

工具栏7.4

马萨诸塞州麻省理工学院大学园

麻省理工学院对校园周边地块进行了整合，规划项目面积约为28ac（11.3hm²），并采用私人建设的方式完成。大学园（University Park）的研究和办公设施总面积为165万ft²（15.3万m²），包括670户住宅单元、一家酒店和会议中心、一家超市及其他零售设施。场地按城市街区地块进行布局划分，停车场均位于地段外围。居住片区经过统筹散布于场地的不同地点，其中家庭式公寓位于办公研究区和附近的剑桥港社区之间。

场地规划：Koetter Kim Associates

开发商：Forest City Realty Trust

图7.51 麻省理工学院大学园总平面（Forest City Realty Trust提供）

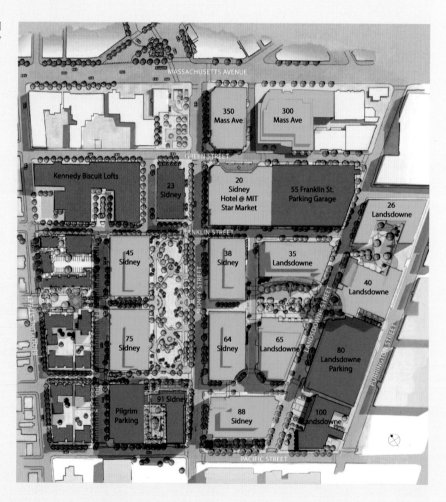

B. 开放空间和街景

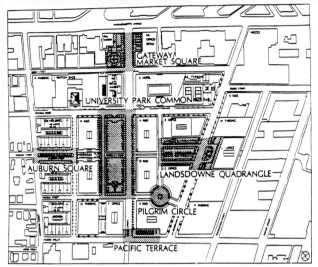

开放空间和街景

大学园围绕着街道体系和层层紧扣的开放空间系统进行组织，这些系统共同构成了公共空间的框架。
设计的总目标是通过对布鲁克林街道社区周边的新的混合功能开发，穿过若干轨道线路，到达查尔斯河开放空间系统，构建便捷的步行体系。

开放空间

大学园的开放空间建设将与街道路网体系相协调，旨在吸引周边的各种活动并为其提供空间支持。开放空间的规划设计应落实区划条例的相关要求，面向公众开放可达，并使公众受益。
这些开放空间后续将逐一进行精细化的开发策划和设计。但对市场广场入口、大学园广场以及奥本广场等场所，已有明确的相关设计要素和内容。

图7.52

以下示意若干可能的建筑立面

基本墙体

入口

建筑入口

建筑转角

基本墙体

入口　　　　　　　建筑入口

建筑转角

图7.53

图7.54　大学园内公园一景
图7.55　超市和其他服务设施集中在办公和研究大楼内
图7.56　大学园研究大楼
图7.57　大学园新建复式住宅楼
图7.58　紧邻剑桥港社区的新建低层住宅

人群，建筑的3~5层为居住区。中心公园四周建筑物的底层在商业市场未成熟前可以用作办公空间，在商业市场成熟后可改为商业区，目前该区域入驻率基本饱和。在开发方案磋商过程中，建筑高度是各方争议的焦点。场地内废弃的旧厂房高5层，各方一致认定新建的研究和办公建筑应与其高度一致。紧邻剑桥港社区的住宅楼限高为3层，而位于场地中心、面朝公园的住宅楼则限高17层。园区内的商业建筑统一采用标准砖石和富有美感的镂空式棂窗，住宅楼则允许采用富有个性的外观和材质。设计导则还规定停车场需处在交通便利的地点，便于驾车者无须经过社区道路即可到达停车地点。大学园最终与周围环境要素和谐共生，其混合功能布局形成了一座全天候活跃运转的社区，为周围社区、大学、新员工和居民的生活与工作提供服务。

裙房底座式混合功能建筑

常见的一种混合功能建筑模式是修建3~5层高的裙房底座，作为零售店铺、餐饮和停车场地，再在上方修建单独的住宅、办公、酒店等专门用途的大厦。多年来，这种模式在亚洲一直很常见，裙房底座往往会占据整个街区地块，其顶部一般用作休闲或绿地空间，在高出街道数层的露台再现地面景观。香港中环置地广场（Landmark Center）就是这类开发策略的典范。中环置地广场建于30多年前，最近进行过翻新，底部三层均为高端商业店铺，上方为一栋酒店大楼和办公大厦。

随着开发项目的规模逐步增大，裙房底座式开发已经成为世界上一些超大规模混合功能建筑综合体的核心组织范式。其中，最宏伟的要数位于香港西九龙的环球贸易中心所在的联合广场。这栋建筑交通便捷，占地13.5hm^2，位于地铁香港国际机场线九龙站正上方，同时也是重要的地铁换乘枢纽。联合广场底座共有6层，地下两层为地铁站及停车场，落客点、出租车停靠点和卸货点均位于一层，二层和三层为零售商业区，顶层是一片开阔的公园，面向所有用户开放。整个底座共有零售面积8.28万m^{2}和超过6000个停车位。这一底座之上有18栋大厦，包括一座110层高的办公酒店大厦、附属办公区、5866户住宅单元楼、4710户酒店式公寓，以及全方位的休闲服务设施，能满足这座日均流量50万人次的建筑综合体的需求，项目总建筑面积达110万m^2。

联合广场的规划方案极富启发意义。由于往来车流量巨大和九龙地铁站枢纽的存在，必须将整层楼（一层）专门用作交通使用。大部分高层建筑都位于场地外侧，避免地基施工破坏地铁站和地铁线路设施，而且每栋

建筑在场地外侧都有独立入口，进而形成大面积连续性的商业综合体。联合广场中央巨大的天窗使得阳光能够穿过商业综合体，照进地铁站内，将整栋建筑统一在一起。然而，由于大部分步行者都位于地上二、三层，所以这座商业综合体目前与周围地面环境仍然缺乏有机的联系。根据规划设计，此地将以桥梁的方式与滨水地区和附近的开发项目相连接。

在以二层天桥（skywalk）连接各个街区的密集底商的城市，地面行人的分流是一个常见问题。在建筑密集的城市中心，人行天桥是高层大厦底部的多层零售空间必须满足的一个基本条件。以明尼阿波利斯为例，天桥连廊是冬季主要的交通干道，而包括IDS中心在内的裙房式建筑则与街道路面相垂直。在这种布局中，区分地面层与二层的零售设施及活动十分重要，在很多城市里，地面层往往是乘坐公共交通的人群的活动范围，而在不同建筑间流动的人群则往往使用步行天桥（pedway）（见中卷第5章）。

位于马萨诸塞州波士顿市的保诚购物中心（Prudential Center）则与众不同，这里的高架步道则是出于场地基础设施的限制。该场地原为一处铁道站场，其地平面低于周围地面约10ft（3m），并且此处的铁路当时仍在使用，与铁路并行的马萨诸塞州收费公路也仍在运行，这使得所有穿过场地的道路及人行通道不得不架高，高出周围地面（场地内地面高低不平）大约18ft（5m）。因此，规划布局中，在场地内远离铁路和收费公路的人行区域下方修建了约3000个车位。最初的保诚购物中心大厦占地9hm^2，落成于1968年，包括两座办公大厦、三座总共810户公寓的住宅楼、一所1000间客房的会议酒店、两家百货商店，以及位于这些大楼中间占地19万ft^2（1.77万m^2）的露

图7.59　香港中环置地广场底座大厅（来源不详）
图7.60　香港中环置地广场室内中庭（© China International Travel CA, Inc.提供）
图7.61　香港九龙联合广场环球贸易中心一景（Ritz Carlton Hong Kong）

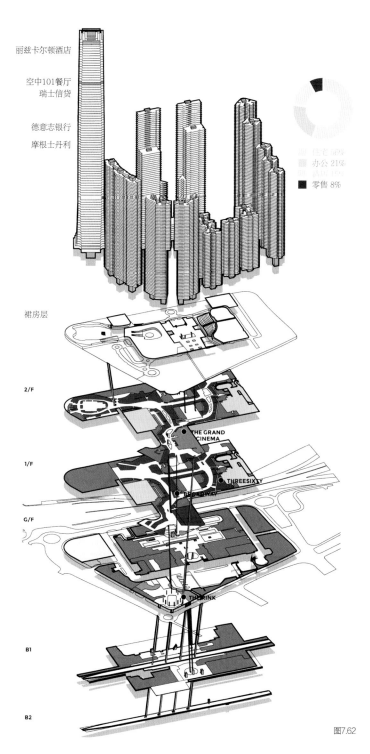

丽兹卡尔顿酒店

空中101餐厅
瑞士信贷

德意志银行
摩根士丹利

裙房层

2/F

1/F

G/F

B1

B2

图7.62

住宅 ?%
办公 21%
酒店 ?%
零售 8%

图7.62 香港九龙联合广场环球贸易中心平面及垂直分层平面（Stefan Al提供）
图7.63 香港九龙联合广场底座大厅内的零售区
图7.64 香港九龙联合广场底座屋顶公园

天单层商业区，总建筑面积达450万ft²（41.8万m²）。波士顿新会议中心就位于该场地内的一角。按照规划，保诚购物中心是一座独立建筑综合体，建有通往车库和落客地点的环形通道，与周围繁华的街道保持150ft（45m）的距离。虽然紧邻后湾区和南角区两大活跃社区，这座建筑综合体却几乎与二者毫无联系，保诚大道（Prudential deck）是二者间最主要的交通干道。

到20世纪80年代中期，场地所有者认为此处开发利用不足，计划兴建更多高层大厦，并改造这里风吹日晒的露天商业区和开放空间。经过与当地居民长达数年的商议，一份新的场地规划出台，提出在环形公路地区兴建住宅楼、一所酒店、办公设施、零售空间和公寓。附近居民由此获得了更多的商业设施服务，包括新入驻的一家超市和社区内24小时开放的室内步道。保诚购物中心则获得了额外180万ft²（16.7万m²）建筑面积的开发权，包括两栋办公楼、公寓住宅、新的开放空间和一条封闭式拱廊商业街，后者最终成为波士顿收益最高的商业区。受限于地基承重能力，拱廊仅有一层，其造型模仿了伦敦和澳大利亚墨尔本市漂亮的拱廊街，已成为这座城市最受欢迎的休闲地之一。商业街入口处装饰以巨大的圆顶，这里也是前往公共交通站点的室内通道（Hack 1994）。保诚购物中心通过一座天桥与科普利广场（Copley Place）相连，后者是毗邻此地的一座多层购物广场，并附带两座酒店及办公设施。项目完成之后，保诚中心将综合体出售并获利颇丰，后继开发商在场地边缘的空地上再次新建了两座办公大厦。

与上文讨论过的其他项目一样，保诚购物中心展现了混合功能建筑体如何在尊重原有道路和开发模式的基础上，为城市发展注入新鲜活力。无论规模大小，混合功能综合建筑的设计都必须内外结合、谨慎考虑。优秀的多功能项目往往能够完美融入城市肌理，让城市生活在新的室内外空间之中得以延伸。

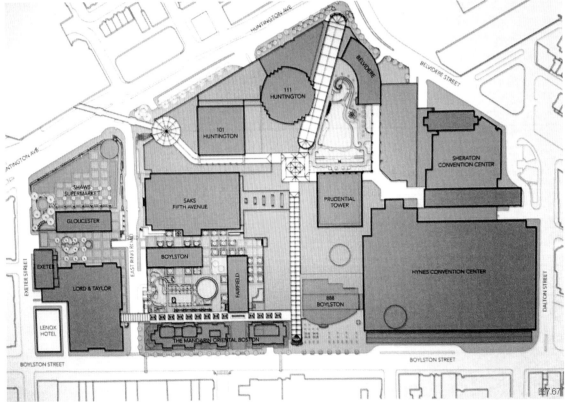

图7.65 明尼苏达州明尼阿波利斯市IDS中庭，二层步道与一层连通
图7.66 马萨诸塞州波士顿市最初的保诚购物中心综合体（Prudential Insurance Company）
图7.67 波士顿保诚购物中心再开发后的平面（Boston Properties）

图7.68 波士顿保诚购物中心位于亨廷顿大道（Hurtington Avenue）一侧的新入口、办公大厦和公寓住宅楼

图7.69 波士顿保诚购物中心位于波伊斯顿大街（Boylston Street）一侧的大楼，低楼层为零售店铺，上方为新住宅及酒店

图7.70 波士顿保诚购物中心内部带有玻璃穹顶的拱廊

第8章

社区

无论建筑单体本身再怎么创新和丰富，一个宜居的社区、地区及城市都远不止是住房、商铺、机构及混合功能建筑的随意组合。通过新建居住社区的风貌，可以看出人对自然环境、都市风格、邻里关系、汽车使用、社会交往以及个人隐私的态度。新建住宅区必须与地区内的居住区及其他功能片区的市场需求相契合，并充分考虑土地和建设成本。负责项目审批的相关政府机构所制定的交通道路与公共设施建设标准也会显著影响新建项目的设计与实施。大型新建社区常常容易沦为对规范条例的盲目遵从或对以往项目的简单重复，但富有创新性的一流社区却能够超越简单的现实，创造性地实现宜居社区。

新社区的组成要素

多大的开发项目才能称作一个新的社区，或新城、新镇、新村、新邻里社区（neighborhood）？一般来说，一个涵盖日常生活大部分功能的邻里社区就可称为新城或新镇，包括住宅、商店、各类机构、休闲设施和工作场所。英国在第二次世界大战以后新建的城镇普遍以容纳7.5万名居民为规划目标，同时提供全方位服务与工作机会。然而，事实证明，这些城镇规模过小，难以保证居民的生活质量。这批新城镇中的最后一座是米尔顿凯恩斯（Milton Keynes），目标人口为25万。一项对美国过去50年里新建的30座城镇的调查结果显示，这些城镇人口在1000~88000，占地面积为80ac（32hm^2）~38000ac（15400hm^2）（Community Planning Laboratory 2002），其中规模最小的那些可能称为新村或新邻里社区更为合适。

理想的社群规模取决于生活社区（Community）、邻里社区或城

图8.1 苏格兰西洛锡安（West Lothian）的利文斯顿（Livingston）新城鸟瞰（Kim Traynor/Wikimedia Commons）

图8.2 英格兰米尔顿凯恩斯新城中部鸟瞰（Milton Keynes Council/Green Digital Charter）

镇（town）在不同语境下的具体含义。美国的邻里单元（neighborhood
unit）最早出现在新泽西州雷德朋市（Radburn），社区规划面积为235ac
（95hm²），包括1000户集中住宅单元、100户公寓、一所小学、公共开放
空间和游戏设施，以及日用品商店。虽然最终只有部分规划得以实施，但
雷德朋规划模式却极具吸引力。随着学校和超市规模的扩大，郊区人口密
度下降，交通更加便捷，人们对地区资源的依赖性降低，一个设施完善
的社区所需的土地面积也日益增大。不过，中国社会在过去50年里的基
本单元——单位作为一种兼具生活与工作的社区，虽仅有数千人口，却依
然是一个完善的社区，单位内包括了商店、诊所、学校和所有居住在单
位内的群体日常所需的服务设施，同时借助周围商业活动或机构设施对
单位的运行起到补充作用（Bonino and De Pieri 2015）。当前包括北京
当代MOMA在内的许多新建项目都在尝试复制这种混合多功能的模式，
然而这些尝试并不一定总能成功，因为市场导向的商业等开放功能与封
闭社区（gated community）之间往往存在与生俱来的矛盾，许多新建社
区的规模不足以支撑起一个成熟的商圈。此外，理想社区的规模也会受

图8.3 1929年新泽西州雷德
朋市总平面（Clarence Stein
and Henry Wright）
图8.4 北京当代MOMA多种住
宅相连的综合体（© Shue He/
Steven Holl, Architect）
图8.5 纽约斯图文森小镇及
彼得库珀村（Peter Cooper
Village）鸟瞰（Melpomen/
123RF Stock Photo）

密度和布局方式的影响，一般而言，附带学校和服务设施的高密度社区
面积较小，纽约的斯图文森小镇（Stuyvesant Town）就是其中的典型，
其居民总数为2.5万人，占地面积80ac（32hm²）；而在低密度的郊区，
由于整体布局分散，哪怕是4倍于前者规模的小区仍然不像一个集中的
社区。

　　由于各类名称定义之间很难有准确而清晰的区分，所以在此将不考虑
场地规模，统一使用"社区"（community）一词。建造一个社区而非一
片楼宇，实际上其内涵是创建满足多种家庭需求的多样化社区，因此，社
区的形式与元素的组织方式应在保证居民共享设施的同时，能够进行面对
面互动，以便形成良好的邻里关系及居民之间的联系。此外，建设社区也
意味着将各类设施布局在大部分居民便捷可达的范围内，便于人们步行并
与朋友及邻居产生互动。因此，关于宜居社区的典型规划目标是，将学
校、商店和公交站点都设置在社区居民步行10分钟路程范围内，即1km
范围内。以下是新社区的必要元素。

　　满足多样化家庭需求的住房——单身群体、有/无子女家庭、老人、
希望远离他人的人和那些喜欢与人为邻的人们、公共住宅、酒店或宾馆
（若社区规模较大）。

　　满足日常或每周生活需要的店铺及服务设施——杂货店、洗衣房、零
售店、餐厅、酒吧、修鞋店、五金店、礼品店、美容美发店、宠物护理
店等。

　　医疗设施——提供日常和急诊医疗服务的诊所、牙科诊所、药房。

　　休闲设施——游戏场地、运动场、休闲公园、电影院/健身房/室内网
球场/水上公园等商业休闲区、社区花园。

　　当地机构——政府服务机构、宗教机构、社区中心、文化设施、俱乐
部和组织场地。

　　工作场地——附近的工作场所、居住—办公区、企业孵化中心等。

　　上述各类元素的数量和面积大小取决于场地选址、项目规模、各类功
能的市场需求，以及开发商的意图。由于社会资本和各类机构的形成都需
要时间，并非所有设施都会在项目初期就建成，而且只有当商家察觉到不
同的市场需求时，各类功能才会逐渐出现。因此，社区规划需要具备可供
未来发展调整的灵活性。有效的规划方案往往会以未来10～15年的社区
需求为目标。

若干原则

建设一个社区不仅需要关注场地内建筑物本身的特质，更需要追求整个场所的品质和特质。环境优美的空间当然更易于租售，但社区的更多独特品质往往会在投入使用之后才会慢慢彰显出来。和谐优美的社区具有以下共性。

独特性——当地建筑和景观有高辨识度，与城市其他地区有显著特质差别。

可步行性——实现社区居民和上班族因日常需求出门的步行距离最小化，在离家和工作地点10分钟步行范围内建设有效的公交站点。

多样性——能够容纳不同类型的居民和工作者，人们的日常生活在社区范围内就能有序进行。

空间易于交往——社区的活力最终依赖于传统和文明习惯的形成，它们能将人群在公共场合聚集在一起，因此，建立供居民间交往联系的场地至关重要。

功能和谐——不同功能互相促进，高密度住区和办公场所也为商店和餐厅带来收益；社区内一些建筑兼具教育及社交功能；开放空间既是普通的休闲场地也是集体活动场所。

可适应性——社区形态设计合理，在长期使用过程中，功能分区可进行灵活调整；商业区的停车场后期可迁至建筑物内部，空出场地可新建住宅楼或办公楼；同时，场地内仍保留部分空地以备进一步开发建设。

良好的运维管理——公园、公共空间和设施都需要长期管理维护，因此成立相关的维护组织并筹集资金与场地规划本身同样重要，并会对场地内空间未来的使用起到决定性作用。

上述所有原则都需要根据具体情况具体实施。也许将商店、办公和居住集合在同一建筑内的做法在A场地可行，在B场地却不一定能够实施。在不同的气候条件和社会文明传统下，人际交往的地点也会产生相应变化。然而，不论何种情况，都要从一系列预期目标入手，这些理念需要贯穿规划的全过程，并成为规划的检验标准。

社区形态与结构

新社区规划中常用的一种方法是将社区看作有机生命体，如同人体组织结构一般，由主干道和网络将一系列生命器官或细胞与核心功能相连接。维克多·格伦（Victor Gruen）提出的理想新城范式由许多小而紧凑的地方社区组成，邻里设施位于中心，通过交通路网将主要的商业中心和工作地点相连接。在城郊，绿化隔离带将居住区与工业区、机场和其他通往外界的干道分隔开来。这种组织形态将商业区简化为三个层级，即本地、地区和中心级购物区。这种有机化的范式易于理解并让人信服，其便易性也是长期以来人们普遍采用这种范式指导社区规划的原因。

位于华盛顿特区附近的弗吉尼亚州赖斯顿（Reston）新城规划即是遵循了这一范式，新城包括五个村庄、两个地区中心、一个密集城中心和高速公路附近的几处独立的办公区。但新城的形态并不完全符合维克多·格伦提出的组织图，而是依场地地形与贯穿场地的主要干道进行了一些调整。赖斯顿的大部分地区由中低密度的住宅群落组成，河流与滨河的狭长绿地将群落隔开，构成社区内的休闲步道网。多功能的城市中心则提供了和乡村邻里不同的城市氛围。

开放空间体系既是新社区边缘的绿化隔离地带，也体现了各个社区的不同特色。马里兰州哥伦比亚市与赖斯顿新城一样位于华盛顿特区附近，且几乎在同期建设完成，其将35%的场地面积完全留作开放空间（约5000ac，即2025hm^2），分隔出五个主要村庄。每个村庄都拥有独立的本地商业区，集中了教堂、中学、大型运动场和社区中心，通过路网系统通往当地居住区，并在干道两侧设置景观，形成了林荫大道。独栋住宅不与高密度住宅位于同一条道路上，而是在支路上各自设置独立入口。开放空间和社区设施由哥伦比亚协会负责管理，该机构同时负责运营多个休闲设施，开展社会服务项目，并组织各类文化艺术活动。这些职能和活动的经费来自该市包括商业物业在内的所有不动产按年缴纳的费用，费率约为不动产价值的0.35%。哥伦比亚市的这座新城未设地方政府，当地的学校和其他公共服务都依赖县政府展开，因此哥伦比亚协会成为居民重要的社会及政务组织机构。

社区之间的开放空间也具备重要的生态功能，以芝加哥附近的草原路口生态社区（Prairie Crossing）为例，开放空间可以储存雨水径流，作为野生动物栖息地，同时维持场地的原始环境斑块。这些开放空间也可用作农业生产，种植的水果、蔬菜可在农贸市场或超市出售，也可为社区农业项目的客户供货。为每户居民留出的小片园地还能够让住宅布局更加紧凑，并提高社区的步行适宜性。

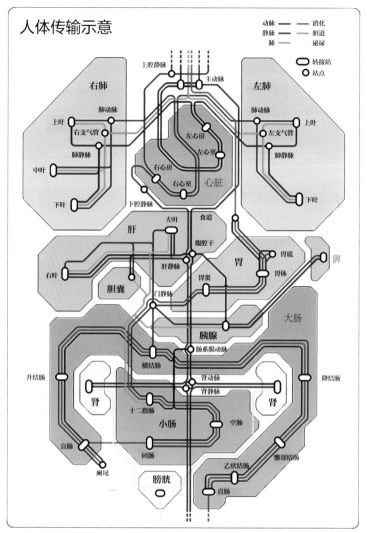

图8.6 人体心血管系统示意
（Jacob Larson）

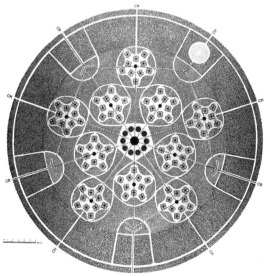

图8.7 完美城市规划范式
（Victor Gruen）

图8.8 弗吉尼亚州赖斯顿新城规划 平面（Reston Development Corporation）

图8.9 弗吉尼亚州赖斯顿市安娜湖（Lake Anne）村落中心，住宅位于店铺楼上

图8.10 弗吉尼亚州赖斯顿市紧邻开放空间的居住区

图8.8

图8.9

图8.10

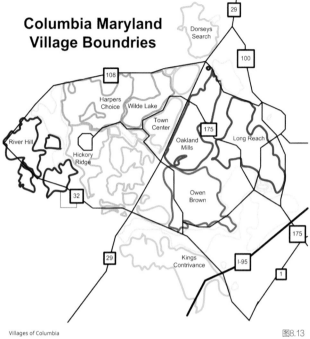

Villages of Columbia

图8.13

图8.14

图8.11　赖斯顿市中心街道
图8.12　马里兰州哥伦比亚市中心及怀尔德湖村（Wilde Lake）（谷歌地图）
图8.13　马里兰州哥伦比亚市邻里社区中心与主要公共设施分布图（Columbia Association 提供）
图8.14　马里兰州哥伦比亚市哥伦比亚协会设施及骑行道路地图（Columbia Association 提供）

工具栏8.1

伊利诺伊州格雷斯莱克市（Grayslake）草原路口社区

　　草原路口社区是一个优美的生态社区，位于两条通勤铁路干线交会处，拥有大片开放空间及设施。社区三分之二的土地都用于农业生产、休闲区和露天草场，这些土地曾长期用于耕种。修剪整齐的桑橘树将场地分隔成规整的片区，而场地内纵横交错的步道、骑行道路及其沿线丰富的活动又将场地有机联系起来。在场地内，有机农场、孵化场、私人花园、教育农场项目和雨水花园点缀其中，让这里的天然草原景观更加丰富。

　　该社区的住宅组团规模不一，数量为35~120户，均附带公共的社区内部开放空间。住宅设计采用了美国中西部地区典型的建筑风格，所有住宅均按照节能原则建

图8.15 伊利诺伊州格雷斯莱克市草原路口社区总平面（Prairie Holdings Corporation提供）

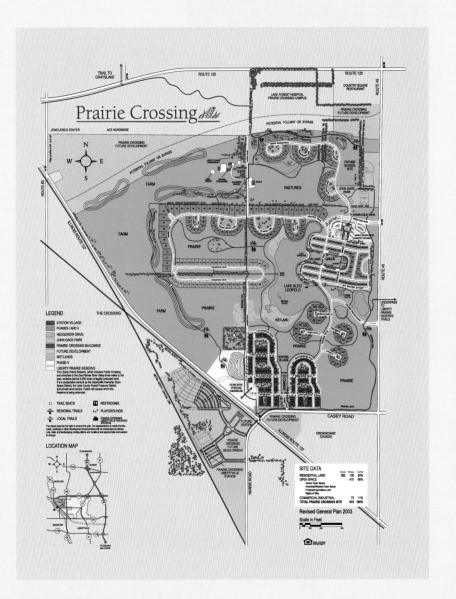

设。尽管宅基地面积小，但几乎每一户住宅单元都拥有广阔的开放空间视野。一条环形道路穿梭于各个建筑群落之间，通往周围的干道。整个场地内人工铺设的地面面积很小，基本实现了零净地表径流。

商业区集中位于通勤车站周围，可以步行到达大部分居住区。目前约有30%的居民乘火车通勤，这个比例高于当地平均数数倍。车站周边未来的发展将会带动当地就业和地区服务零售设施的发展。

社区开放空间由业主协会负责管理，农场和公共设施则由几家土地信托与非营利组织负责运行及管理。

地点：伊利诺伊州格雷斯莱克市，距芝加哥65km处
场地规划：William Johnson, Peter Calthorpe, Skidmore Owings and Merrill
开发商：Prairie Holdings Corporation, George Raney and Victoria Post Raney
场地面积：274hm²
各功能比例：独户家庭住宅占20%（362户），混合功能区占11%（113户多户家庭住宅、商业空间、远期就业区），开放空间占69%（有机农场、草坪、湖泊、休闲区及绿化隔离带）
设施：社区委办学校（charter school）、通勤火车站（2处）、商店、医疗诊所、健身休闲中心、社区生活设施、花园、马场

图8.16 草原路口社区从通勤火车站看市镇中心
图8.17 草原路口社区奥尔多·利奥波德湖（Lake Aldo Leopold）区湿地
图8.18 草原路口社区草原景观边的住宅
图8.19 居住区雨水花园
图8.20 草原路口社区农场（Prairie Holdings Corporation 提供）
图8.21 草原路口社区中心

图8.22 青岛中德生态园总体
规划（GMP Architekten提供）

图8.23 青岛中德生态园一期
（GMP Architekten提供）

位于青岛附近的中德生态园规模远大于以上社区，总占地面积达到
$11.6km^2$。园区划分为多个椭圆形组团，计划打造密集居住区、公共服务
设施、工业区、办公区、城市中心和大学城。地块外围、园区内外的高速
公路、干道和公共交通线路两侧绿树成荫。然而，尽管各组团内部步道密
集，仍存在一个重要问题，那就是组团内是否拥有足够数量的人口来支撑
商业和服务设施正常运行。与此类似，上海市郊的安亭新镇也是模仿德国
小镇的规划，实际建成后却难以吸引大型商业租户进驻，导致社区的商业
中心空空荡荡，步行区也少有人迹。

尽管困难重重，但这种完整小镇的组织理念却被广泛运用到大型开发
项目中。社区道路并不一定要弯曲交错，也无须刻意按有机的形式规划。
20世纪70年代起，长、宽各2km的方形超大型街区（superblock）逐渐成
为利雅得（Riyadh）居住区的基本单元，并被广泛运用到沙特阿拉伯的很

图8.24 上海安亭新镇总平面
（Albert Speer & Partner GmbH）

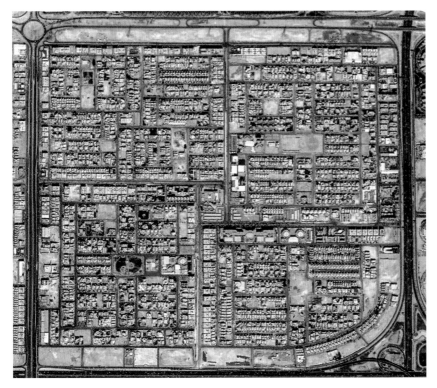

图8.25 沙特阿拉伯利雅得的
典型邻里单元模式（谷歌地图）

多地区。风车形状的内部道路网能够最大限度地减少过境交通问题，并将社区划分为四片区域，每个片区的中心都有较大的开放空间和商业区，片区大小也各有不同，以便在所有30m宽的道路两侧进行高密度开发。与其他类似社区一样，这种布局模式往往高估了居住区对本地商业设施的支持能力，也低估了大型购物中心所需的客流量，从而导致很多商业设施无人问津。目前有些商业中心已经被改为运动场，还有些则预留作未来开发。

道路等级体系是有机社区规划的必要条件。为了避免过境交通，社区内的支路网往往并不完全连续。次干道是汇聚交通流并连接干道的重要通道，如哥伦比亚市社区所展示的那样，次干道两侧通常设置绿化带，有的还设置了临街商业设施。而主干道、州际公路或高速公路则将社区与更大范围的城市地区连接起来，通常位于居住区外围的开放空间之内。于是，在布局上，那些喧嚣的干道往往正好处于安静的绿化隔离带之中。

自田园城市的概念出现以来，有机分等级的模式（organic-hierarchical model）一直是大型社区主要的组织模式。然而，一些优美的传统老城的规划却往往并没有那么整齐。在漫长的历史中，随着功能和公共设施的逐渐增加，随着新居民区的建立，随着店铺的开业和关闭以及机构的更迭变化，城市也在不断持续发展和演进。正如克里斯托弗·亚历山大（Christopher Alexander）所言："城市不是一棵树"（Alexander 1965）。

格列伯社区（Glebe neighborhood）位于加拿大渥太华市，离市中心和国会山不远。这个建于20世纪早期的社区内部呈直角布局，绿地空间位于四周边缘，溪流在社区内静静地流淌，两岸形成了狭长的开放空间。居住区内的道路和建筑沿东西方向展开，各街区住宅类型多样，价格不

图8.26 渥太华格列伯社区俯瞰（谷歌地图）

图8.27 渥太华格列伯社区半独立式住宅

一。这使得同类住宅可以集中在道路两侧，但仍然保持了社区整体的多样性。沿着交错的道路前行可以看到各类住宅，从普通的排屋直到宽敞的独栋住房。班克街（Bank Street）沿南北方向贯穿社区，两侧有社区内的商业设施和主要公交站点，所有住宅都在离街道5~10分钟步行范围内。社区中央南北方向的数条街道较为安静，那里布置了一连串重要的地方设施，包括礼拜堂、小学、网球俱乐部和小公园。正因为这里居民组成多样、内部组织合理，格列伯社区在过去的100多年里一直保持着优美宜人的景观。

如果有机层级（organic metaphor）并非社区规划的最佳模式，那还有什么别的布局模式？克里斯托弗·亚历山大提出了理想城市规划的半格模式（semilattice）。在这种模式下，社区、次中心，以及大城市中心之间具有非常复杂的联系。从空间形态来看，城市可被视为由许多机会组成的网络，一系列交通路网系统（包括步行、骑行、机动车和公交系统）提供了不同目的地的选择。社区形态并不能预先决定社会分层，却可以激发社会关系的自发形成。

格列伯社区采用的是网格规划模式，这一模式由来已久：建于公元前5世纪的安纳托利亚（Anatolia）的米利都（Miletus）城，就是依建筑师西波丹姆斯（Hippodamus）绘制的网格图规划修建；唐长安城也采用了方格网的布局模式，在公元750年时人口峰值达到百万。法国12世纪的古老村镇，还有两个世纪之后的佛罗伦萨式新城也呈网格状布局。佐治亚州萨凡纳市（Savannah）是美国最美丽的殖民城市之一，其城市格局也是整齐的网格状，不过它的魅力不仅在于整齐的格局，还有点缀其中灵动成趣的绿地。在美国，大部分西班牙殖民城市都呈方形街区组合的网格状，这种形态仍可见

图8.28　渥太华格列伯社区独栋独立住宅
图8.29　渥太华格列伯社区班克街商业区
图8.30　渥太华冬天的圣·詹姆斯网球俱乐部（St James Tennis Club）和格列伯社区中心（St James Tennis Club提供）

树状模式

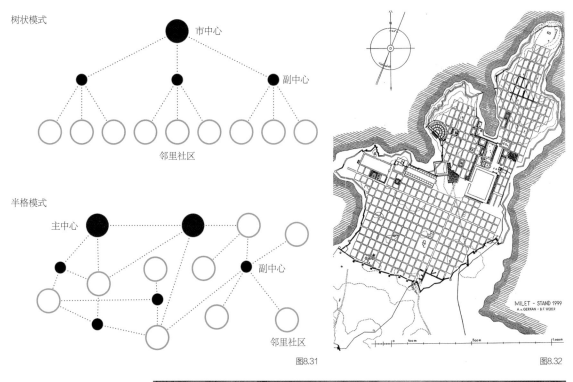

图8.31

图8.32

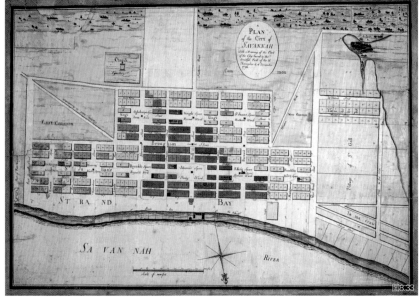

图8.33

图8.31 树形组织模式和半格组织模式示意（Adam Tecza）
图8.32 安纳托利亚的米利都，建于公元前5世纪（A. van Gerken/B. F. Weber）
图8.33 佐治亚州萨凡纳市1796年平面（City of Savannah）

于很多现代城市的市中心。19世纪中期，美国和加拿大在快速扩张的铁路沿线建立了很多新城镇，均采用美国西北测绘（Northwest Survey）和加拿大版图测绘（Dominion Land Survey）所用的整齐直角状的网格模式。该测量方法将整块大陆的土地分割成1mi（1.6km）见方的方格，再进一步划成四等分以便于土地分区。在芝加哥等城市，1mi见方的方块被进一步分割成16×8个长方形小地块（有些城市会每隔0.5mi长、宽对调）。公共街道宽50ft（15m），后巷宽25ft（7.5m），在0.5mi处和1mi处的干道分别宽80ft（25m）和100ft（30m），建筑物的尺寸则为125ft（38m）进深和600ft（183m）面宽。这些尺寸已经成为美国很多网格状城市的标准尺寸。常规的传统居住街区的街道两侧各分布8～12户住宅，单个宅基地宽50～75ft（15～23m）。在1mi或0.5mi干道上的商店和有轨电车通常都位于距离住宅10分钟步行距离的范围内。

美国近些年的城市复兴项目中，再次兴起这一正交街区模式（orthogonal block patterns）。街道的宽度进一步缩小，而由于车库可以经由侧巷进入，宅基地的宽度也变得更窄。有时侧巷甚至成为主要通道，而住宅正面则朝向绿化步行区。直角街区的建筑密度通常高于一般郊区居住街区，而且更便于步行出行，商店、学校和其他重要地点也都位于交通便利之处。位于得克萨斯州奥斯汀市的罗伯特·穆勒（Robert Mueller）社区是采用这种模式的典范，这片社区所在地曾是一座机场。社区以一家新医疗中心为核心，包括办公区、多种商业设施、学校、不同种类的低层住宅以及各种运动休闲设施。如今这里已经成为一座城中新城。

图8.34 芝加哥1mi²单元开发模式，场地被分为四等分（谷歌地图）

图8.35 得克萨斯州奥斯汀市罗
伯特·穆勒社区平面（McCann
Adams Studio/Catellus
Austin, LLC提供）
图8.36 奥斯汀市罗伯特·穆
勒社区市镇中心的混合功能开发
（City of Austin）
图8.37 奥斯汀市罗伯特·穆
勒社区独户家庭住宅（Garreth
Wilcock, David Weekley Solar
Home/Creative Commons）

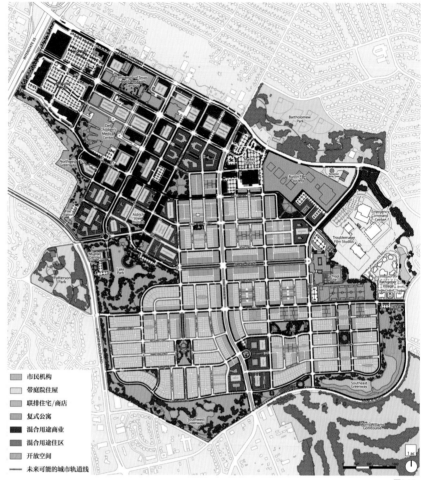

市民机构
带庭院住屋
联排住宅/商店
复式公寓
混合用途商业
混合用途住区
开放空间
未来可能的城市轨道线

图8.35

图8.36

图8.37

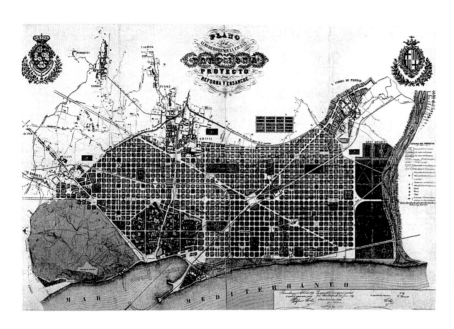

图8.38 伊尔德方索·塞尔达于1869年绘制的巴塞罗那扩建区平面

　　如果说北美地区网格状城市来自土地测量员和地产商的推动，欧洲的工程师和建筑师们却是从社会经济的角度寻找理想的街区和道路形式。伊尔德方索·塞尔达（Ildefons Cerdà）在1859年拟定的巴塞罗那扩建方案对欧洲其他地区的城市规划产生了广泛影响。为保证所有建筑物的光线与通风，网格与南北方向呈45°夹角，这样建筑物的四面在四季均能有光照。街区又称曼札纳（manzanas，加泰罗尼亚语称illes），边长113.3m，斜切（chaflanes）的转角便于交通，且扩大了道路交叉口的公共空间。标准街道宽20m，但格兰维亚大道（Gran Via）宽50m，格拉西亚大道（Passeig de Gràcia）更宽达60m。建设规范规定建筑限高6~8层，各街区中央至少留出800m²的花园用地。尽管道路实行统一标准，但巴塞罗那仍然充满了创意新颖的不同建筑，现代建筑依然在统一的开发框架下给社区带来持续的新意。尽管历经沧桑巨变，这片扩建区仍然是巴塞罗那最高端的居住区之一。

　　在巴塞罗那筹备1992年奥运会之时，仍然选择了建造现代化的巴塞罗那扩建区作为奥运村。在原有的废弃工业区和调车场上，19片崭新的街区拔地而起，涵盖住宅、商业、店铺和学校等多种用途。道路网沿用了传统的网格模式，街区的面积也与19世纪塞尔达拟定的方案相似，但为了保留现有的铁路、主要道路和其他基础设施，对方案进行了适当调整。而且，各街区的功能有细微差异，并引入了道路等级模式。主要道路两侧为6层住宅楼，其中地面一层为商业设施，间或穿插办公设施及酒店。

图8.39 巴塞罗那扩建区俯瞰
（© Iakov Filimonov/dream-
stime.com）

图8.40 巴塞罗那奥运村社区
平面（Adam Tecza）

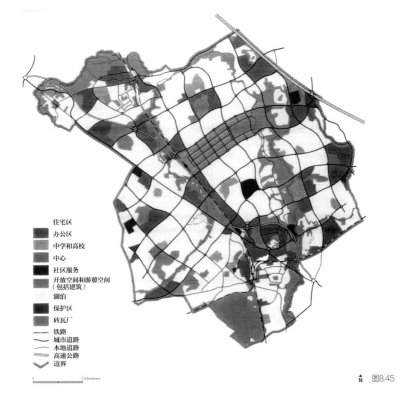

住宅区
办公区
中学和高校
中心
社区服务
开放空间和游憩空间
（包括建筑）
湖泊
保护区
砖瓦厂
—— 铁路
—— 城市道路
—— 本地道路
高速公路
边界

图8.41 巴塞罗那奥运村社区步行街

图8.42 巴塞罗那奥运村社区面朝公园的住宅

图8.43 巴塞罗那奥运村社区里的次干道

图8.44 巴塞罗那奥运村社区内部空间一景

图8.45 1989年英国米尔顿凯恩斯新城规划平面（Lewellyn-Davies Associates）

图8.45

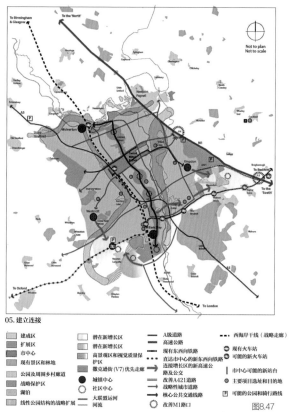

05. 建立连接

建成区	潜在新增长区	A级道路	西海岸干线（战略走廊）
扩展区	潜在新增长区	高速公路	
市中心	高景观区和视觉质量保护区	现有东西向铁路	现有火车站
现有景观和林地		直达市中心的新东西向铁路	可能的新火车站
公园及周围乡村廊道	撒克逊街(V7)优先走廊	连接增长区的新高速公路及公交	
战略保护区	城镇中心	改善A421道路	市中心可能的新站台
湖泊	社区中心	战略性城市道路	主要项目选址和目的地
线性公园结构的战略扩展	大联盟运河河流	核心公共交通线路	可能的公园和骑行路线
		改善M1路口	图8.47

图8.46 2012年米尔顿凯恩斯俯瞰，展示了格网的多样性（谷歌地图）
图8.47 2031年米尔顿凯恩斯规划平面（Milton Keynes Commission）

由于很多西北—东南方向的道路都在滨水公园处终结，因此这些道路都不作为重要的交通路径，道路宽度也相应缩小。低密度的居住区、学校和机构设施都位于街区中心，开放空间和休闲区也位于这里。数处建筑物都横跨部分次要道路，既增加了可开发面积又增强了主要道路的连贯性。这些措施都丰富了场地内部肌理组织和活动功能，展现出现代城市的风貌。

穆勒社区和巴塞罗那奥运村都以街区为单元，形成了复杂多样的功能网，为中小型开发项目提供了良好的参照，这种模式也同样适用于大型项目。英国规划建设的最后一座新城——米尔顿凯恩斯就是一座这样的网络城市，各个角落都拥有丰富的活动和功能设施。这座城市的主体结构有三种元素：$1km^2$为单元的方格路网，场地内两条主要河流两侧的绿地贯穿场地核心，以及中心地区的商业及服务设施用地。

米尔顿凯恩斯规划的细节之处非常重要。道路根据地形和自然形态的变化没有刻意规整，而且避开了几处现有村落。各片区的规划都响应了各自所在地的自然条件、场地状况和市场条件。规划布局避免穿越式交通，行人可经地下通道步行前往四周相邻地区。地下通道附近地区通常会布置商店、学校和各类服务设施。各功能片区汇聚在市中心的大型商业综合体，市中心的街区尺度也相应变小，进而增加商业和办公空间所需的临街门面。工业区和办公区并未集中在某一区域，而是散布在城市的多个地区，便于分散全天交通流量。如今，米尔顿凯恩斯新城在1989年规划的大部分目标已经实现，如今有25万名居民和数量相当的上班族。不同开发片区的布局模式和城市设计各有千秋，都达到了预期目标。米尔顿凯恩斯是新

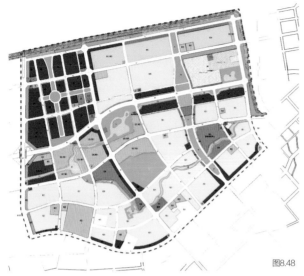

图8.48

社区开发的标杆，很多人认为它是英国新城规划最成功的实践。

　　不过，这座城市并非完美无缺。很显然，由于城市内各处地点较为分散，缺少独立的公交通道，因此方格路网难以有较好的公交便利可达性。在街道上有通往市中心、火车站和工作集中地的公交系统，但是由于一些道路过于曲折迂回，加之日益严重的交通拥堵，严重降低了交通效率。此外，尽管专属人行道和骑行道路发达，但主要道路下的地下通道较为单调阴暗，居民常出于安全考虑而避开这些通道。米尔顿凯恩斯新城的很多片区如今被认为密度过低，很多闲置和开发不到位的场地都正在考虑进一步开发，并增加居民数量。目前，米尔顿凯恩斯市已经制订了新的规划方案，提出建设更高密度的新就业和居住区，并有望建设固定公共交通系统，预计在2031年前完成。在较偏僻的道路上引入无人驾驶汽车的计划也正在进行中，分散的道路系统正好提供了理想的实施环境。

　　亚洲城市正处于快速城市化进程中，这些城市也采用了相似的道路网系统，各条干道相隔0.5～1km，分隔出各个开发片区、学校和机构用地、公园以及开放空间。从表面上看，这种方法与米尔顿凯恩斯，甚至更久远的北美土地开发策略并无分别。中国哈尔滨市的群力新区就是一个典型的例子，尽管群力新区建设了包括两座吸收径流的湿地公园在内的若干示范试点项目，但新区现状也说明了并非所有的网格开发方案都能创造出有效的功能网络。宽阔干道的作用是分隔大于连接，而且道路两侧少有活跃的功能区，也不便于步行到达。商业区四周环绕着停车场和宽阔的道路，难以吸引行人。几乎每一片居住区都是独立的封闭小区，阻止外

图8.48 哈尔滨群力新区规划平面（土人设计提供）
图8.49 2012年哈尔滨群里新区开发建设俯瞰图（谷歌地图）

人穿行。尽管公共空间的设计富有创意，但这些公园、林荫大道和文化设施所在的地点都远离了人们日常生活的场所。

从群力新区这一案例中我们可以看到，仅仅规划基础设施和功能片区不足以实现一个宜居的社区。实际上，最终决定社区的品质和提供社会交往互动的是道路规模、人行道与公园周边地区的功能布局，以及公共空间与私人空间的界限。当项目建设完成，规划设计师的工作仍远未结束。

可持续社区

"可持续"和"生态环保"已经成为当今新社区必备的条件。但是，建设真正具有韧性、能降低碳排放以及减少对不可再生资源依赖的大型社区，仍然是一项困难重重的任务。这需要在相关的技术领域做大量前期投入，并且短期内很难获益；这也需要市场接受新的生活方式，需要每个人都转变其态度和行为方式。在近些年建成的社区中，只有寥寥几处真正实现了可持续发展的目标。

图8.50 哈尔滨群力新区雨阳湿地公园（© loveharbin/dream-stime.com）
图8.51 哈尔滨群力新区中央干道沿线的购物中心
图8.52 哈尔滨群力新区封闭商品房小区
图8.53 哈尔滨群力新区中央绿地

可持续社区有以下几项重要目标。

减少社区在建设和运行期间，以及居民入住之后直接产生的碳排放。影响碳排放的因素包括：供暖和发电所使用的燃料、交通出行耗能、公共用水及给水排水系统所需能源，以及公共空间运维耗能。

减少对私家车的依赖，鼓励步行、骑行及公交和共享汽车出行，从而降低能耗。交通出行属于诱导性需求，通过集中布局住宅、商业和办公场所，及增加社区密度等策略能够降低这一需求。

利用场地内的可再生资源和低碳能源发电，如太阳能、风能、工业与建筑垃圾等。

减少、重复使用和回收利用一次性有机和无机材料。建立场地内能源与材料封闭循环系统。

储存、净化并重复利用场地内的雨水和废水。水是一种宝贵的资源，不应该将其视为一次性资源，而且雨洪径流很可能会带来灾害性后果，直接排出的雨水径流也会给周围场地造成损失。

增强社区韧性，特别是应对极端天气、海平面上升、旱灾、滑坡灾害、森林火灾和洪水的能力。减轻预期的2.5℃气温升高后果，缓解热岛效应。

保护并增强自然系统面对严重的极端气候下，吸收水、过滤水、补给地下水以及供应海陆生物的能力。

除上述目标外，还有其他一些目标看似与可持续发展并无直接关联，实际上却会对可持续性产生重要影响。例如，为不同年龄和收入的家庭提供不同种类的住宅，因为单一化的社区会增加出行需求，并降低步行目的地的吸引力。

常言道，无法衡量的绩效是无法管理的。因此，要想目标体系具有意义，必须要有配套的可衡量的指标体系（metrics）。有些指标是可以量化的，如人均能耗、场地内能源产量、人均私家车出行里程、人均用水量、回收率、当地食品产量等（见上卷第18章）。也有一些指标偏向于质性化，只能参照相关术语进行打分，如社区公共空间维护参与度、社会组织本地会员率等，二者都对紧急事件所需要的社会资本有重要影响。

中新天津生态城在2012年制定了生态城市指标体系，包括22条控制性指标和4条引导性指标，用于指导和评估该项目的开发工作。新社区占地面积30km²，计划人口为35万，定位为高精尖技术产业园。大部分土地为填海造陆所得，原场地约三分之一是废弃的盐田，三分之一是盐碱荒地，三分之一是多年污染的水面，自然条件较差，处于水质性缺水地区。规划方案提出进行盐碱地治理，建设新的城市自然环境屏障。尽管零湿地破坏是项目的目标之一，但事实上，如何要在密集建筑环境中建设可持续发展的湿地区域仍是一个重大挑战。场地内包括五处中心区域、一处高密度住宅/就业混合区，以公共交通系统串联彼此。公路系统基本采用网格模式，单个街区以封闭式院落为主，与上面所述的群力新区较为相似。主要道路两侧安装有大面积光伏阵列，既能屏蔽噪声又能生产相当数量的电能。

通过认真研究天津生态城的指标，笔者发现有些目标设定较为宏大，如绿色出行要占总出行量的90%，用水量应远低于一般的新建社区，建议垃圾发电量和回收率也非常高。然而，这座新城的基础设施和一期开发模式没有完全达到预期，主干道宽度虽然符合国家标准，却会增加机动车用量；无街道的封闭式居住小区也较难调动人们步行的积极性。目前尚无证据显示搬进生态城的居民会停止使用私家车，而公交系统建设的延迟甚至致使居民不得不驾驶私家车出行。此外，大面积景观区域需要大量灌溉用水，依赖自然径流的景观几乎不存在。这些现象都说明，要实现可持续发展目标，执行是第一要义，生态社区需要社区居民共同树立生态意识并展开行动。

在2018年，中新天津生态城管理委员会完成"中新天津生态城2.0升级版指标体系"编制工作，2.0升级版指标体系共设置指标36项，主要从框架结构、目标层、准则层、指标项四个要素入手进行调整完善，保留现行指标体系中具有一定前瞻性、能够很好适应并有效指引生态城建设的指标项，如"每日人均垃圾产生量小于0.8kg"；修改部分指标项和数值，提高部分达标情况稳定的指标数值，或将指标概念与国内外最新表述对接，如"垃圾回收利用率大于70%""非传统水资源利用率大于60%"；新增部分指标，对接国家和地区发展新政策和新要求，体现新阶段发展需要，如"步行5分钟可达公园绿地居住区比例达到100%"；移除个别概念落后、指引性较弱的指标，包括"市政管网普及率100%"等3个指标（中新天津生态城管理委员会 2018）。

工具栏8.2

中新天津生态城关键绩效指标（KPIs）

控制性关键绩效指标

（1）自然环境良好

指标1：区内环境空气质量达标率

好于或等于中国国家《环境空气质量标准》GB 3095二级标准的天数≥310天/年（相当于全年的85%），在此基础上，要求SO_2和NO_x好于或等于一级标准的天数≥155天/年（相当于达到二级标准天数的50%）。

指标2：区内地表水环境质量

2020年之后达到《地表水环境质量标准》GB 3838现行标准Ⅳ类水体水质要求。

指标3：水喉水达标率

100%满足现行《生活饮用水卫生标准》GB 5749，同时满足世界卫生组织的《饮用水水质规则》现行标准的水喉水水质达标率。

指标4：功能区噪声达标率

100%达到《声环境质量标准》GB 3096现行标准。

指标5：单位GDP碳排放量

生态城内单位GDP碳排放强度不超过150t-C/百万美元。

指标6：自然湿地净损失

自然湿地不应有任何净损失。

（2）人工环境协调

指标7：绿色建筑比例

生态城内所有建筑都必须达到绿色建筑标准。

指标8：本地植物指数

生态城内应有70%以上植物物种属于本地物种。

指标9：人均公共绿地

到2013年人均绿地面积达到12m^2以上。

（3）生活方式健康

指标10：日人均生活耗水量

到2013年，每人每日生活平均耗水量不超过120L。

指标11：日人均垃圾产生量

到2013年，日人均垃圾产生量不超过0.8kg。

指标12：绿色出行所占比例

到2020年，达到生态城所有出行的90%。绿色出行方式是指选择公共交通和像自行车、步行等慢行交通出行，而非私家车。

指标13：垃圾回收利用率

到2013年，垃圾回收利用率不小于60%。

指标14：步行500m范围内有免费文体设施的居住区比例

到2013年，所有居住区在步行500m范围内有免费文体设施。

指标15：危险废物与生活垃圾无害化处理率

所有危险废物和生活垃圾都要经过无害化处理。

指标16：无障碍设施率

所有公共设施，如公共建筑、园林广场等，都必须拥有无障碍设施。

指标17：市政管网普及率

到2013年，实现100％普及率，包括给水排水、再生水、天然气、通信、电力电缆和供热管网等。

指标18：保障性公共房占本区住宅总量的比例

到2013年，保障性公共住房占区内住宅总量的比例不小于20％。

（4）经济蓬勃高效

指标19：利用可再生能源

到2020年，包括太阳能和地热能在内的可再生能源利用率不小于20％。

指标20：非传统水资源利用率

到2020年，如海水淡化水、雨水和再生水等非传统水源利用率不小于50％。

指标21：每万劳动力中研究与发展（R&D）科学家和工程师全时当量

到2020年，每万名劳动力中，从事研究与发展的科学家和工程师数量不小于50人。

指标22：就业住房平衡指数

到2013年，在本地居民可就业人数中，至少有50％来自本地就业。

引导性关键绩效指标

指标23：自然生态协调

通过绿色消费和低碳运行，保持生态安全健康。

指标24：区域政策协调

创新政策先行，推动区域合作，保证周边区域环境改善。

指标25：社会文化协调

突出河口文化特征，保护历史与文化遗产，突出特色。

指标26：区域经济协调

循环经济互补，带动周边地区合理有序发展。

资料来源：中新天津生态城管理委员会 https://www.eco-city.gov.cn/index.html

图8.54

图8.55

图8.56

图8.57

图8.54 中新天津生态城规划平面（Sino-Singapore Tianjin Eco-City）
图8.55 中新天津生态城愿景渲染图（Keppel Coroporation）
图8.56 中新天津生态城湿地恢复重建（Richard Register/EcoCity Builders提供）
图8.57 中新天津生态城光伏阵列（Sino-Singapore Tianjin Eco-City）

全民共建生态社区意识的重要性在荷兰的一个更早的生态社区中有充分体现。兰斯梅尔社区（Lanxmeer）位于乌特勒支市（Utrecht）附近的屈伦博赫市（Culemborg），许多居民在先期就参与了社区的规划设计过程，并就如何践行可持续生活方式达成了一致。为了保护这座城市的井水质量，这里刻意避免过量开发建设。规划过程中，居民和规划师达成共识，认为应当保留当地基本自然系统的原貌，将全部雨水存蓄在场地内并采取天然净化措施后，作为高质量的休闲用水使用。此外，还保留一座果园为社区提供新鲜水果，并且留出专门的空间供居民蓄养家禽、家畜。

兰斯梅尔社区规划了若干个集中分布的居住片区，每个片区都有公共空间，由片区居民自行决定使用。每个居住区住宅类型多样，并且都安装了被动式节能设备或太阳能电池板，每年可满足片区25%的用电量。除学校与公共设施外，社区也提供了一系列办公就业所需的场所，如生活/工作住宅、小型工作室和正规公司所需的较大场地等。

社区内大部分地区无车通行，居民将汽车停在居住区边缘的独立停车区，住宅距离则在5分钟步行范围内。那些乘火车前往外地通勤上班的人们会步行或骑自行车去位于场地另一端的车站。如果需要运送大件物品或者搬家，可以使用私家车和小货车在行人步道上通行，但要按行人的速度行驶。

很多运维工作都需要居民的积极参与，如维护集体土地、管理和处理废弃物回收、监管供热和能源系统等。这种参与式的生活方式在社区规划之初就得到居民们的一致同意，后来入驻的居民也积极参与并持续实践。人们不定期地参与维护公共空间、决定集体经费开支等事项，得到的回报是一座长期致力于保护生活环境的宜人社区，居民从中得到的是令人欣喜的满足感与获得感。

兰斯梅尔社区充分展现了生态环保社区的优越性，但是这个社区的居民总数不到1000人，并且居民彼此都认识。那么，这种对环保生活的追求能够在更大规模的社区推行吗？斯德哥尔摩的新型生态社区——哈默比湖城（Hammarby Sjöstad）为我们提供了新的思路。

哈默比湖城社区距离市中心6km，当政府取得这片土地、开始在此规划一个示范社区时，这里还是一片垃圾成堆的破败工业区。规划旨在打造一个宜居宜行的可持续社区，并采用最先进的基础设施技术与交通技术。虽然基础设施建设属于市政府和当地公共机构的责任，但是哈默比湖城社区规划由多个私人开发商按照市政府制定的设计导则和分区规划进行施工建设。因此，开发商与建造商在社区品质和性价比上相互竞争，争取用最好的社区吸引客户。尽管建筑密度不低，但半公共庭院、公园和绿地却提供了宽敞的开放空间，有效提高了生活舒适度。舒适宜人的滨水地区比普通的绿地给人带来更加开阔的享受。

这个社区的基础设施系统以封闭循环的变废为宝为核心概念。对废水进行分类处理：中水进行回收净化或用于灌溉，而有机物则转变成肥料或用作发电原料。垃圾从源头进行分类，经地下真空管道输送至电力中心，有机物将在那里燃烧发电或为地区供暖，可回收垃圾则打包运往加工厂；集中收集场地内的降水，经过天然净化后作为灌溉用水使用。滨水地区的天然植被既有助于改善水质，又起到降低洪泛的作用。各个系统都经过严密考量，并对运行进行密切监视以确保达到预期目标。

在建设居住片区之前，哈默比湖城在社区主干道沿线铺设了一条轻轨系统，公交车也使用同一条道路，沿轻轨线向四周辐射开来。此外，居民也有其他出行工具选择：学校、当地办公场所和大部分商店均可短途步行前往，社区分散设置共享单车和共享汽车，斯德哥尔摩市中心与其他地区间还有渡轮运行。得益于这些高质量的交通出行方式，私家车仅占当地交通出行量的21%，只有45%的家庭拥有一辆汽车（Foletta & Field 2011），因此，哈默比湖城的汽车二氧化碳排放量仅为斯德哥尔摩等其他类似地区的一半左右，更别提斯德哥尔摩本身就是世界上碳排放量最低的城市之一。

哈默比湖城深深吸引了那些愿意践行可持续生活方式的人群，但它的规划魅力也不可小觑，其出众的品质离不开其严密的规划、住宅设计、技术投资和完善的基础设施。居民在言谈中表现出强烈的自豪感，这种自豪感不仅来自当地优越的生活质量，也来自他们为践行环保可持续发展所作出的巨大努力。

工具栏8.3

荷兰届伦博赫市兰斯梅尔社区

在兰斯梅尔社区的规划过程中，居民充分参与了设计全过程。居民希望社区规划有助于社会交往，减少土地需求，降低能耗和废水及垃圾数量，并且能够最大限度地实现能源、食品和水资源的自给自足。最后的结果令人欣喜：独一无二的社区环境，几乎没有小汽车穿行，各居住组团都按照居民的偏好设计。社区内住房类型众多，有公寓单元、老年人特殊住宅单元、单层及多层联排住宅、独立住宅和特别定制的居住—办公区。片区内居民共享室外公共空间，也拥有阳台和花园等私人空间。各个片区都安装了被动式节能和太阳能装置，可满足片区内25%的能源需求，而且所有住宅均安装了地区供热系统，利用地热能供暖，固体废弃物也得到充分的回收利用。

社区规划保留了一座果园和其他园艺场地，并建造了湿地用于吸收雨洪径流、净化住宅中水。区内植被茂盛且修剪得十分整齐，这些工作几乎全部由志愿服务完成。停车区基本限于社区周边地区，同时居民的仓储区也设立在此。办公和机构服务点集

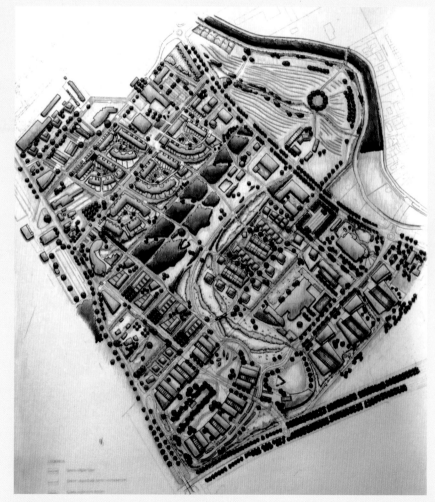

图8.58 荷兰届伦博赫市兰斯梅尔社区场地规划平面（Hyco Verhaagen/Stichting EVA 提供）

中区位于最靠近火车站的地方，平衡了通勤上班人流量。

　　社区居民广泛深入地参与到社区管理和运行工作中。他们拥有并管理地区供热设施，承担所有场地维护和废物收集工作。此外，一年四季居民们都会组织丰富的艺术和社会活动。尽管社区居民复杂多样，但他们都共同践行着生态生活的宗旨。

　　地理位置：荷兰屈伦博赫市，距乌特勒支市18km
　　场地规划：Marleen Kaptein，Jean Eigeman，Joachim Eble，Bugel Hajema
　　开发商：Stichting EVA，Marleen Kaptein
　　场地面积：24hm²
　　场地用途：包括居住—办公复合住宅在内的多种类型住宅（400户），混合功能区（5万m²的机构用房、办公、小型商业空间），开放空间（农场、果园、休闲区、私人园地和绿化带）
　　场地设施：小学、托儿所、艺术学校、紧邻通勤火车站、便利店及市政服务点、地区供热设施、太阳能设施、公共仓储区、共享汽车等

图8.59　无车区入口，右边为学校
图8.60　居住片区，由周围居民共建并维护
图8.61　老年人居住片区群
图8.62　办公区

图8.63　社区果园边的湿地
图8.64　Montessori学校和私有住宅
图8.65　内设有居民办公点的居住—办公复合住宅
图8.66　由过滤后的径流补充的休憩池塘
图8.67　环保教育宣传牌

工具栏8.4

瑞典斯德哥尔摩哈默比湖城

哈默比湖城是一个将棕地开发建设成为综合性和可持续社区的杰出案例。社区由斯德哥尔摩城市规划局规划，预计容纳2.4万名不同年龄段和收入阶层的居民，居住区人口密度为320人/hm²。超过30%的土地用于工业生产和商业办公，提供5000多个就业岗位，还设有符合需求的全龄教育文化设施。超过40个开发商及30位建筑师参与设计和修建了社区内的住宅，各方竞争激烈，力图提供最漂亮、最节能的出售住宅（55%）和出租住宅（45%）。社区中轴线干道宽37.5m，两侧为混合功能区，商店、学校、办公区和位于楼上的居住区紧邻公共交通站点和线路。

哈默比湖城在节能、雨水及废水利用、资源回收和减少私家车使用方面设定了极高的目标。社区以建立封闭系统、最大化利用资源为准则：50%的电力和集中供暖由有机物和可燃垃圾回收提供；建筑物外表皮设置的太阳能电池板提供了50%的热水所需热量，还能补充电力供应；52%的居民选择公共交通工具，27%的居民骑自行车或步行上下班；雨水和中水经过自然过滤，用作非饮用水和灌溉用水；在原棕地上产生的生物沼气则用于补充供暖所需能源，在建造初期就安装了先进的可持续基础设施体系。贯穿哈默比湖城社区、连接斯德哥尔摩地铁网的轻轨线路甚至先于第一批居民进驻建造，消除了居民购买汽车的需求。共享汽车和共享单车则进一步降低了私家车需求量。

图8.68 瑞典斯德哥尔摩哈默比湖城规划平面（Stockholm City Planning Department）

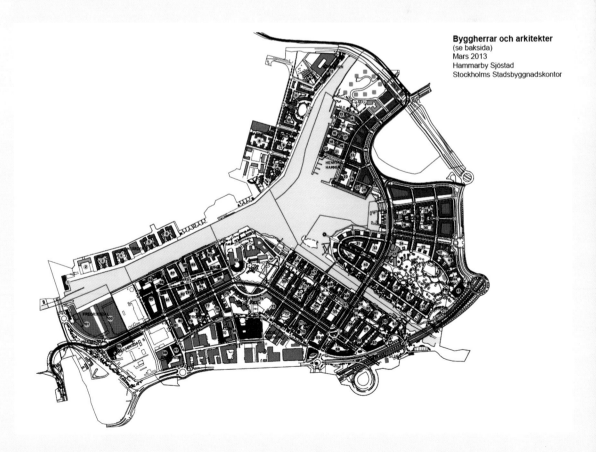

Byggherrar och arkitekter
(se baksida)
Mars 2013
Hammarby Sjöstad
Stockholms Stadsbyggnadskontor

　　丰富的休闲设施是哈默比湖城的另一大优势。该社区地靠斯德哥尔摩市沿海地区的一处海湾，形成了休闲划船的好去处，而且所有居民步行不超过5分钟即可到达滨水场所。滨水地区建有海滨大道、咖啡馆和休憩地点。预定的开发目标是达到每户25m²公共开放空间，以及15m²私人庭院开放空间，等同于人均18m²绿地面积。

　　地理位置：瑞典斯德哥尔摩市
　　场地规划：Jan Inghe-Hagström，斯德哥尔摩城市规划局
　　开发商：哈默比湖城项目组、市政道路地产管理部及其他市政部门和公共服务公司，住宅和商业区由私人或非营利性开发机构开发
　　场地面积（陆地）：160hm²
　　场地用途：10800户公寓，其中社会福利住房占23%，私人住房占29%，集体住房占37%；办公、轻工业和商业建筑面积共29万m²；绿地30hm²
　　场地设施：托幼机构（10所）、学校（3所）、文化机构、健康中心、集中能源设施、真空垃圾收集系统、共享汽车和共享单车系统

图8.69 哈默比湖城鸟瞰
（Hammarby Sjöstad Ekono-misk Foerening）

图8.70 主干道上的公交站点
图8.71 居住区院落里的真空垃圾投放口（EnVac提供）
图8.72 哈默比湖城水滨景色（Arild Vagen/Wikimedia Commons）
图8.73 哈默比湖城封闭系统示意（Stockholm City Planning Department）

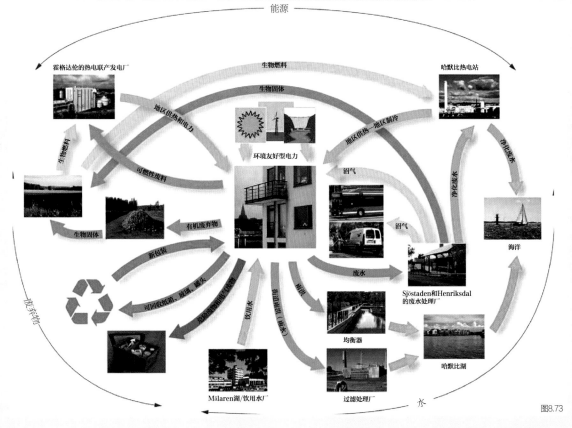

图8.73

图8.74 哈默比湖城可持续发展措施（V. S. Gullapalli, K. Keyimu, Roel M. Martinez, R. Mittai, Mohd A. Naqvi, C. Sichel, and M. A. Wanis Walaa, Politecnico di Milano提供）
图8.75 雨水存蓄池
图8.76 社区发电厂（Urbed提供）

场地规划与设计术语表
（按英文术语首字母排序）

1. 学术村（Academical village）：托马斯·杰斐逊（Thomas Jefferson）为弗吉尼亚大学规划的生活和学习空间模式，该规划也是美国许多大学校园的原型。135-137，152
2. 研究院（又可称为研究所、研究机构）（Academies，又可称为institutes或grandes écoles）：特指专门从事特定领域研究的高等教学研究机构。137
3. 附属居住单元（Accessory units）：在居住场地上加建的部分，如车库、老人套房或家庭工作场所等。14
4. 活动策划（Activity programming）：在公共空间组织和举办活动、节日、表演和其他事件。186
5. 可适应性（Adaptability）：随时间变化能够适应并改变建成环境的能力。148-149，237
6. 冒险乐园（Adventure playground）：由孩童自行创建的游乐场所（有时会借助大人的协助），可用来发展技能，并满足娱乐活动的需求。118-119
7. 主力店铺（Anchor stores）：将顾客吸引到购物中心，为小型商店提供顾客的大型零售店。37，39-40，45，59-60，63-65，67，69，75
8. 拱廊（Arcade）：一种带顶的走廊，通常在一侧或两侧设有商店。35，39-40，54-57，64，67，180，230，232
9. 中庭（Atrium）：一个大的中心空间，通常作为聚集空间使用，有顶盖，并可由此通往周边的功能空间。66，82-83，86-89，163，166，204，207，217，228，231
10. 带宽（Bandwidth）：互联网连接等传输介质单位时间能传输的数据量。80
11. 骑行道（Bicycle path）：用以通勤或游憩中安全骑行的指定或专用车道。241-242，255
12. 大型零售店（Big box retailers）：专门经营特定产品线的大型品牌零售店（家具、服装、建筑材料和玩具等），通常独立选址或与其他大型批发商店聚集。39
13. 品牌零售店（Branded retailers）：专门经营某一品牌商品的商店，时称为精品店。68
14. 棕地（Brownfield）：可感或可测的环境受到污染的场地，通常由于此前的工业或商业用途所致。267
15. 建筑占地面积（Building footprint）：建筑物或构筑物占有或使用土地的底层建筑面积。28，204
16. 公共汽车（又称为公交、公交车）（Buses）：用于在道路上载客的大型机动车辆，通常有固定行驶路线。47，60，63，102，151，263
17. 碳排放（Carbon emission）：由于石油、煤炭和天然气燃烧，或者自然物衰变，碳被释放到大气中的过程，其中碳通常以二氧化碳的形式存在。149，256-259，263
18. 碳足迹（Carbon footprint）：企业机构、活动、产品或个人通过交通运输、食品生产和消费以及各类生产过程等引起的碳排放的集合，可转化为受到这些碳排放影响的地理区域，或转化为提供相应服务所需的区域。149
19. 无车区（Car-free zone）：全天或特定时间禁止汽车行驶的建成区。265
20. 斜切（Chaflanes）：街道上的斜切转角，用于提高路口的能见度和转弯流量。102，251
21. 市民空间（Civic spaces）：城市中属于所有人的公共区域，也可称为：市民广场（civic square）、城市或城镇广场（city or town square）、人民广场、广场（piazza）、市政广场（plaza mayor）、田园广场（campo）和中央广场（zócalo）等。188，193
22. 黏土（Clay）：一种天然的非常细颗粒的材料，在潮湿时呈塑性，主要由铝的含水硅酸盐组成。122
23. 客户（Clients）：为专业工作支付佣金和报酬的个人或组织。38-39，72，80，114，216，238，262
24. 学院（College）：注重本科教育的机构，通常以文科传统教学为中心。98-99，120，135-138，144-153，159-169

    学院宿舍（college houses）：居住单元，通常设有餐饮、研讨和交往活动空间。135

    寄宿学院（residential colleges）：教学与学生和教师住宿相结合的机构。135

53. 美食城（Food court）：具有食品销售点和公共用餐区的区域，该区域通常位于购物中心。37，47，65，71

54. 自由职业者（Freelancers）：在自己或他人空间按合同从事工作的个体劳动者。81

55. 商业长廊（Galleria）：一种沿其长度方向布满商店的有屋顶的走廊，屋顶通常由玻璃组成。57-59

56. 封闭社区（Gated community）：由周边围栏或围墙保护的区域，其中所有进入围栏的人员必须使用通行证或接受门卫的提问。235

57. 地热能（Geothermal energy）：利用相对恒定的地下温度对建筑空间进行采暖或制冷，通常通过从地下抽水或从岩浆中释放蒸汽来实现。260，264

58. 引力模型（Gravity model）：一种基于牛顿万有引力定律，通过考虑质量和距离以预测人、货物或交通的流量或吸引力的模型。36

59. 中水（Gray water）：经处理的回收利用水，以去除有害杂质，并用于灌溉和其他非饮用用途。263-264，267

60. 温室气体排放[Greenhouse gas (GHG) emissions]：通过吸收太阳暖化地球表面所产生的红外线辐射而造成温室效应的气体排放，包括二氧化碳（CO_2）、甲烷（CH_4）、二氧化氮（NO_2）和水蒸气。149

61. 绿色屋顶（Green roof，又称生态屋顶living roof）：一种由防水卷材、生长介质和植物覆盖的屋顶，可用于吸收雨水和降低屋顶温度。88-89，103，270

62. 网格规划（Gridiron plan）：定居点中的街道和街区呈直线正交布局。247

63. 地下水（Groundwater）：在地表以下土壤、沙子和岩石的裂缝和空间中发现的水，是地球上20%淡水的来源。257

64. 健康（Health）：身体、思想或精神健全，相对无疾病或顽疾的状态。71，88，106，259-260，268

65. 热岛效应（Heat island effect）：由于硬质表面材料的吸热和保温，城区人口密集的建成区的温度明显高出周围乡村地区。64，130，257

66. 高度限制（Height limits）：设置建筑物最大高度的规定。214，216，223，227，251

67. 大容量信息系统（High-capacity information system）：具有大容量（主干）的中继电路，可以承载所有形式的数据，通常专用于互联网流量传输。80

68. 屋主联合会、业主协会、产权委员会、业主委员会、财产信托、业主公司或共同利益不动产协会（Homeowners' association, property owners' association, property board, property committee, property trust, owners' corporation, or common interest realty association）：为管理场地的共同拥有部分而设立的实体，有权按比例向业主收取费用。243

69. 横向复合功能（Horizontal mixed uses）：在一座建筑物内并排组织的不同用途，例如住房、办公室或酒店。223-227

70. 住房密度（Housing density）：单位用地面积的住房单元数（如果分母是整个场地，则为总密度。如果只包括住宅区，则为净密度）。3-15，233

71. 住宅类型（Housing types）：基于单元是否有自己的场地或与其他单元共用土地，是否有独立或共用入口，或是否处于共享结构中的原型房屋形式。3-31，246，262

    公寓（apartments or flats）：具有公共入口和进出道路的单元，包括步行公寓、花园公寓、高层公寓、街道酒吧住房和高楼大厦。3-34，63，130，183，199-204，230，250，264

    连体式住宅（attached housing）：具有独立入口，通常在两侧通过界墙与其他单元相连的独立住宅单元，包括半独立式住宅、复式住宅、四方院、联排式住宅、城市住宅、二层公寓、庭园住宅、叠拼住宅、背靠背叠拼住宅和复式住宅。3，19，25，246

    共用或集合住宅（cohousing or congregate housing）：将个人生活单元与公共厨房和社交空间相结合的构筑物。6，31

    独立式住宅（或独立住宅）（detached housing）：自己场地上的独立式单户单元，包括平房（bungalows）、别墅（villas）、小地块住宅（small lot housing）和地界零线住宅（zero lot line houses）3-19

    养老住宅（extended-care housing）：从独立生活到辅助护理再到全面护理，提供不同护理水平的生活机会的建筑物或综合楼。31

191，244

135. 安全/安保（Security）：相对没有犯罪、人身攻击和威胁的环境。9-10，17，26，55，92，139，182-183，206，211，219

136. 半格组织模式（Semilattice structure）：具有非层次关系的分布式节点集。247-248

137. 配套服务场地（Service courtyard）：一个足以容纳卡车接收和装载货物和材料的封闭区域。43

138. 建筑退线（或后退面）（Setback plane）：一种用于界定建筑物的外部界限，要求从街道后退到更高的楼层的有角度平面；也称为倾斜面（slant plane）。13，86，206

139. 店铺（Shop houses）/排屋（chop houses）：一楼有商店，并且上面有储存、生产和生活空间的传统民居，这在古老的亚洲城市很常见。54，199-200

140. 购物中心（Shopping center）：因在一个确定的地点进行多样化购买的很方便而吸引顾客的商店集合。35-75，200，206，210，228-232，246，256

　　社区购物中心（community shopping center）：一种用于比较性购物的建筑物，这种建筑物以大型超市、药店、折扣店或百货商店的组合为基础。36，59-63

　　便利购物中心（convenience shopping center）：一种独立式商店或者一小群商店，这些商店经常营业到很晚，供日常购物。50

　　娱乐中心（entertainment-based center）：以餐饮和娱乐经销店为主体的购物中心；可能还包括礼品和特殊物品。37-38，47，70

　　时尚中心（fashion center）：专注于品牌设计服装、鞋和配饰的购物中心。37-38

　　超级商场（power center）：大型品牌经销店的集合，有时称为品类杀手（category killers），每家经销店都尽力吸引顾客到中心。37，68

　　地区购物中心（regional shopping center）：每个品类都有一系列商店的购物中心，包括时装店、家居用品、百货商店和餐饮区，通常还有电影院。37，42，64-72

　　超级地区购物中心（superregional shopping center）：大型商店的密集区，包括多个主打店、娱乐区和餐饮区。27，42

　　镇中心（town center）：为广大社区提供广泛商品和服务的中心，通常面向街道。44-45，50-51，67，69，200，243，250，254

141. 商业街（Shopping streets）：布满一系列商店的街道，最好街道两边都有商店，而且街道很容易穿过。27，38-40，43-44，50，53-58，62-64，70-73，149，230

142. 人行道（Sidewalk）：用于沿街步行的人行道路，一般有三个区域：用于灯杆、公用设施或座椅的路缘区（curb zone），家具区（furniture zone），用于行走的步行区（pedestrian zone），和商家通常用于展示商品或标志的界面（interface）或临街区（frontage zone）；人行道又称为通道（pathway）、平台（platform）、小路（footway）或小径（footpath）。53，182

143. 空中大堂（Sky lobbies）：乘客可以从快速电梯转移到服务于上部楼层的本地电梯，或从低层电梯转移到高层电梯的建筑物高层。83-85，204

144. 社会资本（Social capital）：以社会网络为中心的经济和社会关系；社会资本是地方机构的基础。236，257

145. 光伏阵列（Solar array）：一组相连的太阳能电池板或反射镜，用于为太阳能炉供电或为电网和当地消费发电。104，258，261

146. 固体废弃物（Solid wastes）：通过住宅、商业、农业或工业用途产生的废弃物物，又称为垃圾（garbage）、废弃物（refuse）或废品（trash）。264

147. 露天市场（Souq，又称souk、soq、esouk、suk）：亚洲、中东或北非城市密集的市场或商业区。47

148. 超大型街区（Superblock）：无法直接交叉通行的大街区。244

149. 供应链（Supply chains）：用于从不同地点获取部件进行组装或销售的订购和物流系统。37，42，80

150. 可持续性（Sustainability）：在开发中，避免消耗自然资源以维持生态平衡，尽量减少对气候和大环境的影响，以及培养场地在极端压力后迅速恢复的能力[请参阅韧性（Resilience）]。149，257

151. 泰勒制（Taylorism）：弗雷德里克·温斯洛·泰勒（Frederick W. Taylor）提出的科学管理方法，以分析工作流程中的每个步骤，并试图优化其执行方式。83

152. 技术学院（Technical colleges）：专门从事技术领域实践训练的教育机构，又称为职业学校（vocational

参考文献

AASHTO. 1999. *Guide for the Development of Bicycle Facilities*. 3rd ed. Washington, DC: American Association of State Highway and Transportation Officials.

AASHTO. 2011. *A Policy on Geometric Design of Highways and Streets*. 6th ed. Washington, DC: American Association of State Highway and Transportation Officials.

Abu Bakar, Abu Hassan, and Soo Cheen Khor. 2013. A Framework for Assessing the Sustainable Urban Development. *Precedia— Social and Behavioral Sciences* 85: 484–492. http://www .sciencedirect.com/science/article/pii/S1877042813025044.

A. C. M. Homes. n.d. Silang Township Project. http://www .acmhomes.com/home/?page=project&id=23.

Acorn. 2013. Acorn UK Lifestyle Categories. http://www .businessballs.com/freespecialresources/acorn-demographics -2013.pdf.

Adams, Charles. 1934. *The Design of Residential Areas: Basic Considerations, Principles and Methods*. Cambridge, MA: Harvard University Press.

Adams, David, and Steven Tiesdell, eds. 2013. *Shaping Places: Urban Planning, Design and Development*. London: Routledge.

Adams, Thomas. 1934. *The Design of Residential Areas: Basic Considerations, Principles and Methods*. Cambridge, MA: Harvard University Press.

Adnan, Muhammad. 2014. Passenger Car Equivalent Factors in Heterogenous Traffic Environment: Are We Using the Right Numbers? *Procedia Engineering* 77:106–113. http://www .sciencedirect.com/science/article/pii/S1877705814009813.

Agili, d.o.o. 2017. Modelur Sketchup Tool. http://modelur.eu.

Agrawal, G. P. 2002. *Fiber-Optic Communication Systems*. Hoboken, NJ: Wiley.

Alexander, Christopher. 1965. The City Is Not a Tree. *Architectural Forum* 172 (April/May). http://www.bp.ntu.edu.tw/wp-content /uploads/2011/12/06-Alexander-A-city-is-not-a-tree.pdf.

Alexander, Christopher, and Serge Chermayeff. 1965. *Community and Privacy: Towards a New Architecture of Humanism*. Garden City, NY: Anchor Books.

Alexander, Christopher, Sara Ishikawa, Murray Silverstein, Max Jacobson, Ingrid Fiksdahl-King, and Shlomo Angel. 1977. *A Pattern Language: Towns, Buildings, Construction*. New York: Oxford University Press. See also https://www.patternlanguage.com/.

Al-Kodmany, Kheir. 2015. Tall Buildings and Elevators: A Review of Recent Technological Advances. *Buildings* 5:1070–1104. doi:10.3390/buildings5031070.

Al-Kodmany, Kheir, and M. M. Ali. 2013. *The Future of the City: Tall Buildings and Urban Design*. Southampton, UK: WIT Press.

Alonso, Frank, and Carolyn A. E. Greenwell. 2013. Underground vs. Overhead: Power Line Installation Cost Comparison and Mitigation. *PowerGrid International* 18:2. http://www.elp.com /articles/powergrid_international/print/volume-18/issue-2 /features/underground-vs-overhead-power-line-installation-cost -comparison-.html.

Alshalalfah, B. W., and A. S. Shalaby. 2007. Case Study: Relationship of Walk Access and Distance to Transit with Service, Travel and Personal Characteristics. *Journal of Urban Planning and Development* 133 (2): 114–118.

Alterman, Rachel. 2007. Much More Than Land Assembly: Land Readjustment for the Supply of Urban Public Services. In Yu-Hung Hong and Barrie Needham, eds., *Analyzing Land Readjustment: Economics, Law and Collective Action*, 57–85. Cambridge, MA: Lincoln Institute of Land Policy.

Altunkasa, M. Faruk, and Cengiz Uslu. 2004. The Effects of Urban Green Spaces on House Prices in the Upper Northwest Urban Development Area of Adna (Turkey). *Turkish Journal of Agriculture and Forestry* 28:203–209.

American Cancer Society. n.d. EMF Explained Series. http://www .emfexplained.info/?ID=25821.

American Institute of Architects. 2012. Insights and Innovations: The State of Senior Housing. Design for Aging Review 10. http:// www.greylit.org/sites/default/files/collected_files/2012-11/Insights -and-Innovation-The-State-of-Senior-Housing-AARP.pdf.

American Planning Association. 2006. *Planning and Urban Design Standards*. Hoboken, NJ: Wiley.

Andris, Clio. n.d. Interactive Site Suitability Modeling: A Better Method of Understanding the Effects of Input Data. Esri, ArcUser Online. http://www.esri.com/news/arcuser/0408/suitability.html.

Appleyard, Donald. 1976. *Planning a Pluralist City: Conflicting Realities on Ciudad Guayana.* Cambridge, MA: MIT Press.

Applied Economics. 2003. Maricopa Association of Governments Regional Growing Smarter Implementation: Solid Waste Management. https://www.azmag.gov/Documents/pdf/cms .resource/Solid-Waste-Management.pdf.

Aquaterra. 2008. International Comparisons of Domestic Per Capita Consumption. Prepared for the UK Environment Agency, Bristol, England.

Arbor Day Foundation. Tree Guide. http://www.arborday.org.

ArcGIS 9.2. n.d. http://webhelp.esri.com/arcgisdesktop/9.2/index .cfm?TopicName=Performing_a_viewshed_analysis.

Arch Daily. n.d. Shopping Centers. http://www.archdaily.com /search/projects/categories/shopping-centers.

Architectural Energy Corporation. 2007. Impact Analysis: 2008 Update to the California Energy Efficiency Standards for Residential and Nonresidential Buildings. California Energy Commission. http://www.energy.ca.gov/title24/2008standards /rulemaking/documents/2007-11-07_IMPACT_ANALYSIS.PDF.

Ataer, O. Ercan. 2006. Storage of Thermal Energy. In Yalcin Abdullah Gogus, ed., *Energy Storage Systems: Encyclopedia of Life Support Systems (EOLSS). Developed under the Auspices of UNESCO.* Oxford: Eolss Publishers; http://www.eolss.net.

Atkins. 2013. Facebook Campus Project, Menlo Park, EIR Addendum. City of Menlo Park, Community Development Department. https://www.menlopark.org/DocumentCenter /View/2622.

Audubon International. n.d. Sustainable Communities Program. http://www.auduboninternational.org/Resources/Documents /SCP%20Fact%20Sheet.pdf.

Austin Design Commission. 2009. Design Guidelines for Austin. City of Austin. https://www.austintexas.gov/sites/default/files /files/Boards_and_Commissions/Design_Commission_urban _design_guidelines_for_austin.pdf.

Ayers Saint Gross Architects. 2007. Comparing Campuses. http:// asg-architects.com/ideas/comparing-campuses/.

Bailie, R. C., J. W. Everett, Bela G. Liptak, David H. F. Liu, F. Mack Rugg, and Michael S. Switzenbaum. 1999. *Solid Waste.* Chapter 10. Boca Raton, FL: CRC Press. https://docs.google.com/viewer?url =ftp%3A%2F%2Fftp.energia.bme.hu%2Fpub%2Fhullgazd%2F Environmental%2520Engineers%27%2520Handbook%2FCh10.pdf.

Barber, N. L. 2014. Summary of Estimated Water Use in the United States in 2010. US Geological Survey, Fact Sheet 2014-3109. doi:10.3133/fs20143109.

Barker, Roger. 1963. On the Nature of the Environment. *Journal of Social Issues* 19 (4): 17–38.

Barr, Vilma. 1976. Improving City Streets for Use at Night – The Norfolk Experiment. *Lighting Design and Application* (April), 25.

Barton-Aschman Associates. 1982. *Shared Parking.* Washington, DC: Urban Land Institute.

Bassuk, Nina, Deanna F. Curtis, B. Z. Marrranca, and Barb Nea. 2009. Site Assessment and Tree Selection for Stress Tolerance: Recommended Urban Trees. Urban Horticulture Institute, Cornell University. http://www.hort.cornell.edu/uhi/outreach/recurbtree /pdfs/~recurbtrees.pdf.

Battery Park City Authority. n.d. Battery Park City. http://bpca.ny .gov/.

Bauer, D., W. Heidemann, and H. Müller-Steinhagen. 2007. Central Solar Heating Plants with Seasonal Heat Storage. CISBAT 2007, Innovation in the Built Environment, Lausanne, September 4–5. http://www.itw.uni-stuttgart.de/dokumente/Publikationen /publikationen_07-07.pdf.

Beatley, Timothy. 2000. *Green Urbanism: Learning from European Cities.* Washington, DC: Island Press.

Beckham, Barry. 2004. *The Digital Photographer's Guide to Photoshop Elements: Improve Your Photos and Create Fantastic Special Effects.* London: Lark Books.

Belle, David. 2009. *Parkour.* Paris: Éditions Intervista.

Ben-Joseph, Eran. n.d. Residential Street Standards and Neighborhood Traffic Control: A Survey of Cities' Practices and Public Official's Attitudes. Institute of Urban and Regional Planning, University of California at Berkeley. nacto.org/docs/usdg /residential_street_standards_benjoseph.pdf.

Benson, E. D., J. L. Hansen, A. L. Schwartz, Jr., and G. T. Smersh. 1998. Pricing Residential Amenities: The Value of a View. *Journal of Real Estate Finance and Economics* 16:55–73.

Bentley Systems, Inc. n.d. PowerCivil for Country. https://www .bentley.com/en/products/product-line/civil-design-software /powercivil-for-country.

Berger, Alan. 2007. *Drosscape: Wasting Land in Urban America.* New York: Princeton Architectural Press.

Berhage, Robert D., et al. 2009. *Green Roofs for Stormwater Runoff Control.* National Risk Management Research Laboratory, Environmental Protection Agency.

Beyard, Michael D., Mary Beth Corrigan, Anita Kramer, Michael Pawlukiewicz, and Alexa Bach. 2006. *Ten Principles for Rethinking the Mall.* Washington, DC: Urban Land Institute; http://uli.org /wp-content/uploads/ULI-Documents/Tp_MAll.ashx_.pdf.

Bidlack, James, Shelley Jansky, and Kingsley Stern. 2013. *Stern's Introductory Plant Biology.* 10th ed. New York: McGraw-Hill. http://www.mhhe.com/biosci/pae/botany/botany_map/articles /article_10.html.

Biohabitats. n.d. Hassalo on Eighth Wastewater Treatment and Reuse System. http://www.biohabitats.com/projects /hassalo-on-8th-wastewater-treatment-reuse-system-2/.

Bioregional Development Group. 2009. BedZED Seven Years On: The Impact of the UK's Best Known Eco-Village and Its Residents. http://www.bioregional.com/wp-content/uploads/2014/10/ BedZED_seven_years_on.pdf.

Blakely, Edward J., and Mary Gail Snyder. 1997. *Fortress America: Gated Communities in the United States*. Washington, DC: Brookings Institution Press.

Blondel, Jacques-François, and Pierre Patte. 1771. *Cours d'architecture ou traité de la décoration, distribution et constructions des bâtiments contenant les leçons données en 1750, et les années suivantes*. Paris: Dessaint.

Bloomington/Monroe County Metropolitan Planning Organization. 2009. Complete Streets Policy. https://www.smartgrowthamerica .org/app/legacy/documents/cs/policy/cs-in-bmcmpo-policy.pdf.

Bohl, Charles C. 2002. *Place Making*. Washington, DC: Urban Land Institute.

Bond, Sandy. 2007. The Effect of Distance to Cell Phone Towers on House Prices in Florida. *Appraisal Journal* 75 (4): 362. https:// professional.sauder.ubc.ca/re_creditprogram/course_resources /courses/content/appraisal%20journal/2007/bond-effect.pdf.

Bonino, Michele, and Filippo De Pieri, eds. 2015. *Beijing Danwei: Industrial Heritage in the Contemporary City*. Berlin: Jovis.

Botma, H., and W. Mulder. 1993. Required Widths of Paths, Lanes, Roads and Streets for Bicycle Traffic. In *17 Summaries of Major Dutch Research Studies about Bicycle Traffic*. De Bilt, Netherlands: Grontmij Consulting Engineers.

Bourassa, Steven C., and Yu-Hung Hong, eds. 2003. *Leasing Public Land*. Cambridge, MA: Lincoln Institute for Land Policy.

BRE Global Ltd. 2008. BREEAM GULF. http://www.breeam.org.

BRE Global Ltd. 2012. BREEAM Communities Technical Manual. http://www.breeam.org/communitiesmanual/.

Brewer, Jim, et al. 2001. *Geometric Design Practices for European Roads*. Washington, DC: US Federal Highway Administration.

British Water. 2009. Flows and Loads – Sizing Criteria, Treatment Capacity for Sewage Treatment Systems. http://www.clfabrication .co.uk/lib/downloads/Flows%20and%20Loads%20-%203.pdf.

Brooks, R. R. 1998. *Plants That Hyperaccumulate Heavy Metals*. New York: CAB International.

Brown, Michael J., Sue Grimmond, and Carlo Ratti. 2001. Comparison of Methodologies for Computing Sky View Factor in Urban Environments. Los Alamos National Laboratory. http://senseable.mit.edu/papers/pdf/2001_Brown_Grimmond _Ratti_ISEH.pdf.

Brown, Peter Hendee. 2015. *How Real Estate Developers Think: Design, Profits and the Community*. Philadelphia: University of Pennsylvania Press.

Brown, Sally L., Rufus L. Chaney, J. Scott Angle, and Alan J. M. Baker. 1995. Zinc and Cadmium Uptake by Hyperaccumulator Thlaspi caerulescens and Metal Tolerant Silene vulgaris Grown on Sludge-Amended Soils. *Environmental Science and Technology* 29:1581–1585.

Brown, Scott A., Kelleann Foster, and Alex Duran. 2007. Pennsylvania Standards for Residential Site Development. Pennsylvania State University. http://www.engr.psu.edu /phrc/Land%20Development%20Standards/PP%20 presentation%20on%20Pennsylvania%20Residential%20 Land%20Development%20Standards.pdf.

Bruun, Ole. 2008. *An Introduction to Feng Shui*. Cambridge: Cambridge University Press.

Bruzzone, Anthony. 2012. Guidelines for Ferry Transportation Services. National Academy of Sciences, Transit Cooperative Research Program Report 152.

Brydges, Taylor. 2012. Understanding the Occupational Typology of Canada's Labor Force. Martin Prosperity Institute, University of Toronto. http://martinprosperity.org/papers/TB%20 Occupational%20Typology%20White%20Paper_v09.pdf

Buchanan, Colin. 1963. *Traffic in Towns: A Study of the Long Term Problems of Traffic in Urban Areas*. London: Her Majesty's Stationery Office.

Burian, Steven J., Stephen J. Nix, Robert E. Pitt, and S. Rocky Durrans. 2000. Urban Wastewater Management in the United States: Past, Present, and Future. *Journal of Urban Technology* 7 (3): 33–62. http://www.sewerhistory.org/articles/whregion/urban_wwm_mgmt /urban_wwm_mgmt.pdf.

C40 Cities. 2011. 98% of Copenhagen City Heating Supplied by Waste Heat. http://www.c40.org/case_studies/98-of-copenhagen -city-heating-supplied-by-waste-heat.

Calabro, Emmanuele. 2013. An Algorithm to Determine the Optimum Tilt Angle of a Solar Panel from Global Horizontal Solar Radiation. *Journal of Renewable Energy* 2013:307547.

Calctool. n.d. http://www.calctool.org/CALC/eng/civil/hazen -williams_g.

California Department of Transportation. 2002. Guide for the Preparation of Traffic Impact Studies. Department of Transportation, State of California, Sacramento. http://www.dot .ca.gov/hq/tpp/offices/ocp/igr_ceqa_files/tisguide.pdf.

California Department of Transportation. 2011. California Airport Land Use Planning Handbook. http://www.dot.ca.gov/hq/planning /aeronaut/documents/alucp/AirportLandUsePlanningHandbook.pdf.

California School Garden Network. 2010. Gardens for Learning. Western Growers Foundation, California School Garden Network. http://www.csgn.org/sites/csgn.org/files/CSGN_book.pdf.

California State Parks. 2017. California Register of Historic Places. Office of Historic Preservation. http://ohp.parks.ca.gov/?page_id=21238.

Callies, David L., Daniel J. Curtin, and Julie A. Tappendorf. 2003. *Bargaining for Development: A Handbook of Development Agreements, Annexation Agreements, Land Development Conditions, Vested Rights and the Provision of Public Facilities*. Washington, DC: Environmental Law Institute.

Calthorpe, Peter. 1984. *The Next American Metropolis: Ecology, Community and the American Dream*. New York: Princeton Architectural Press.

Campanella, Thomas J. 2003. *Republic of Shade*. New Haven: Yale University Press.

Campbell Collaboration. n.d. http://www.campbellcollaboration.org.

Canada Mortgage and Housing Corporation. 2002. *Learning from Suburbia: Residential Street Pattern Design*. Ottawa: CMHC.

Canadian Environmental Assessment Agency. 2014. Basics of Environmental Assessment. https://www.ceaa-acee.gc.ca/default.asp?lang=en&n=B053F859-1.

Carmona, Matthew, Tim Heath, Taner Oc, and Steve Tiesdell. 2010. *Public Places, Urban Spaces: The Dimensions of Urban Design*. Abingdon, UK: Routledge.

Carr, Stephen, Mark Francis, Leanne G. Rivlin, and Andrew M. Stone. 1992. *Public Space*. Cambridge: Cambridge University Press.

Casanova, Helena, and Jesus Hernandez. 2015. *Public Space Acupuncture*. Barcelona: Actar.

Cascadia Consulting Group. 2008. Statewide Waste Characterization Study. California Integrated Waste Management Board. http://www.calrecycle.ca.gov/Publications/Documents/General%5C2009023.pdf.

Caulkins, Meg. 2012. *The Sustainable Sites Handbook: A Complete Guide to the Principles, Strategies, and Best Practices for Sustainable Landscapes*. New York: Wiley.

Center for Applied Transect Studies. n.d. (a) Resources & Links. http://transect.org/resources_links.html.

Center for Applied Transect Studies. n.d. (b) Smart Code. http://www.smartcodecentral.com.

Center for Design Excellence. n.d. Urban Design: Public Space. http://www.urbandesign.org/publicspace.html.

Cervero, Robert. 1997. *Paratransit in America: Redefining Mass Transportation*. New York: Praeger.

Cervero, Robert, and Erick Guerra. 2011. Urban Densities and Transit: A Multi-dimensional Perspective. UC Berkeley Center for Future Urban Transport, Working Paper UCB-ITS-VWP-2011-6. http://www.its.berkeley.edu/publications/UCB/2011/VWP/UCB-ITS-VWP-2011-6.pdf.

Chakrabarti, Vibhuti. 1998. *Indian Architectural Theory: Contemporary Uses of Vastu Vidya*. Richmond, UK: Curzon.

Chapin, Ross, and Sarah Susanka. 2011. *Pocket Neighborhoods: Creating Small Scale Community in a Large Scale World*. Newtown, CT: Taunton Press. See: http://www.pocket-neighborhoods.net/whatisaPN.html.

Chapman, Perry. 2006. *American Places: In Search of the Twenty-first Century Campus*. Lanham, MD: Rowman and Littlefield.

Chee, R., D. S. Kang, K. Lansey, and C. Y. Choi. 2009. Design of Dual Water Supply Systems. World Environmental and Water Resources Congress 2009. doi:10.1061/41036(342)71.

Chen, Liang, and Edward Ng. 2009. Sky View Factor Analysis of Street Canyons and Its Implication for Urban Heat Island Intensity: A GIS-Based Methodology Applied in Hong Kong. PLEA 2009 — 26th Conference on Passive and Low Energy Architecture, Quebec City, Canada, p. 166.

Chief Medical Officer of Health. 2010. The Potential Health Impact of Wind Turbines. Ontario Government, Toronto. http://www.health.gov.on.ca/en/common/ministry/publications/reports/wind_turbine/wind_turbine.pdf.

Childress, Herb. 1990. The Making of a Market. *Places* 7 (1). http://escholarship.org/uc/item/65g000cb#page-1.

Chrest, Anthony P., Mary S. Smith, and Sam Bhuyan. 1989. *Parking Structures: Planning, Design, Construction, Maintenance, and Repair*. New York: Van Nostrand Reinhold.

Chung, Chuihua Judy, Jeffrey Inaba, Rem Koolhaas, and Sze Tsung Leong, eds. 2001. *Harvard Design School Guide to Shopping*. Cologne: Taschen.

Cisco, Inc. 2007. How Cisco Achieved Environmental Sustainability in the Connected Workplace. Cisco IT Case Study. http://www.cisco.com/c/dam/en_us/about/ciscoitatwork/downloads/ciscoitatwork/pdf/Cisco_IT_Case_Study_Green_Office_Design.pdf.

City of Austin. n.d. Water Quality Regulations. https://www.municode.com/library/tx/austin/codes/environmental_criteria_manual?nodeId=S1WAQUMA_1.6.0DEGUWAQUCO_1.6.8RUIMTECOTARST.

City of Carlsbad. 2006. Design Criteria for Gravity Sewer Lines and Appurtenances. City of Carlsbad, California. http://www.carlsbadca.gov/business/building/Documents/EngStandVol1chap6.pdf.

City of Chicago. n.d. A Guide to Stormwater Best Management Practices. https://www.cityofchicago.org/dam/city/depts/doe/general/NaturalResourcesAndWaterConservation_PDFs/Water/guideToStormwaterBMP.pdf.

City of Fort Lauderdale. 2007. Building a Liveable Downtown. http://www.fortlauderdalegov/planning_zoning/pdf/downtown_mp/120508downtown_mp.pdf.

City of Portland. 1991. Downtown Urban Design Guidelines. City of Portland (Maine), Planning Department. http://www.portlandmaine.gov/DocumentCenter/Home/View/3375.

City of Portland. 2001. Central City Fundamental Design Guidelines. City of Portland (Oregon), Bureau of Planning and Sustainability. https://www.portlandoregon.gov/bps/article/58806.

City of Seattle. 2007. *Jefferson Park Site Plan Final Environmental Impact Statement*. Prepared by Adolfson Associates for the Department of Planning and Development.

City of Toronto. 2002. Water Efficiency Plan. Department of Works and Emergency Services, Toronto, and Veritec Consulting Limited. https://www1.toronto.ca/City%20Of%20Toronto/Toronto%20Water/Files/pdf/W/WEP_final.pdf.

City of Vancouver. n.d. Subdivision Bylaw. https://vancouver.ca/your-government/subdivision-bylaw-5208.aspx.

City of York Council. n.d. York New City Beautiful: Toward an Economic Vision. http://www.urbandesignskills.com/_uploads/UDS_YorkVision.pdf.

CityRyde LLC. 2009. Bicycle Sharing Systems Worldwide: Selected Case Examples. http://www.cityryde.com.

Claritas. n.d. Claritas PRIZM$_{NE}$ Lifestyle Categories. http://www.claritas.com.

Clark, Robert R. 2009 [1984]. General Guidelines for the Design of Light Rail Transit Facilities in Edmonton. http://www.trolleycoalition.org/pdf/lrtreport.pdf.

Clark, William R. 2010. Principles of Landscape Ecology. *Nature Education Knowledge* 3(10): 34. http://www.nature.com/scitable/knowledge/library/principles-of-landscape-ecology-13260702.

Claytor, Richard A., and Thomas R. Schueler. 1996. *Design of Stormwater Filtering Systems*. Ellicot City, MD: Center for Watershed Protection.

Clinton Climate Initiative. n.d. https://www.clintonfoundation.org/our-work/clinton-climate-initiative.

Cochrane Collaboration. n.d. http://www.cochrane.org.

Coleman, Peter. 2006. *Shopping Environments: Evolution, Planning and Design*. Oxford: Architectural Press. http://samples.sainsburysebooks.co.uk/9781136366512_sample_900897.pdf.

Collyer, G. Stanley. 2004. *Competing Globally in Architectural Competitions*. London: Academy Press.

Collymore, Peter. 1994. *The Architecture of Ralph Erskine*. London: Academy Editions.

Commission for Architecture and the Built Environment. n.d. Case Studies. http://webarchive.nationalarchives.gov.uk/20110118095356/http://www.cabe.org.uk/case-studies.

Commission on Engineering and Technical Systems. 1985. *District Heating and Cooling in the United States: Prospects and Issues*. Washington, DC: National Academies Press.

Community Planning Laboratory. 2002. New Towns: An Overview of 30 American New Communities. CRP 410, City and Regional Planning Department, California Polytechnic State University, Zeljka Pavlovich Howard, faculty advisor. http://planning.calpoly.edu/projects/documents/newtown-cases.pdf.

Condon, Patrick M., Duncan Cavens, and Nicole Miller. 2009. *Urban Planning Tools for Climate Change Mitigation*. Cambridge, MA: Lincoln Institute of Land Policy. http://www.dcs.sala.ubc.ca/docs/lincoln_tools%20_for_climate%20change%20final_sec.pdf.

Conference Board of Canada. 2017. Municipal Waste Generation. http://www.conferenceboard.ca/hcp/details/environment/municipal-waste-generation.aspx.

Consumer Product Safety Commission. 2010. Public Playground Safety Handbook. http://www.cpsc.gov//PageFiles/122149/325.pdf.

Corbin, Juliet, and Anselm Strauss. 2007. *Basics of Qualitative Research: Techniques and Procedures for Developing Grounded Theory*. 3rd ed. New York: Sage.

Corbisier, Chris. 2003. Living with Noise. *Public Roads* 67 (1). https://www.fhwa.dot.gov/publications/publicroads/03jul/06.cfm.

Cornell University. Recommended Urban Trees: Site Assessment and Tree Selection for Stress Tolerance. http://www.hort.cornell.edu/uhi/outreach/recurbtree/pdfs/~recurbtrees.pdf.

Correll, Mark R., Jane H. Lillydahl, and Larry D. Singell. 1978. The Effects of Greenbelts on Residential Property Values: Some Findings on the Political Economy of Open Space. *Land Economics* 54 (2):207–217.

Cotswold Water Park. n.d. http://www.waterpark.org.

Coulson, Jonathan, Paul Roberts, and Isabelle Taylor. 2015. *University Planning and Architecture: The Search for Perfection*. 2nd ed. Abingdon, UK: Routledge.

Crankshaw, Ned. 2008. *Creating Vibrant Public Spaces: Streetscape Design in Commercial and Historic Districts*. 2nd ed. Washington, DC: Island Press.

Craul, Phillip J. 1999. *Urban Soils: Applications and Practices*. New York: Wiley.

Creative Urban Projects. 2013. Cable Car Confidential: The Essential Guide to Cable Cars, Urban Gondolas, and Cable Propelled Transit. http://www.gondolaproject.com.

Crewe, Catherine, and Ann Forsyth. 2013. LandSCAPES: A Typology of Approaches to Landscape Architecture. *Landscape Journal* 22 (1): 37–53.

C.R.O.W. 1994. *Sign Up for the Bike: Design Manual for a Cycle-Friendly Infrastructure*. C.R.O.W. Record 10. The Netherlands: Centre for Research and Contact Standardization in Civil and Traffic Engineering.

DAN. 2013. Making a Site Model. SectionCut blog. http://sectioncut.com/make-a-site-model-workflow/.

Darin-Drabkin, H. 1971. Control and Planned Development of Urban Land: Toward the Development of Urban Land Policies. Paper presented at the Interregional Seminar on Urban Land Policies and Land-Use Control Measures, Madrid, November. ESA/HPB/AC.5/6.

Davenport, Cyndy, and Ishka Voiculescu. 2016. *Mastering AutoCAD Civil 3D 2016: Autodesk Official Press*. 1st ed. New York: Wiley.

Davison, Elizabeth. n.d. Arizona Plant Climate Zones. Cooperative Extension, College of Agriculture and Life Sciences, University of Arizona. http://cals.arizona.edu/pubs/garden/az1169/#map.

Del Alamo, M. R. 2005. *Design for Fun: Playgrounds*. Barcelona: Links International.

Denver Water. n.d. Water Wise Landscape Handbook. http://www .denverwater.org/docs/assets/6E5CC278-0B7C-1088 -758683A48CE8624D/Water_Wise_Landscape_Handbook.pdf.

Department of Agriculture. n.d. Plant Hardiness Zone Map. Agricultural Research Service, US Department of Agriculture. http://planthardiness.ars.usda.gov/PHZMWeb/.

Department of Agriculture, Soil Survey Staff. 1975. Soil Taxonomy – A Basic System of Soil Classification for Making and Interpreting Soil Surveys. US Department of Agriculture, Agricultural Handbook 436.

Department of Agriculture, Soil Survey Staff. 2015. Illustrated Guide to Soil Taxonomy. Version 2.0. US Department of Agriculture, Natural Resources Conservation Service, National Soil Survey Center.

Department of Commerce. 1961. Rainfall Frequency Atlas of the United States. Prepared by David M. Hershfield. Technical Paper no. 40. http://www.nws.noaa.gov/oh/hdsc/PF_documents /TechnicalPaper_No40.pdf.

Department of Housing and Urban Development. n.d. 24 CFR Part 51 Environmental Criteria and Standards, Subpart B – Noise Abatement and Control. US Consolidated Federal Register. http:// www.hudnoise.com/hudstandard.html.

Design Trust for Public Space. 2010. High Performance Landscape Guidelines: 21st Century Parks for New York City. http://designtrust.org/publications/hp-landscape-guidelines/.

Dezeen. n.d. (a). Playgrounds. https://www.dezeen.com/tag /playgrounds/.

Dezeen. n.d. (b). Shopping Centers. https://www.dezeen.com/tag /shopping-centres/.

Diepens and Okkema Traffic Consultants. 1995. *International Handbook for Cycle Network Design*. Delft, Netherlands: Delft University of Technology.

Dionne, Brian. n.d. Escalators and Moving Sidewalks. Catholic University of America. http://architecture.cua.edu/res/docs /courses/arch457/report-1/10b-escalators-movingwalks.pdf.

District Energy St Paul. n.d. http://www.districtenergy.com.

Ditchkoff, Stephen S., Sarah T. Saalfeld, and Charles J. Gibson. 2006. Animal Behavior in Urban Ecosystems: Modifications Due to Human-Induced Stress. *Urban Ecosystems* 9:5–12. https://fp .auburn.edu/sfws/ditchkoff/PDF%20publications/2006%20-%20 UrbanEco.pdf.

Do, A. Quang, and Gary Grudnitski. 1995. Golf Courses and Residential House Prices: An Empirical Examination. *Journal of Real Estate Finance and Economics* 10 (10): 261–270.

Dober, Richard P. 2010 [1992]. Campus Planning. Digital Version. Society for College and University Planning. https://www.scup.org /page/resources/books/cd.

Doebele, William. 1982. *Land Readjustment*. Lexington, MA: Lexington Books.

Domingo Calabuig, Débora, Raúl Castellanos Gómez, and Ana Ábalos Ramos. 2013. The Strategies of Mat-building. *Architectural Review*, August 13. http://www.architectural-review.com/essays /the-strategies-of-mat-building/8651102.article.

Dorner, Jeanette. n.d. An Introduction to Using Native Plants in Restoration Projects. National Park Service, US Department of the Interior, Washington, DC. http://www.nps.gov/plants/restore/pubs /intronatplant/toc.htm.

Dowling, Richard, David Reinke, Amee Flannery, Paul Ryan, Mark Vandehey, Theo Petritsch, Bruce Landis, Nagui Rouphail, and James Bonneson. 2008. *Multimodal Level of Service Analysis for Urban Streets. NCHRP Report 616*. Washington, DC: Transportation Research Board; http://onlinepubs.trb.org/onlinepubs/nchrp /nchrp_rpt_616.pdf.

Downey, Nate. 2009. Roof-Reliant Landscaping: Rainwater Harvesting with Cistern Systems in New Mexico. New Mexico Office of the State Engineer. http://www.ose.state.nm.us /water-info/conservation/pdf-manuals/Roof-Reliant-Landscaping /Roof-Reliant-Landscaping.pdf).

Duany, Andres, Elizabeth Plater-Zyberk, and Robert Alminana. 2003. *New Civic Art: Elements of Town Planning*. New York: Rizzoli.

Dubbeling Martin, Michaël Meijer, Antony Marcelis, and Femke Adriaens, eds. 2009. *Duurzame stedenbouw: perspectieven en voorbeelden / Sustainable Urban Design: Perspectives and Examples*. Wageningen, Netherlands: Plauwdrukpublishers.

Duffy, Francis, Colin Cave, and John Worthington. 1976. *Planning Office Space*. London: Elsevier.

Dunphy, Robert T., et al. 2000. *The Dimensions of Parking*. 4th ed. Washington, DC: Urban Land Institute and National Parking Association.

EarthCraft Communities. n.d. http://www.earthcraft.org/builders /resources/.

East Cambridgeshire District Council. 2008. Percolation Tests. Technical Information Note 6. http://www.eastcambs.gov.uk/sites /default/files/Guidance%20Note%206%20-%20Percolation%20 Tests.pdf.

Eden Project. n.d. www.edenproject.com.

Edwards, J. D. 1992. *Transportation Planning Handbook*. Washington, DC: Institute of Transportation Engineers.

Effland, William R., and Richard V. Pouyat. 1997. The Genesis, Classification, and Mapping of Soils in Urban Areas. *Urban Ecosystems* 1:217–228.

Egan, D. 1992. A Bicycle and Bus Success Story. In *The Bicycle: Global Perspectives*. Montreal: Vélo Québec.

Ellickson, Robert C. 1992–1993. Property in Land. *Yale Law Journal* 102:1315.

Energy Storage Association. n.d. Pumped Hydroelectric Storage. http://energystorage.org/energy-storage/technologies/pumped -hydroelectric-storage.

Engineering Tool Box. n.d. http://www.engineeringtoolbox.com /sewer-pipes-capacity-d_478.html.

Enright, Robert, and Henriquez Partners. 2010. *Body Heat: The Story of the Woodward's Redevelopment*. Vancouver: Blueimprint Press.

Envac. n.d. Waste Solutions in a Sustainable Urban Development: Envac's Guide to Hammarby Sjöstad. http://www.solaripedia.com /files/719.pdf.

Environmental Protection Agency. 1994. Composting Yard Trimmings and Municipal Solid Waste. http://www.epa.gov/ composting/pubs/cytmsw.pdf.

Environmental Protection Agency. 2000a. Constructed Wetlands Treatment of Municipal Wastewaters. http://water.epa.gov/type /wetlands/restore/upload/constructed-wetlands-design-manual.pdf.

Environmental Protection Agency. 2000b. Decentralized Systems Technology Fact Sheet: Small Diameter Gravity Sewers. http:// water.epa.gov/scitech/wastetech/upload/2002_06_28_mtb_small _diam_gravity_sewers.pdf.

Environmental Protection Agency. 2000c. Introduction to Phytoremediation. National Risk Management Research Laboratory, Cincinnati, US Environmental Protection Agency. EPA/600/R-99/107. http://www.cluin.org/download/remed /introphyto.pdf.

Environmental Protection Agency. 2002a. Collection Systems Technology Fact Sheet: Sewers, Conventional Gravity. http://water .epa.gov/scitech/wastetech/upload/2002_10_15_mtb_congrasew.pdf.

Environmental Protection Agency. 2002b. Wastewater Technology Fact Sheet: Anaerobic Lagoons. http://water.epa.gov/scitech /wastetech/upload/2002_10_15_mtb_alagoons.pdf.

Environmental Protection Agency. 2002c. Wastewater Technology Fact Sheet: Package Plants. http://water.epa.gov/scitech /wastetech/upload/2002_06_28_mtb_package_plant.pdf.

Environmental Protection Agency. 2002d. Wastewater Technology Fact Sheet: Sewers, Pressure. http://water.epa.gov/scitech /wastetech/upload/2002_10_15_mtb_presewer.pdf.

Environmental Protection Agency. 2002e. Wastewater Technology Fact Sheet: Slow Rate Land Treatment. http://water.epa.gov /scitech/wastetech/upload/2002_10_15_mtb_sloratre.pdf.

Environmental Protection Agency. 2002f. Wastewater Technology Fact Sheet: The Living Machine®. http://water.epa.gov/scitech /wastetech/upload/2002_12_13_mtb_living_machine.pdf.

Environmental Protection Agency. 2006. Biosolids Technology Fact Sheet: Heat Drying. http://water.epa.gov/scitech/wastetech /upload/2006_10_16_mtb_heat-drying.pdf.

Environmental Protection Agency. 2012a. Municipal Solid Waste Generation, Recycling and Disposal in the United States: Facts and Figures for 2012. http://www.epa.gov/waste/nonhaz/municipal /pubs/2012_msw_fs.pdf.

Environmental Protection Agency. 2012b. Part 1502 – Environmental Impact Statement. Code of Federal Regulations, Title 40. US Government Publishing Office. https://www.gpo .gov/fdsys/pkg/CFR-2012-title40-vol34/pdf/CFR-2012-title40 -vol34-part1502.pdf.

Environmental Protection Agency. 2014. Energy Recovery from Waste. http://www.epa.gov/epawaste/nonhaz/municipal/wte /index.htm.

Environmental Protection Agency. 2016. Heat Island Cooling Strategies. https://www.epa.gov/heat-islands/heat-island -cooling-strategies.

Environmental Protection Agency. 2017. Environmental Impact Statement Rating System Criteria. https://www.epa.gov/nepa /environmental-impact-statement-rating-system-criteria.

Environmental Protection Agency. n.d. (a). Electric and Magnetic Fields (EMF) Radiation from Power Lines. http://www.epa.gov /radtown/power-lines.html.

Environmental Protection Agency. n.d. (b). Mixed-Use Trip Generation Model. https://www.epa.gov/smartgrowth/mixed-use -trip-generation-model.

Envision Utah. n.d. http://www.envisionutah.org.

Enwave. n.d. http://www.enwave.com/disstrict_cooling_system.html.

EPA Victoria. 2005. Dual Pipe Water Recycling Schemes – Health and Environmental Risk Management. http://www.epa.vic.gov .au/~/media/Publications/1015.pdf.

Eppley Institute et al. 2004. Anchorage Bowl: Parks, Natural Open Space and Recreation Facilities Plan. Draft Plan. Land Design North; Eppley Institute for Parks and Public Lands, Indiana University; and Alaska Pacific University. http://eppley.org/wp -content/uploads/uploads/file/62/Anchorage.pdf.

Eppli, Mark J., and Charles C. Tu. 1999. *Valuing the New Urbanism: The Impact of New Urbanism on Prices of Single Family Homes*. Washington, DC: Urban Land Institute.

Eriksen, Aase. 1985. *Playground Design: Outdoor Environments for Learning and Development*. New York: Van Nostrand Reinhold.

Ernst, Michelle, and Lilly Shoup. 2009. Dangerous by Design: Transportation for America and the Surface Transportation Policy Partnership. http://culturegraphic.com/media/Transportation -for-America-Dangerous-by-Design.pdf.

Ervin, Stephen, and Hope Hasbrouck. 2001. *Landscape Modeling: Digital Techniques for Landscape Visualization*. New York: McGraw-Hill.

Esri. n.d. GIS Solutions for Urban and Regional Planning: Designing and Mapping the Future of Your Community with GIS. http://www .esri.com/library/brochures/pdfs/gis-sols-for-urban-planning.pdf.

Euroheat and Power. n.d. District Heating and Cooling Explained. http://www.euroheat.org.

Ewing, Reid. 1996. *Best Development Practices*. Washington, DC: Planners Press.

Ewing, Reid H. 1999. Traffic Calming: State of the Practice. Institute of Transportation Engineers, Washington, DC, Publication no. IR-098.

Faga, Barbara. 2006. *Designing Public Consensus: The Civic Theater of Community Participation for Architects, Landscape Architects, Planners and Urban Designers*. New York: Wiley.

Farvacque, C., and P. McAuslan. 1992. Reforming Urban Policies and Institutions in Developing Countries. Urban Management Program Paper No. 5. World Bank, Washington, DC.

Federal Communications Commission. 1999. Questions and Answers about Biological Effects and Potential Hazards of Radiofrequency Electromagnetic Fields. OET Bulletin 56, 4th ed. http://transition.fcc.gov/Bureaus/Engineering_Technology /Documents/bulletins/oet56/oet56e4.pdf.

Federal Emergency Management Agency. n.d. FEMA 100 Year Flood Zone Maps. http://msc.fema.gov.

Federal Highway Administration. 2000. Roundabouts: An Informational Guide. US Department of Transportation, FHWA Publication No. RD-00–067.

Federal Highway Administration. 2001. Geometric Design Practices for European Roads. https://international.fhwa.dot.gov/pdfs /geometric_design.pdf.

Federal Highway Administration. 2003. *Manual on Uniform Traffic Control Devices for Streets and Highways*. Washington, DC: US Department of Transportation.

Federal Highway Administration. 2006. Pedestrian Characteristics. https://www.fhwa.dot.gov/publications/research/safety/pedbike /05085/chapt8.cfm.

Federal Highway Administration. 2008. Traffic Volume Trends. http://www.fhwa.dot.gov/ohim/tvtw/08dectvt/omdex/cfm.

Federal Highway Administration. 2013a. Highway Functional Classification Concepts, Criteria and Procedures. https://www .fhwa.dot.gov/planning/processes/statewide/related/highway _functional_classifications/fcauab.pdf.

Federal Highway Administration. 2013b. Traffic Analysis Toolbox Volume VI: Definition, Interpretation and Calculation of Traffic Analysis Tools Measures of Effectiveness. http://ops.fhwa.dot.gov /publications/fhwahop08054/sect4.htm.

Federal Highway Administration. 2014. Road Diet Informational Guide. http://safety.fhwa.dot.gov/road_diets/info_guide/ch3.cfm.

Federal Highway Administration. n.d. (a). Noise Barrier Design – Visual Quality. http://www.fhwa.dot.gov/environment/noise/noise _barriers/design_construction/keepdown.cfm.

Federal Highway Administration. n.d. (b). Separated Bike Lane Planning and Design Guide. https://www.fhwa.dot.gov/environment /bicycle_pedestrian/publications/separated_bikelane_pdg /page00.cfm.

Ferguson, Bruce K. 1994. *Stormwater Infiltration*. Ann Arbor, MI: CRC Press.

Ferguson, Bruce K. 1998. *Introduction to Stormwater: Concept, Purpose, Design*. Hoboken, NJ: Wiley.

Ferguson, Bruce K. 2005. *Porous Pavements. Integrative Studies in Water Management and Land Development*. Ann Arbor, MI: CRC Press.

Fibre to the Home Council. 2011. FTTH Council – Definition of Terms. http://ftthcouncil.eu/documents/Publications/FTTH _Definition_of_Terms-Revision_2011-Final.pdf.

Field, Barry. 1989. The Evolution of Property Rights. *Kyklos* 42:319–345.

Fiorenza, S., C. L. Oubre, and C. H. Ward. 2000. *Phytoremediation of Hydrocarbon Contaminated Soil*. Boca Raton: Lewis Publishers.

Fischer, Richard A., and J. Craig Fischenich. 2000. Design Recommendations for Riparian Corridors and Vegetated Buffer Strips. US Army Engineer Research and Development Center, EDRC TN-EMRRP-SR-24. http://el.erdc.usace.army.mil/elpubs /pdf/sr24.pdf.

Fish and Wildlife Service. 2012. Land-Based Wind Energy Guidelines. http://www.fws.gov/windenergy/docs/WEG_final.pdf.

Fish and Wildlife Service. n.d. National Spatial Data Infrastructure: Wetlands Layer. http://www.fws.gov/wetlands/Documents/ National-Spatial-Data-Infrastructure-Wetlands-Layer-Fact-Sheet.pdf.

Fisher, Scott. 2010. How to Make a Contour Model Correctly. Salukitecture. http://siuarchitecture.blogspot.com/2010/10/how-to -make-contour-model-correctly.html.

Fitzpatrick, Kay, et al. 2006. Improving Pedestrian Safety at Unsignalized Crossings. NCHRP Report #562. Transportation Research Board, Washington, DC.

Fleury, A. M., and R. D. Brown. 1997. A Framework for the Design of Wildlife Conservation Corridors with Specific Application to Southwestern Ontario. *Landscape and Urban Planning* 37:163–186.

Florida, Richard. 2002. *The Rise of the Creative Class: And How It Is Transforming Work, Leisure, Community and Everyday Life*. New York: Basic Books.

Florida Department of Transportation. 2009. Quality/Level of Service Handbook. http://www.fltod.com/research/fdot/quality_level_of_service_handbook.pdf.

Foletta, Nicole, and Simon Field. 2011. Europe's Vibrant New Low Car(bon) Communities. Institute for Transportation and Development Policy, New York. https://www.itdp.org/europes-vibrant-new-low-carbon-communities-2/.

Foley, Conor. 2007. *A Guide to Property Law in Uganda*. Nairobi: United Nations Centre for Human Settlements (Habitat).

Fondación Metrópoli. 2008. Ecobox: Building a Sustainable Future. Fondación Metrópoli, Madrid. http://www.fmetropoli.org/proyectos/ecobox.

Forman, Richard T. T. 1995. *Land Mosaics: The Ecology of Landscapes and Regions*. Cambridge: Cambridge University Press.

Frank, L. D., and D. Hawkins. 2008. *Giving Pedestrians an Edge: Using Street Layout to Influence Transportation Choice*. Ottawa: Canada Mortgage and Housing Corporation.

Fregonese Associates. n.d. Envision Tomorrow: A Suite of Urban and Regional Planning Tools. http://www.envisiontomorrow.org/about-envision-tomorrow/.

Fruin, J. J. 1970. Designing for Pedestrians, a Level of Service Concept. PhD dissertation, Polytechnic Institute of Brooklyn.

Fujiyama, T., C. R. Childs, D. Boampomg, and N. Tyler. 2005. Investigation of Lighting Levels for Pedestrians—Some Questions about Lighting Levels of Current Lighting Standards. In *Walk21-VI, Everyday Walking Culture. 6th International Conference of Walking in the 21st Century*, 1–13. Zurich, Switzerland Walk21. https://docs.google.com/viewer?url=http%3A%2F%2Fdiscovery.ucl.ac.uk%2F1430%2F1%2FWalk21Fujiyama.pdf.

Gaborit, Pascaline, ed. 2014. *European and Asian Sustainable Towns: New Towns and Satellite Cities in Their Metropolises*. Brussels: Presses Interuniversitaires Européennes.

Gaffney, Andrea, Vinita Huang, Kristin Maravilla, and Nadine Soubotin. 2007. Hammarby Sjöstad, Stockholm, Sweden: A Case Study. http://www.aeg7.com/assets/publications/hammarby%20sjostad.pdf.

Galbrun, L., and T. T. Ali. 2012. Perceptual Assessment of Water Sounds for Road Traffic Noise Masking. Proceedings of the Acoustics 2012 Nantes Conference. http://hal.archives-ouvertes.fr/docs/00/81/12/10/PDF/hal-00811210.pdf.

Gatje, Robert F. 2010. *Great Public Squares: An Architect's Selection*. New York: W. W. Norton.

Gautier, P-E, F. Poisson, and F. Letourneaux. n.d. High Speed Trains External Noise: A Review of Measurements and Source Models for the TGV Case up to 360 km/h. http://uic.org/cdrom/2008/11_wcrr2008/pdf/S.1.1.4.4.pdf.

Gaventa, Sarah. 2006. *New Public Spaces*. London: Mitchell Beazley.

Gehl, Jan, and Lars Gemzøe. 1996. *Public Life—Public Space*. Copenhagen: Danish Architectural Press and Royal Academy of Fine Arts.

Gehl, Jan, and Lars Gemzøe. 2004. *Public Spaces, Public Life*. Copenhagen: Danish Architectural Press.

Gehl, Jan, and Lars Gemzøe. 2006. *New City Spaces*. Copenhagen: Danish Architectural Press.

Geist, Johann F. 1982. *Arcades: The History of a Building Type*. Cambridge, MA: MIT Press.

Geller, Roger. n.d. Four Types of Cyclists. http://www.portlandonline.com/transportation/index.cfm?&a=237507&c=44597.

Giannopoulos, G. A. 1989. *Bus Planning and Operation in Urban Areas*. Aldershot: Avebury Press.

Gibbs, Steve. 2005. A Solid Foundation for Future Growth. *Land Development Today* 1 (7): 8–10.

Giddens, Anthony. 1991. *Modernity and Self-Identity: Self and Society in the Late Modern Age*. Cambridge: Polity Press.

Glaser, Barney G., and Anselm L. Strauss. 1967. *The Discovery of Grounded Theory: Strategies for Qualitative Research*. Chicago: Aldine.

Global Designing Cities Initiative. 2016. *Global Street Design Guide*. Washington, DC: Island Press. https://gdci-pydi2uhbcuqfp9wvwe.stackpathdns.com/wp-content/uploads/guides/global-street-design-guide.pdf.

Global Legal Group. 2008. International Comparative Legal Guide to Real Estate. www.ilgc.co.uk.

GoGreenSolar.com. n.d. How Many Solar Panels Do I Need? https://www.gogreensolar.com/pages/how-many-solar-panels-do-i-need.

Gold, Martin E. 1977. *Law and Social Change: A Study of Land Reform in Sri Lanka*. New York: Nellen Publishing.

Gold, Martin E., and Russell Zuckerman. 2015. Indonesian Land Rights and Development. *Columbia Journal of Asian Law* 28 (1): 41–67.

Goldberger, Paul. 2005. *Up from Zero: Politics, Architecture and the Rebuilding of New York*. New York: Random House.

Gold Coast City Council et al. 2013. SEQ Water Supply and Sewerage Design and Construction Code: Design Criteria. http://www.seqcode.com.au/storage/2013-07-01%20-%20SEQ%20WSS%20DC%20Code%20Design%20Criteria.pdf.

Google. 2016. Google Charleston East Project. Informal Review Document, City of Mountain View. http://www.mountainview.gov/depts/comdev/planning/activeprojects/charleston_east.asp.

Google Earth Pro. n.d. https://support.google.com/earth/answer/3064261?hl=en.

Gordon, David L. A. 1997. *Battery Park City: Politics and Planning on the New York Waterfront*. Philadelphia: Gordon and Breach.

Gordon, Kathi. 2004. The Sea Ranch: Concept and Covenant. The Sea Ranch Association. http://www.tsra.org/photos/VIPBooklet.pdf.

GRASS. n.d. http://grass.osgeo.org/.

Grava, Sigurd. 2002. *Urban Transportation Systems: Choices for Communities*. New York: McGraw-Hill.

Great Lakes-Upper Mississippi River Board of State and Provincial Public Health and Environmental Managers. 2004. Recommended Standards for Wastewater Facilities. Health Research Inc. http://10statesstandards.com/wastewaterstandards.html.

Greenbaum, Thomas. 2000. *Moderating Focus Groups*. Thousand Oaks, CA: Sage.

Green Dashboard. n.d. Waste Diverted from Landfills. District of Columbia Government, Washington, DC. http://greendashboard.dc.gov/Waste/WasteDivertedFromLandfills.

GreenerEnergy. n.d. Tilt and Angle Orientation of Solar Panels. http://greenerenergy.ca/PDFs/Tilt%20and%20Angle%20Orientation%20of%20Solar%20Panels.pdf.

Greywater Action. n.d. How to Do a Percolation Test. http://greywateraction.org/content/how-do-percolation-test.

Gulf Organization for Research and Development. n.d. QSAS: Qatar Sustainability Assessment System Technical Manual, Version 2.1. http://www.gord.qa/uploads/pdf/GSAS%20Technical%20Guide%20V2.1.pdf.

Gustafson, David, James L. Anderson, Sara Heger Christopherson, and Rich Axler. 2002. Constructed Wetlands. University of Minnesota Extension. http://www.extension.umn.edu/environment/water/onsite-sewage-treatment/innovative-sewage-treatment-systems-series/constructed-wetlands/index.html.

Gustafson, David, and Roger E. Machmeier. 2013. How to Run a Percolation Test. University of Minnesota Extension. http://www.extension.umn.edu/environment/housing-technology/moisture-management/how-to-run-a-percolation-test/.

GVA Grimley LLP. 2006. Milton Keynes 2031: A Long Term Sustainable Growth Strategy. Milton Keynes Partnership. http://milton-keynes.cmis.uk.com/milton-keynes/Document.

Gyourko, Joseph E., and Witold Rybczynski. 2000. Financing New Urbanism Projects: Obstacles and Solutions. *Housing Policy Debate* 11 (3): 733–750.

Habraken, N. John. 2000. *Supports: An Alternate to Mass Housing*. Urban International Press.

Hack, Gary. 1994a. Discovering Suburban Values through Design Review. In Brenda Case Scheer and Wolfgang F. E. Preiser, eds., *Design Review: Challenging Aesthetic Control*. New York: Chapman and Hall.

Hack, Gary. 1994b. Renewing Prudential Center. *Urban Land*, November.

Hack, Gary. 2013. Business Performance in Walkable Shopping Areas. Active Living Research Program, Robert Wood Johnson Foundation. http://activelivingresearch.org/business-performance-walkable-shopping-areas.

Hack, Gary, and Lynne Sagalyn. 2011. Value Creation through Urban Design. In David Adams and Steven Tiesdell, eds., *Urban Design in the Real Estate Development Process*, 258–281. Hoboken, NJ: Wiley-Blackwell.

Hall, Edward. 1966. *The Hidden Dimension*. Garden City, NY: Doubleday.

Halprin, Lawrence. 2002. *The Sea Ranch ... Diary of an Idea*. Berkeley, CA: Spacemaker Press.

Hammer, Thomas R., Robert E. Coughlin, and Edward T. Horn. 1974. The Effect of a Large Urban Park on Real Estate Value. *Journal of the American Institute of Planners* 40 (4): 274–277.

Handy, Susan, Robert G. Paterson, and Kent Butler. 2003. Planning for Street Connectivity: Getting from Here to There. American Planning Association, Chicago, Planning Advisory Service Report 515.

Harris, P., B. Harris-Roxas, E. Harris, and L. Kemp. 2007. Health Impact Assessment: A Practical Guide. Centre for Health Equity Training, Research and Evaluation (CHETRE), University of New South Wales Research Centre for Primary Health Care and Equity, Sydney. http://hiaconnect.edu.au/wp-content/uploads/2012/05/Health_Impact_Assessment_A_Practical_Guide.pdf.

Haugen, Kathryn M. B. 2011. International Review of Policies and Recommendations for Wind Turbine Setbacks from Residences: Noise, Shadow Flicker and Other Concerns. Minnesota Department of Commerce, Energy Facility Permitting. http://mn.gov/commerce/energyfacilities/documents/International_Review_of_Wind_Policies_and_Recommendations.pdf.

Heaney, James P., Len Wright, and David Sample. 2000. Sustainable Urban Water Management. In Richard Feld, James P. Heaney, and Robert Pitt, eds., *Innovative Urban Wet-Weather Flow Management Systems*. Lancaster, PA: Technomic Publishing Company; http://unix.eng.ua.edu/~rpitt/Publications/BooksandReports/Innovative/achap03.pdf.

Heath, G. W., R. C. Brownson, J. Kruger, et al. 2006. The Effectiveness of Urban Design and Land Use and Transport Policies and Practices to Increase Physical Activity: A Systematic Review. *Journal of Physical Activity and Health* 3 (Suppl 1): S55–S76.

Hebrew Senior Housing. n.d. NewBridge on the Charles. http://www.hebrewseniorlife.org/newbridge.

Hegemann, Werner, and Elbert Peets. 1996 [1922]. *American Vitruvius: An Architect's Handbook of Civic Art*. New York: Princeton Architectural Press.

Heller, Michael, and Rick Hills. 2009. Land Assembly Districts. *Harvard Law Review* 121 (6): 1466–1527.

Hendricks, Barbara E. 2001. *Designing for Play*. Aldershot, UK: Ashgate.

Henthorne, Lisa. 2009. Desalination – a Critical Element of Water Solutions for the 21st Century. In Jonas Forare, ed., *Drinking Water—Sources, Sanitation and Safeguarding*. Swedish Research Council Formas. http://www.formas.se/formas_shop/ItemView .aspx?id=5422&epslanguage=EN.

Hershberger, Robert G. 2000. Programming. In American Institute of Architects, *The Architect's Handbook of Professional Practice*. 13th ed. http://www.aia.org/aiaucmp/groups/aia/documents/pdf /aiab089267.pdf.

Hershfield, David M. 1961. Rainfall Frequency Atlas of the United States: For Durations from 30 Minutes to 24 Hours and Return Periods from 1 to 100 Years. Technical Paper No. 40. US Department of Commerce; http://www.nws.noaa.gov/oh/hdsc /PF_documents/TechnicalPaper_No40.pdf.

High Tech Finland. 2010. District Heat from Nuclear. http://www .hightech.fi/direct.aspx?area=htf&prm1=898&prm2=article.

Hillier, Bill. 1996. *Space Is the Machine*. Cambridge: Cambridge University Press. See also http://www.spacesyntax.org /publications/commonlang.html.

Hirschhorn, Joel S., and Paul Souza. 2001. *New Community Design to the Rescue: Fulfilling Another American Dream*. Washington, DC: National Governors Association.

Hodge, Jessica, and Julia Haltrecht. 2009. *BedZED Seven Years On: The Impact of the UK's Best Known Eco-Village and Its Residents*. London: Peabody. http://www.bioregional.com /wp-content/uploads/2014/10/BedZED_seven_years_on.pdf.

Holl, Steven. 2011. *Horizontal Skyscraper*. Richmond, CA: William Stout Publishers.

Holsum, Laura M. 2005. The Feng Shui Kingdom. *New York Times*, April 25.

Hong, Yu-Hung, and Barrie Needham. 2007. *Analyzing Land Readjustment: Economics, Law and Collective Action*. Cambridge, MA: Lincoln Institute of Land Policy.

Hong Kong BEAM Society. 2012. BEAM Plus New Buildings, Version 1.2. http://www.beamsociety.org.hk/files/download/download -20130724174420.pdf.

Hong Kong Government. 1995. Sewerage Manual: Part 1, Key Planning Issues and Gravity Collection System. Drainage Services Department. http://www.dsd.gov.hk/TC/Files/publications_publicity /other_publications/technical_manuals/Sewer%20Manual%20 Part%201.pdf.

Hoornweg, Daniel, and Perinaz Bhada-Tata. 2012. What a Waste: A Global Review of Solid Waste Management. World Bank Urban Development Series. http://www-wds.worldbank.org/external/ default/WDSContentServer/WDSP/IB/2012/07/25/000333037 _20120725004131/Rendered/PDF/681350WP0REVIS0at0a0 Waste20120Final.pdf.

Horose, Caitlyn. 2015. Let's Get Digital! 50 Tools for Online Public Engagement. Community Matters. http://www.communitymatters .org/blog/let%E2%80%99s-get-digital-50-tools-online-public -engagement.

Horton, Mark B. 2010. A Guide for Health Impact Assessment. California Department of Public Health. http://www.cdph.ca.gov /pubsforms/Guidelines/Documents/HIA%20Guide%20FINAL%20 10-19-10.pdf.

Huat, Low Ing, Dadang Mohamad Ma'soem, and Ravi Shankar. 2005. Revised Walkway Capacity Using Platoon Flows. *Proceedings of the Eastern Asia Society for Transportation Studies* 5:996–1008.

Hughes, Philip George. 2000. *Ageing Pipes and Murky Waters: Urban Water System Issues for the 21st Century*. Wellington, New Zealand: Office of the Parliamentary Commissioner for the Environment.

Hunter, William W, J. Richard Stewart, Jane C. Stutts, Herman H. Huang, and Wayne E. Pein. 1998. A Comparative Analysis of Bicycle Lanes versus Wide Curb Lanes: Final Report. US Department of Transportation, Federal Highway Administration, Report #FHWA-RD-99-034, May.

Hwangbo, Alfred B. 2002. An Alternative Tradition in Architecture: Conceptions in Feng Shui and Its Continuous Tradition. *Journal of Architectural and Planning Research* 19 (2): 110–130.

Hyodo, T., C. Montalbo, A. Fujiwara, and S. Soehodho. 2005. Urban Travel Behavior Characteristics of 13 Cities Based on Household Interview Survey Data. *Journal of the Eastern Asia Society for Transportation Studies* 6:23–38.

IBI Group. 2000. *Greenhouse Gas Emissions from Urban Travel: Tool for Evaluating Neighborhood Sustainability*. Ottawa: Canada Mortgage and Housing Corporation. http://www.cmhc-schl.gc.ca /odpub/pdf/62142.pdf.

Illumination Engineering Society. 2014. Standard Practice for Roadway Lighting. ANSI/IES RP-8.

India Green Building Council. n.d. LEED-NC India. http://www.igbc.in.

Ingram, Gregory K., and Yu-Hung Hong. 2012. *Value Capture and Land Policies*. Cambridge, MA: Lincoln Institute of Land Policy.

Ingram, Gregory K., and Zhi Liu. 1997. Determinants of Motorization and Road Provision. World Bank Working Paper. http://www-wds .worldbank.org/external/default/WDSContentServer/WDSP/IB /2000/02/24/000094946_99031911113162/additional/127527322 _20041117172108.pdf.

Ingram, Gregory K., and Zhi Liu. 1999. Vehicles, Roads and Road Use: Alternative Empirical Specifications. World Bank Working Paper. www.siteresources.worldbank.org/Interurbantransport /resources/wps2038.pdf.

Institute for Building Efficiency. 2011. Green Building Asset Valuation: Trends and Data. http://www.institutebe.com /InstituteBE/media/Library/Resources/Green%20Buildings /Research_Snapshot_Green_Building_Asset_Value.pdf.

Institute of Transportation Engineers. 1999. *Traffic Engineering Handbook*. 5th ed. Englewood Cliffs, NJ: Prentice-Hall.

Institute of Transportation Engineers. 2004. *Parking Generation*. Washington, DC: ITE.

Institute of Transportation Engineers. 2006. Context Sensitive Solutions for Designing Major Thoroughfares for Walkable Communities. http://www.ite.org/css/.

Institute of Transportation Engineers. 2010. Designing Walkable Urban Thoroughfares: A Context Sensitive Approach. Institute of Transportation Engineers and Congress for the New Urbanism. http://www.ite.org/css/rp-036a-e.pdf.

Institute of Transportation Engineers. 2014. *Trip Generation Handbook*. 3rd ed. Washington, DC: ITE.

Institute of Transportation Engineers. 2017. *Trip Generation*. 10th ed. Washington, DC: ITE.

Intergovernmental Panel on Climate Change. 2007. Magnitudes of Impact. United Nations Environment Program and World Health Organization. http://www.ipcc.ch/publications_and_data/ar4/wg2 /en/spmsspm-c-15-magnitudes-of.html.

International Labor Organization. n.d. International Standard Classification of Occupations, ISCO-88. http://www.ilo.org/public /english/bureau/stat/isco/isco88/index.htm.

International Standards Organization. 2009. Environmental Management: The ISO 14000 Family of International Standards. http://www.iso.org/iso/theiso14000family_2009.pdf.

International Water Association. 2010. International Statistics for Water Services. Specialist Group – Statistics and Management, Montreal. http://www.iwahq.org/contentsuite/upload/iwa /document/iwa_internationalstats_montreal_2010.pdf.

Iowa State University, University Extension. 1997. Farmstead Windbreaks: Planning. Pm-1716.

Itami, Robert M. 2002. *Estimating Capacities for Pedestrian Walkways and Viewing Platforms: A Report for Parks Victoria*. Brunswick, Victoria, Australia: GeoDimensions Pty Ltd.

Jacobs, Allan B. 1993. *Great Streets*. Cambridge, MA: MIT Press.

Jacobs, Allan B., Elizabeth Macdonald, and Yodan Rofe. 2002. *The Boulevard Book*. Cambridge, MA: MIT Press.

Jacobs, Jane. 1992 [1962]. *The Death and Life of Great American Cities*. New York: Vintage Press.

Jacobsen, P. L. 2003. Safety in Numbers: More Walkers and Bicyclists, Safer Walking and Biking. *Injury Prevention* 9:205–209.

Jacquemart, G. 1998. *Modern Roundabout Practice in the United States*. National Cooperative Highway Research Program, Synthesis of Highway Practice 264. Washington, DC: National Academy Press.

James Corner Field Operations and Diller, Scofidio & Renfro. 2015. *The High Line*. London: Phaidon Press.

Japan Sustainable Building Consortium and Institute for Building Environment and Energy Conservation. 2017. CASBEE: Comprehensive Assessment System for Built Environment Efficiency. http://www.ibec.or.jp/CASBEE/english/.

Jarzombek, Mark M. 2004. *Designing MIT: Bosworth's New Tech*. Boston: Northeastern University Press.

Jefferson Center. n.d. Citizens Juries. http://jefferson-center.org/.

Jewell, Nicholas. 2015. *Shopping Malls and Public Space in Modern China*. London: Routledge.

Jim, C.Y., and Wendy Y. Chen. 2009. Value of Scenic Views: Hedonic Assessment of Private Housing in Hong Kong. *Landscape and Urban Planning* 91:226–234.

Katz, Robert. 1977. *Design of the Housing Site*. Champaign: University of Illinois Press.

Kayden, Jerold S. 1978. *Incentive Zoning in New York City: A Cost-Benefit Analysis*. Cambridge, MA: Lincoln Institute of Land Policy.

Kayden, Jerold S. 2000. *Privately Owned Public Space: The New York City Experience*. New York: Wiley.

Kelo. 2005. Kelo et al. v. City of New London et al., 545 U.S. 369.

Kenny, J. F., N. L. Barber, S. S. Hutson, K. S. Linsey, J. K. Lovelace, and M. A. Maupin. 2009. Estimated Use of Water in the United States in 2005. Geological Survey Circular 1344.

Kenworthy, Jeff. 2013. Trends in Transport and Urban Development in Thirty-Three International Cities 1995–6 to 2005–6: Some Prospects for Lower Carbon Transport. In Steffen Lehmann, ed., *Low Carbon Cities: Transforming Urban Systems*. London: Routledge.

Kenworthy, Jeff. 2015. Non-Motorized Mode Cities in a Global Cities Cluster Analysis: A Study of Trends in Mumbai, Shanghai, Beijing and Guangzhou since 1995. Working paper prepared for Hosoya Schaefer Architects AG.

Kenworthy, Jeff, and Felix B. Laube. 2001. *Millennium Cities Database for Sustainable Transport. Brussels: International Union of Public Transport*. Perth: Murdoch University Institute for Sustainability and Technology Policy.

Kenworthy, Jeff, and Craig Townsend. 2002. An International Comparative Perspective on Motorization in Urban China. *IATSS Research* 26 (2): 99–109.

Khan, Adil Mohammed, and Md. Akter Mahmud. 2008. FAR as a Development Control Took: A New Growth Management Technique for Dhaka City. *Jahangirnagar Planning Review* 6:49–54.

Khattak, Asad J., and John Stone. 2004. Traditional Neighborhood Development Trip Generation Study. Final Report. Center for Urban and Regional Studies, University of North Carolina at Chapel Hill.

Kittelson and Associates et al. 2003. Transit Capacity and Quality of Service Manual. 2nd ed. Transportation Research Board of the National Academies, Washington, DC, TCRP Report 100.

Klett, J. E., and C. R. Wilson. 2009. Xeriscaping: Ground Cover Plants. Colorado State University Extension. http://www.ext.colostate.edu/pubs/garden/07230.html.

Knoll, Wolfgang, and Martin Hechinger. 2007. Architectural Models: Construction Techniques. Plantation, FL: J. Ross Publishing.

Kohn, A. Eugene, and Paul Katz. 2002. Building Type Basics for Office Buildings. New York: Wiley.

Kost, Christopher, and Mathias Nohn. 2011. Better Streets, Better Cities: A Guide to Street Design in Urban India. Institute for Transportation and Development Policy and Environmental Planning Collaborative. http://www.itdp.org/documents/Better Streets111221.pdf.

Kroll, B., and R. Sommer. 1976. Bicyclists' Response to Urban Bikeways. Journal of the American Institute of Planners 42 (January): 41–51.

Kulash, Walter M. 2001. Residential Streets. 3rd ed. Washington, DC: Urban Land Institute.

Kulash, Walter M., Joe Anglin, and David Marks. 1990. Traditional Neighborhood Development: Will the Traffic Work? Development 21 (July/August): 21–24.

Kumar, Manish, and Vivekananda Biswas. 2013. Identification of Potential Sites for Urban Development Using GIS Based Multi Criteria Evaluation Technique. Journal of Settlements and Spatial Planning 4 (1): 45–51.

Kuusiola, Timo, Maaria Wierink, and Karl Heiskanen. 2012. Comparison of Collection Schemes of Municipal Solid Waste Metallic Fraction: The Impacts on Global Warming Potential for the Case of the Helsinki Metropolitan Area, Finland. Sustainability 4:2586–2610.

LaGro, James A., Jr. 2008. Site Analysis: Linking Program and Concept in Land Planning and Design. 2nd ed. New York: Wiley.

Lancaster, R. A., ed. 1990. Recreation, Park and Open Space Standards and Guidelines. Ashburn, VA: National Recreation and Park Association. http://www.prm.nau.edu/prm423/recreation _standards.htm.

Landcom. Inc. n.d. Street Tree Design Guidelines (Australia). http://www.landcom.com.au/publication/download/street-tree-design-guidelines/.

LaPlante, John, and Thomas P. Kaeser. 2007. A History of Pedestrian Signal Walking Speed Assumptions. Third Urban Street Symposium, June 24–27, Seattle, Washington.

Larco, Nico and Kristin Kelsey. 2014. Site Design for Multifamily Housing: Creating Livable, Connected Neighborhoods. 2nd ed. Washington, DC: Island Press.

Larwood, Scott, and C. P. van Dam. 2006. Permitting Setback Requirements for Wind Turbines in California. California Wind Energy Collaborative. http://energy.ucdavis.edu/files/05-06-2013 -CEC-500-2005-184.pdf.

Law Handbook. 2017. Environmental Impact Assessment. Fitzroy Legal Services, Inc., Victoria, Australia. http://www.lawhandbook .org.au/2016_11_03_03_environmental_impact_assessment_eia/.

Leaf, W. A., and D. F. Preusser. 1998. Literature Review on Vehicle Travel Speeds and Pedestrian Injuries. National Highway Traffic Safety Administration, US Department of Transportation.

Lee, Jennifer H., Nathalie Robbel, and Carlos Dora. 2013. Cross Country Analysis of the Institutionalization of Health Impact Assessment. Social Determinants of Health Discussion Paper Series 8 (Policy and Practice). Geneva: World Health Organization; http://apps.who.int/iris/bitstream/10665/83299/1/9789241505437 _eng.pdf.

Leinberger, Christopher B. 2008. The Option of Urbanism: Investing in a New American Dream. Washington, DC: Island Press.

Lennertz, Bill, and Aarin Kutzenhiser. 2006. The Charrette Handbook. Chicago: American Planning Association Publishing.

Letema, Sammy, Bas van Vliet, and Jules B. van Lier. 2011. Innovations in Sanitation for Sustainable Urban Growth: Modernised Mixtures in an East African Context. On the Waterfront 2011. https://www.researchgate.net/publication/233740032 _Innovations_in_sanitation_for_sustainable_urban_growth_Modernised _mixtures_in_an_East_African_context.

Levlin, Erik. 2009. Maximizing Sludge and Biogas Production for Counteracting Global Warming. http://urn.kb.se/resolve?urn =urn:nbn:se:kth:diva-81528.

Li, Huan, and Robert L. Bertini. 2008. Optimal Bus Stop Spacing for Minimizing Transit Operation Cost. ASCE, Proceedings of the Sixth International Conference of Traffic and Transportation Studies Congress.

Lin, Zhongjie. 2014. Constructing Utopias: China's Emerging Eco-cities. ARCC/EAAE 2014 Architectural Research Conference, "Beyond Architecture: New Intersections & Connections." http://www.arcc-journal.org/index.php/repository/article/download /310/246.

Lincolnshire. n.d. Design Guide for Residential Areas. http://www .e-lindsey.gov.uk/CHttpHandler.ashx?id=1647&p=0.

Listokin, David, and Carole Walker. 1989. The Subdivision and Site Plan Handbook. New Brunswick, NJ: Rutgers Center for Urban Policy Research.

Locke, John. 1988 [1689]. Two Treatises of Government. Cambridge: Cambridge University Press.

Los Angeles County. 2011. Model Street Design Manual for Living Streets. http://www.modelstreetdesignmanual.com/.

Los Angeles Department of City Planning. 1983. Land Form Grading Manual. http://cityplanning.lacity.org/Forms_Procedures/LandformGradingManual.pdf.

Los Angeles Urban Forestry Division. n.d. Street Tree Selection Guide. http://bss.lacity.org/UrbanForestry/StreetTreeSelectionGuide.htm.

Lowe, Will. n.d. Software for Content Analysis – A Review. http://dl.conjugateprior.org/preprints/content-review.pdf.

Low Impact Development Center. n.d. Low Impact Development (LID): A Literature Review. US Environmental Protection Agency.

Lund, John W. 1990. Geothermal Heat Pump Utilization in the United States. Klamath Falls: Oregon Institute of Technology Geo-Heat Center.

Luttik, Joke. 2000. The Value of Trees, Water and Open Space as Reflected by House Prices in the Netherlands. *Landscape and Urban Planning* 48 (3–4): 161–167.

Lynch, Kevin. 1960. *Image of the City*. Cambridge, MA: MIT Press.

Lynch, Kevin. 1962. *Site Planning*. Cambridge, MA: MIT Press.

Lynch, Kevin. 1973. *Site Planning*. 2nd ed. Cambridge, MA: MIT Press.

Lynch, Kevin, and Gary Hack. 1984. *Site Planning*. 3rd ed. Cambridge, MA: MIT Press.

Lyndon, Donlyn, and Jim Alinder. 2014. *The Sea Ranch: Fifty Years of Architecture, Landscape, Place, and Community on the Northern California Coast*. New York: Princeton Architectural Press.

Macdonald, Elizabeth. n.d. Graphics for Planners: Tutorials in Computer Graphics Programs. http://graphics-tutorial.ced.berkeley.edu/photoshop.htm.

Mahmood, Qaisar, et al. 2013. Natural Treatment Systems as Sustainable Ecotechnologies for the Developing Countries. *BioMed Research International* 2013: 796373. doi:10.1155/2013/796373. http://www.ncbi.nlm.nih.gov/pmc/articles/PMC3708409/.

Malczewski, Jacek. 2004. GIS-Based Land-Use Suitability Analysis: A Critical Overview. *Progress in Planning* 62:3–65.

Marcus, Claire Cooper, and Carolyn Francis, eds. 1998. *People Places: Design Guidelines for Public Spaces*. 2nd ed. New York: Wiley.

Marcus, Clare Cooper, and Wendy Sarkissian. 1986. *Housing as if People Mattered: Site Design Guidelines for Medium-Density Family Housing*. Berkeley: University of California Press.

Marsh, William M. 2010. *Landscape Planning: Environmental Applications*. 5th ed. New York: Wiley.

Marshall, Richard. 2001. *Waterfronts in Post-industrial Cities*. Abingdon, UK: Taylor and Francis.

Marshall, Stephen. 2005. *Streets and Patterns: The Structure of Urban Geometry*. London: Spon Press.

Marshall, Wesley E., and Norman Garrick. 2008. Street Network Types and Road Safety: A Study of 24 California Cities. University of Connecticut, Storrs, CT. http://www.sacog.org/complete-streets/toolkit/files/docs/Garrick%20%26%20Marshall_Street%20Network%20Types%20and%20Road%20Safety.pdf.

Martens, Yuri, Juriaan van Meel, and Hermen Jan van Ree. 2010. *Planning Office Spaces: A Practical Guide for Managers and Designers*. London: Laurence King Publishing.

Martin, William A., and Nancy A. McGuckin. 1998. Travel Estimation Techniques for Urban Planning. NCHRP Report 365. Washington, DC: National Research Council, Transportation Research Board.

Maryland Department of the Environment. 2007 [2000]. Maryland Stormwater Design Manual. http://www.mde.state.md.us/programs/Water/StormwaterManagementProgram/MarylandStormwaterDesignManual/Pages/Programs/WaterPrograms/Sedimentand Stormwater/stormwater_design/index.aspx.

Mateo-Babiano, Iderlina. 2003. Pedestrian Space Management as a Strategy in Achieving Sustainable Mobility. Working paper for Oikos PhD Summer Academy, St. Gallen, Switzerland. http://citeseerx.ist.psu.edu/viewdoc/similar?doi=10.1.1.110.5978&type=sc.

Matsui, Minoru, and Chikashi Deguchi. 2014. The Characteristics of Land Readjustment Systems in Japan, Thailand and Mongolia and an Evaluation of the Applicability to Developing Countries. Proceedings of International Symposium on City Planning 2014, Hanoi, Vietnam. http://www.cpij.or.jp/com/iac/sympo/Proceedings2014/3-fullpaper.pdf.

Maupin, Molly A., Joan F. Kenny, Susan S. Hutson, John K. Lovelace, Nancy L. Barber, and Kristin S. Linsey. 2014. Estimated Use of Water in the United States in 2010. US Geological Survey, Reston, VA, Circular 1405. http://pubs.usgs.gov/circ/1405/.

McCamant, Kathryn, and Charles Durrett. 2014. *Creating Cohousing: Building Sustainable Communities*. Gabriola, BC: New Society Publishers.

McCann, Barbara, and Susanne Rynne. 2010. Complete Streets. American Planning Institute, Washington, DC, PAS 559.

McDonough, William, and Michel Braungart. 2002. *Cradle to Cradle: Remaking the Way We Make Things*. New York: North Point Press.

McGovern, Stephen J. 2006. Philadelphia's Neighborhood Transformation Initiative: A Case Study of Mayoral Leadership, Bold Planning and Conflict. *Housing Policy Debate* 17:529–570.

McHarg, Ian L. 1971. *Design with Nature*. Philadelphia: Natural History Press.

McMonagle, J. C. 1952. Traffic Accidents and Roadside Features. *Highway Research Board Bulletin* 55:38–48.

Meachem, John. n.d. Googleplex: A New Campus Community. Clive Wilkinson Architects. http://www.clivewilkinson.com/pdfs/CWACaseStudy_GoogleplexANewCampusCommunity.pdf.

Melbourne Water Corporation. 2010. Constructed Wetlands Guidelines. Melbourne, Australia. http://www.melbournewater.com.au/Planning-and-building/Forms-guidelines-and-standard-drawings/Documents/Constructed-wetlands-guidelines-2010.pdf.

Metro Jacksonville Magazine. 2012. Sunflowers for Lead, Spider Plants for Arsenic. *Metro Jacksonville* Magazine, July 8. http://www.metrojacksonville.com/article/2010-jun-sunflowers-for-lead-spider-plants-for-arsenic.

Michael Sorkin Studio. 1992. *Wiggle*. New York: Monacelli Press.

Michelson, William. 2011. Influences of Sociology on Urban Design. In Tridib Banerjee and Anastasia Loukaitou-Sideris, eds., *Companion to Urban Design*. London: Routledge.

Miles, Mike, Laurence M. Netherton, and Adrienne Schmitz. 2015. *Real Estate Development*. 5th ed. Washington, DC: Urban Land Institute.

Miller, Norm. 2014. Workplace Trends in Office Space: Implications for Future Office Demand. Working Paper, University of San Diego, Burnham-Moores Center for Real Estate. http://www.normmiller.net/wp-content/uploads/2014/04/Estimating_Office_Space_Requirements-Feb-17-2014.pdf.

Ministry of Land, Infrastructure and Transport, Japan. n.d. Urban Land Use Planning System in Japan. http://www.mlit.go.jp/common/000234477.pdf.

Minnesota Pollution Control Agency. 2008. Minnesota Stormwater Manual. http://www.pca.state.mn.us/index.php/view-document.html?gid=8937.

Moeller, John. 1965. Standards for Outdoor Recreation Areas. American Planning Association, Chicago, Information Report No. 194. https://www.planning.org/pas/at60/report194.htm.

Montgomery, Michael R., and Richard Bean. 1999. Market Failure, Government Failure, and the Private Supply of Public Goods: The Case of Climate-Controlled Walkway Networks. *Public Choice* 99:403–437.

Moore, Robin C., Susan M. Goltsman, and Daniel S. Iacofano, eds. 1992. *Play for All Guidelines: Planning, Design and Management of Outdoor Play Settings for All Children*. 2nd ed. Berkeley, CA: MIG Communications.

Morar, Tudor, Radu Radoslav, Luiza Cecilia Spiridon, and Lidia Päcurar. 2014. Assessing Pedestrian Accessibility to Green Space Using GIS. *Transylvanian Review of Administrative Sciences* 42: E 116–139. http://www.rtsa.ro/tras/index.php/tras/article/download/94/90.

Morrall, John F., L. L. Ratnayake, and P. N. Seneviratne. 1991. Comparison of Central Business District Pedestrian Characteristics in Canada and Sri Lanka. *Transportation Research Record* (1294): 57–61.

Moudon, Anne Vernez. 2009. Real Noise from the Urban Environment: How Ambient Community Noise Affects Health and What Can Be Done about It. *American Journal of Preventive Medicine* 37 (2): 167–171.

Moughtin, Cliff, Rafael Cuesta, Christine Sarris, and Paola Signoretta. 2003. *Urban Design: Method and Techniques*. 2nd ed. Oxford: Architectural Press.

Mundigo, Axel, and Dora Crouch. 1977. The City Planning Ordinances of the Laws of the Indies Revisited, I. *Town Planning Review* 48:247–268. http://codesproject.asu.edu/sites/default/files/THE%20LAWS%20OF%20THE%20INDIEStranslated.pdf.

Murakami, Shuzo, Kazuo Iwamura, and Raymond J. Cole. 2014. CASBEE: A Decade of Development and Application of an Environmental Assessment System for the Built Environment. Japan Sustainable Building Consortium and Institute for Building Environment and Energy Conservation. http://www.ibec.or.jp/CASBEE/english/document/CASBEE_Book_Flyer.pdf.

Murdock, Steve H., Chris Kelley, Jeffrey Jordan, Beverly Pecotte, and Alvin Luedke. 2015. *Demographics: A Guide to Methods and Data Sources for Media, Business, and Government*. New York: Routledge.

Muthukrishnan, Suresh, et al. 2006. Calibration of a Simple Rainfall-Runoff Model for Long-Term Hydrological Impact Evaluation. *URISA Journal* 18 (2): 35–42.

NASA. n.d. ESRL Solar Position Calculator. US National Aeronautics and Space Administration. http://www.esrl.noaa.gov/gmd/grad/solcalc/azel.html.

Nasar, Jack L. 2006. *Design by Competition: Making Competitions Work*. Cambridge: Cambridge University Press.

National Association of City Transportation Officials. n.d. Urban Bicycle Design Guide. https://nacto.org/publication/urban-bikeway-design-guide/.

National Charrette Institute. n.d. http://www.charretteinstitute.org.

National Health and Medical Research Council. 2010. Wind Turbines and Health: A Rapid Review of the Evidence. Australian Government. http://www.nhmrc.gov.au/_files_nhmrc/publications/attachments/new0048_evidence_review_wind_turbines_and_health.pdf.

National Institutes of Health. n.d. Pubmed. http://www.ncbi.nim.nih.gov/pubmed.

National Oceanic and Atmospheric Administration. n.d. LIDAR Data Access Viewer. https://coast.noaa.gov/dataviewer/#/lidar/search/.

National Park Service. n.d. An Introduction to Using Native Plants in Restoration Projects. US Department of the Interior. http://www.nps.gov/plants/restore/pubs/intronatplant/toc.htm.

National Renewable Energy Laboratory. n.d. PVWATTS — A Performance Calculator for Grid Connected PV Systems. http://rredc.nrel.gov/solar/calculators/PVWATTS/version1/.

National Research Council. 2007. Elevation Data for Floodplain Mapping. National Research Council, Committee on Floodplain Mapping Technologies. http://www.nap.edu/catalog/11829.html.

National Research Council. 2011. Improving Health in the United States: The Role of Health Impact Assessment. National Research Council, Committee on Health Impact Assessment. Washington, DC: National Academies Press. http://www.nap.edu/download.php?record_id=13229.

National Weather Service. n.d. Precipitation Frequency Estimates. National Weather Service, US National Oceanic and Atmospheric Administration. http://www.nws.noaa.gov/oh/hdsc/index.html.

Natural Resources Canada. 2004. Micro-Hydropower Systems: A Buyer's Guide. https://docs.google.com/viewer?url=https%3A%2F%2Fwww.nrcan.gc.ca%2Fsites%2Fwww.nrcan.gc.ca%2Ffiles%2Fcanmetenergy%2Ffiles%2Fpubs%2Fbuyersguidehydroeng.pdf.

Natural Resources Canada. 2005. An Introduction to Micro-Hydropower Systems. http://www.nrcan.gc.ca/sites/www.nrcan.gc.ca/files/canmetenergy/files/pubs/Intro_MicroHydro_ENG.pdf.

Natural Resources Conservation Service. 2010. Field Indicators of Hydric Soils in the United States: A Guide for Identifying and Delineating Hydric Soils, Version 7.0. US Department of Agriculture. ftp://ftp-fc.sc.egov.usda.gov/NSSC/Hydric_Soils/FieldIndicators_v7.pdf.

Natural Resources Conservation Service. 2017. Wind Rose Data. US Department of Agriculture. http://www.wcc.nrcs.usda.gov/climate/windrose.html.

Needham, Barrie. 2007. The Search for Greater Efficiency: Land Readjustment in the Netherlands. In Yu-Hung Hong and Barrie Needham, eds., *Analyzing Land Readjustment: Economics, Law and Collective Action*, 127–128. Cambridge, MA: Lincoln Institute of Land Policy.

Nelesson, Anton. 1994. *Visions for a New American Dream: Process, Principles and an Ordinance to Plan and Design Small Communities*. 2nd ed. Chicago: Planners Press.

New Jersey Department of Environmental Protection. 2016. Stormwater Best Management Practices Manual. http://www.njstormwater.org/bmp_manual2.htm.

Newman, Oscar. 1972. *Defensible Space: Crime Prevention through Environmental Design*. New York: Macmillan.

Newman, Oscar. 1980. *Community of Interest*. Garden City, NY: Anchor/Doubleday.

New South Wales Roads and Traffic Authority. 2003. NSW Bicycle Guidelines. http://www.rms.nsw.gov.au/business-industry/partners-suppliers/documents/technical-manuals/nswbicyclev12aa.i.pdf.

New York City. 2017. Vision Zero Plan. http://www.nyc.gov/html/visionzero/pages/home/home.shtml.

New York City Department of Parks and Recreation. n.d. Approved Species List. http://www.nycgovparks.org/trees/street-tree-planting/species-list.

New York City Department of Transportation. 2009. Street Design Manual. http://www.nyc.gov/dot.

New York City Mayor's Office of Environmental Coordination. 2014. CEQR Technical Manual. http://www.nyc.gov/html/oec/html/ceqr/technical_manual_2014.shtml.

New York Department of City Planning. 2006. New York City Pedestrian Level of Service Study Phase I. http://www1.nyc.gov/assets/planning/download/pdf/plans/transportation/td_ped_level_serv.pdf.

Nijkamp, Peter, Marc van der Burch, and Gabriella Vindigni. 2002. A Comparative Institutional Evaluation of Public-Private Partnerships in Dutch Urban Land-Use and Revitalisation Projects. *Urban Studies* 39 (10): 1865–1880.

Noble, J., and A. Smith. 1992. Residential Roads and Footpaths – Layout Considerations – Design Bulletin 32. London: Her Majesty's Stationery Office.

North Carolina State University. n.d. Wetlands Identification. http://www.water.ncsu.edu/watershedss/info/wetlands/onsite.html.

Nowak, David J., and Daniel E. Crane. 2001. Carbon Storage and Sequestration by Urban Trees in the USA. *Environmental Pollution* 116:381–389.

OECD. 2006. Speed Management. Organisation for Economic Co-operation and Development and European Conference of Ministers of Transport.

Oke, T. R. 1987. *Boundary Layer Climates*. New York: Routledge.

Oke, T. R. 1997. Urban Climates and Global Environmental Change. In R. D. Thompson and A. Perry, eds., *Applied Climatology: Principles and Practices*, 273–287. London: Routledge.

Oldenburg, Ray. 1999. *The Great Good Place: Cafés, Coffee Shops, Bookstores, Bars, Hair Salons and Other Hangouts at the Heart of a Community*. Boston: Da Capo Press.

Oregon Department of Energy. n.d. Small, Low-Impact Hydropower. http://www.oregon.gov/ENERGY/RENEW/Pages/hydro/Hydro_index.aspx#Regulation.

Parolek, Daniel G., Karen Parolek, and Paul C. Crawford. 2008. *Form-Based Codes: A Guide for Planners, Urban Designers, Municipalities and Developers*. New York: Wiley.

Parsons Brinkerhoff Quade & Douglas, Inc. 2012. Track Design Handbook for Light Rail Transit. 2nd ed. National Academy Press, Transit Cooperative Research Program Report 155. http://onlinepubs.trb.org/onlinepubs/tcrp/tcrp_rpt_155.pdf.

Paschotta, Rudiger. n.d Optical Fiber Communications. In *RP Photonics Encyclopedia*. http://www.rp-photonics.com/optical_fiber_communications.html.

Pattern Language. n.d. http://www.patternlanguage.com.

Paulien and Associates. 2011. Utah System of Higher Education: Higher Education Space Standards Study. http://higheredutah.org/wp-content/uploads/2013/06/pff_2011_spacestandards_study.pdf.

Payne, Geoffrey. 1996. Urban Land Tenure and Property Rights in Developing Countries: A Review of the Literature. World Bank, Washington, DC. http://sheltercentre.org/sites/default/files/overseas_development_administration_1996_urban_land_tenure_and_property_rights.pdf.

PBC Geographic Information Services. n.d. http://www.pbcgis.com/viewshed/.

Pelling, Kirstie. 2009. Safety in Numbers. *iSquared* 8:22–26. http://www.crowddynamics.com.

Pennsylvania Department of Environmental Protection. 2003. Best Management Practices (BMP) for the Management of Waste from Land Clearing, Grubbing and Excavation (LCGE). http://www.elibrary.dep.state.pa.us/dsweb/Get/Document-49033/254-5400-001.pdf.

Philadelphia Water Department. 2011. Green City Clean Waters: The City of Philadelphia's Program for Combined Sewer Overflow Control. http://www.phillywatersheds.org/.

Planungszelle (Planning Cell). n.d. http://www.planungszelle.de/.

Play Enthusiast. n.d. *Play Enthusiast's Playground Blog.* https://playenthusiast.wordpress.com/.

Plummer, Joseph T. 1974. The Concept and Application of Life Style Segmentation. *Journal of Marketing* 38:35–42. http://bulatov.org.ua/teaching_courses/marketing_files/Lecture%2010%20ItM%20Life%20Style%20segmentation.pdf.

Poirier, Desmond. 2008. Skate Parks: A Guide for Landscape Architects and Planners. MLA thesis, Kansas State University, Manhattan. http://hdl.handle.net/2097/954.

Pollard, Robert. 1980. Topographic Amenities, Building Height and the Supply of Urban Housing. *Regional Science and Urban Economics* 10 (8): 181–199.

Pollution Control Systems. 2014. Wastewater Treatment Package Plants. Pollution Control Systems, Inc. http://www.pollutioncontrolsystem.com/Page.aspx/31/PackagePlants.html.

Pomeranz, M., B. Pon, H. Akbari, and S.-C. Chang. 2002. The Effect of Pavements' Temperatures on Air Temperatures in Large Cities. Paper LBNL-43442. Lawrence Berkeley National Laboratory, Berkeley, CA.

Portland Planning Department. 1991. Downtown Urban Design Guidelines. http://www.portlandmaine.gov/DocumentCenter/Home/View/3375.

Potter, Stephen. 2003. Transport Energy and Emissions: Urban Public Transit. In D. A. Hensher and K. J. Button, eds., *Handbook of Transport and the Environment.* Amsterdam: Elsevier.

Powell, Donald. 2011. Pillars of Design. *Urban Land,* October 18. http://urbanland.uli.org/development-business/pillars-of-design/.

Profous, George V. 1992. Trees and Urban Forestry in Beijing, China. *Journal of Arboriculture* 18 (3): 145–154. http://joa.isa-arbor.com/request.asp?JournalID=1&ArticleID=2501&Type=2.

Project for Public Spaces. 2009. What Makes a Successful Place? http://www.pps.org/reference/grplacefeat/.

Project for Public Spaces. n.d. Great Public Spaces. http://www.pps.org/places/.

Punter, John. 1999. *Design Guidelines in American Cities: A Review of Design Policies and Guidance in Five West Coast Cities.* Liverpool: Liverpool University Press.

Punter, John. 2003. *The Vancouver Achievement: Urban Planning and Design.* Vancouver: UBC Press.

Pushkarev, Boris, and Jeffrey M. Zupan. 1975a. Capacity of Walkways. *Transportation Research Record* (538).

Pushkarev, Boris, with Jeffrey Zupan. 1975b. *Urban Space for Pedestrians.* Cambridge, MA: MIT Press.

PWC Consultants. 2014. The Future of Work: A Journey to 2022. https://www.pwc.com/gx/en/managing-tomorrows-people/future-of-work/assets/pdf/future-of-rork-report-v16-web.pdf.

Ragheb, M. 2013. Vertical Axis Wind Turbines. http://mragheb.com/NPRE%20475%20Wind%20Power%20Systems/Vertical%20Axis%20Wind%20Turbines.pdf.

Rapoport, Amos. 1969. *House Form and Culture.* New York: Prentice Hall.

Ratti, Carlo, and Matthew Claudel. 2016. *The City of Tomorrow: Sensors, Networks, Hackers and the Future of Urban Life.* New Haven: Yale University Press.

Rees, W. G. 1990. *Physical Properties of Remote Sensing.* Cambridge: Cambridge University Press.

Reilly, William J. 1931. *The Law of Retail Gravitation.* New York: W. J. Reilly. https://www.scribd.com/doc/70608682/Reilly-s-law-of-retail-gravitation.

Reindel, Gene. 2001. Overview of Noise Metrics and Acoustical Objectives. AAAE Sound Insulation Symposium, 21–23 October 2001. http://www.hmmh.com/cmsdocuments/noise_metrics_emr.pdf.

Reiser + Umemoto. 2006. *Atlas of Novel Techtonics.* New York: Princeton Architectural Press.

Rios, Ramiro Alberto, Francisco Arango, Vera Lucia Vincenti, and Rafael Acevedo-Daunas. 2013. Mitigation Strategies and Accounting Methods for Greenhouse Gas Emissions from Transportation. Inter-American Development Bank. http://www10.iadb.org/intal/intalcdi/PE/2013/12483.pdf.

Roberts, Marion, and Clara Greed, eds. 2013. *Approaching Urban Design: The Design Process.* London: Routledge.

Robinson, Charles Mulford. 1911. *The Width and Arrangement of Streets.* New York: Engineering News Publishing Company.

Robinson, Charles Mulford. 1916. *City Planning, with Special Reference to the Planning of Streets and Lots*. New York: G. P. Putnam's Sons.

Rodrigue, Jean-Paul. 2013. *The Geography of Transport Systems*. 3rd ed. New York: Routledge. Summary at https://people.hofstra.edu/geotrans/index.html.

Rodrigues, Luis. n.d. Urban Design: Pedestrian-Only Shopping Streets Make Communities More Livable. Sustainable Cities Collective. http://www.smartcitiesdive.com/ex/sustainable citiescollective/pedestrian-only-shopping-streets-make -communities-more-livable/130276/.

Roger Bayley, Inc. 2010. The Challenge Series: The 2010 Winter Olympics: The Southeast False Creek Olympic Village, Vancouver, Canada. http://www.thechallengeseries.ca.

Rogers, Anthony L., James F. Manwell, and Sally Wright. 2006. Wind Turbine Acoustic Noise. Renewable Energy Research Laboratory, University of Massachusetts at Amherst. http://www .minutemanwind.com/pdf/Understanding%20Wind%20Turbine%20 Acoustic%20Noise.pdf.

Roper Center. n.d. Polling Fundamentals. Roper Center, Cornell University. http://ropercenter.cornell.edu/support/polling -fundamentals/.

Rosenberg, Daniel K., Barry R. Noon, and E. Charles Meslow. 1997. Biological Corridors: Form, Function, and Efficacy. *BioScience* 47 (10): 677–687 http://www.jstor.org/stable/view/1313208?seq=1.

Ross, Catherine L., Marla Orenstein, and Nisha Botchwey. 2014. *Health Impact Assessment in the United States*. New York: Springer.

Rossiter, David G. 2007. Classification of Urban and Industrial Soils in the World Reference Base for Soil Resources. *Journal of Soils and Sediments*. doi:10.1065/jss2007.02.208.

Rouphail, N., J. Hummer, J. Milazzo II, and P. Allen. 1998. Capacity Analysis of Pedestrian and Bicycle Facilities: Recommended procedures for the "Pedestrians" Chapter of the *Highway Capacity Manual*. Federal Highway Administration Report Number FHWA-RD-98-107. Office of Safety & Research & Development, US Federal Highway Administration.

Rudy Bruner Award. n.d. Winners and Case Studies. http://www .rudybruneraward.org/winners/.

RUMBLES. 2009. Vacuum Sewers: Technology That Works Coast-to-Coast. Rocky Mountain Section of AWWA and Rocky Mountain Water Environment Association. http://www.airvac.com/pdf /Western_States_E-print.pdf.

Russell, Francis P. 1994. Battery Park City: An American Dream of Urbanism. In Brenda Case Scheer and Wolfgang F. E. Preiser, eds., *Design Review: Challenging Aesthetic Control*. New York: Chapman and Hall.

Ryan, Zoe. 2006. *The Good Life: New Public Spaces for Recreation*. New York: Van Alen Institute/Princeton Architectural Press.

Sagalyn, Lynne B. 1989. Measuring Financial Returns When the City Acts as an Investor: Boston and Faneuil Hall Marketplace. *Real Estate Issues* 14 (Fall/Winter): 7–15.

Sagalyn, Lynne B. 1993. Leasing: The Strategic Option for Public Development. Paper prepared for the Lincoln Institute of Land Policy and the A. Alfred Taubman Center for State and Local Government, JFK School of Government, Harvard University.

Sagalyn, Lynne B. 2001. *Times Square Roulette: Remaking the City Icon*. Cambridge, MA: MIT Press.

Sagalyn, Lynne B. 2006. The Political Fabric of Design Competitions. In Catherine Malmberg, ed., *The Politics of Design: Competitions for Public Projects*, 29–52. Princeton, NJ: Policy Research Institute for the Region.

Sagalyn, Lynne B. 2007. Land Assembly, Land Readjustment and Public-Private Development. In Yu-Hung Hong and Barrie Needham, eds., *Analyzing Land Readjustment: Economics, Law and Collective Action*, 159–182. Cambridge, MA: Lincoln Institute of Land Policy.

Sagalyn, Lynne. 2016. *Power at Ground Zero: Money, Politics, and the Remaking of Lower Manhattan*. New York: Oxford University Press.

Sam Schwartz Engineering. 2012. Steps to a Walkable Community: A Guide for Citizens, Planners and Engineers. http://www .americawalks.org/walksteps.

Santapau, H. n.d. Common Trees (India). http://www.arvindguptatoys .com/arvindgupta/santapau.pdf.

Santos, A., N. McGuckin, H. Y. Nakamoto, D. Gray, and S. Liss. 2011. *Summary of Travel Trends: 2009 National Household Travel Survey*. Washington, DC: US Department of Transportation.

Sasaki Associates. 2015. Ananas Master Plan, Silang, Cavite, Philippines. Prepared for ACM Homes. http://www.sasaki.com /project/389/ananas-new-community/.

Sauder School of Business. 2011. Integrated Community Energy System: Southeast False Creek Neighborhood Energy Utility. Quest Business Case. http://www.sauder.ubc.ca/Faculty /Research_Centres/ISIS/Resources/~/media/AEE7D705491345 178C4568992FB87658.ashx.

Scheer, Brenda Case, and Wolfgang F. E. Preiser, eds. 1994. *Design Review: Challenging Aesthetic Control*. New York: Chapman and Hall.

Scheyer, J. M., and K. W. Hipple. 2005. *Urban Soil Primer*. Lincoln, NE: United States Department of Agriculture, Natural Resources Conservation Service, National Soil Survey Center. http://soils .usda.gov/use.

Schmidt, T., D. Mangold, and H. Müller-Steinhagen. 2004. Central Solar Heating Plants with Seasonal Storage in Germany. *Solar Energy* 76:165–174.

Schmitz, Adrienne. 2004. *Residential Development Handbook*. 3rd ed. Washington, DC: Urban Land Institute.

Schoenauer, Norbert. 1962. *The Court Garden House*. Montreal: McGill University Press.

Schwanke, Dean. 2016. *Mixed-Use Development: Nine Case Studies of Complex Projects*. Washington, DC: Urban Land Institute.

Senda, Mitsuru. 1992. *Design of Children's Play Environments*. New York: McGraw-Hill.

Seskin, Stefanie, with Barbara McCann. 2012. Complete Streets: Local Policy Workbook. Smart Growth America and National Complete Streets Coalition, Washington, DC.

Seskin, Stefanie, with Barbara McCann, Erin Rosenblum, and Catherine Vanderwaart. 2012. Complete Streets: Policy Analysis 2011. Smart Growth America and National Complete Streets Coalition, Washington, DC.

Shackell, Aileen, Nicola Butler, Phil Doyle, and David Ball. n.d. *Design for Plan: A Guide to Creating Successful Play Spaces.* Play England. Nottingham: DCSF Publications.

Sharky, Bruce G. 2014. *Landscape Site Grading Principles: Grading with Design in Mind*. New York: Wiley.

Sherman, Roger. 1978. Modern Housing Prototypes. Open Source Publication: https://ia800708.us.archive.org/7/items/ModernHousingPrototypes/ModernHousingPrototypesRogerSherwood.pdf.

Shoup, Donald C. 1997. The High Cost of Free Parking. *Journal of Planning Education and Research* 17:3–20.

Shoup, Donald C. 1999. The Trouble with Minimum Parking Requirements. *Transportation Research Part A, Policy and Practice* 33:549–574.

Siegal, Jacob S. 2002. *Applied Demography: Applications to Business, Government, Law, and Public Policy*. San Diego: Academic Press.

Siegel, Michael L., Jutka Terris, and Kaid Benfield. 2000. *Developments and Dollars: An Introduction to Fiscal Impact Analysis in Land Use Planning*. Washington, DC: Natural Resources Defense Council; http://www.nrdc.org/cities/smartgrowth/dd/ddinx.asp.

Simpson, Alan. 2010. York: New City Beautiful: Toward an Economic Vision. City of York Council. http://www.urbandesignskills.com/_uploads/UDS_YorkVision.pdf.

Sinclair Knight Merz. 2010. Lane Widths on Urban Roads. Bicycle Network, Victoria, Australia. https://docs.google.com/viewer?url=https%3A%2F%2Fwww.bicyclenetwork.com.au%2Fmedia%2Fvanilla_content%2Ffiles%2FLane%2520Widths%2520SKM%25202010.pdf.

Singh, Varanesh, Eric Rivers, and Carla Jaynes. 2010. Neighborhood Pedestrian Analysis Tool (NPAT). *Arup Research Review*, 58–61 http://publications.arup.com/Publications/R/Research_Review/Research_Review_2010.aspx.

Sitkowski, Robert, and Brian Ohm. 2006. Form-Based Land Development Regulations. *Urban Lawyer* 28 (1): 163–172.

Sitte, Camillo. 1945. *The Art of Building Cities: City Building According to Artistic Principles*. Trans. C. T. Stewart. New York: Reinhold.

SketchUp. n.d. 3D Warehouse. https://3dwarehouse.sketchup.com/.

Slater, Cliff. 1997. General Motors and the Demise of Streetcars. *Transportation Quarterly* 51.

Smallhydro.com. n.d. Small Hydropower and Micro Hydropower: Your Online Small Hydroelectric Power Resource. http://www.smallhydro.com.

SmartReFlex. 2015. Smart and Flexible 100% Renewable District Heating and Cooling Systems for European Cities: Guide for Regional Authorities. Intelligent Energy Europe Programme of the European Union. http://www.smartreflex.eu/20151012_SmartReFlex_Guide.pdf.

Smith, H. W. 1981. Territorial Spacing on a Beach Revisited: A Cross-National Exploration. *Social Psychology Quarterly* 44 (2): 132–137.

Society for College and University Planning. 2003. Campus Facilities Inventory Report, 2003. Executive Summary. http://www.scup.org/knowledge/cfi/.

Solar Electricity Handbook. 2013. Solar Angle Calculator. Coventry, UK: Greenstream Publishing; http://solarelectricityhandbook.com/solar-angle-calculator.html.

Solarge. n.d. http://www.solarge.org/uploads/media/SOLARGE_goodpractice_dk_marstal.pdf.

Solar Power Authority. n.d. How to Size a Solar PV System for Your Home. https://www.solarpowerauthority.com/how-to-size-a-solar-pv-system-for-your-home/.

Solidere. n.d. Beirut City Center: Developing the Finest City Center in the Middle East. http://www.solidere.com/sites/default/files/attached/cr-brochure.pdf.

Solomon, Susan G. 2005. *American Playgrounds: Revitalizing Community Space*. Lebanon, NH: University Press of New England.

South Australia Health Commission. 1995. Waste Control Systems: Standard for the Construction, Installation and Operation of Septic Tank Systems in South Australia. http://greywateraction.org/content/how-do-percolation-test.

South East Queensland Healthy Waterways Partnership and Ecological Engineering. 2007. Water Sensitive Urban Design: Developing Design Objectives for Urban Development in South East Queensland. http://waterbydesign.com.au/techguide/.

Southworth, Michael, and Eran Ben-Joseph. 1997. *Streets and the Shaping of Towns and Cities*. New York: McGraw-Hill.

Souza, Amy. 2008. Pattern Books: A Planning Tool. *Planning Commissioners Journal* 72: 1–6. https://docs.google.com/viewer?url=http%3A%2F%2Fplannersweb.com%2Fwp-content%2Fuploads%2F2012%2F07%2F210.pdf.

Sovocool, Kent A. 2005. Xeriscape Conversion Study, Final Report. Southern Nevada Water Authority. http://www.snwa.com/assets/pdf/about_reports_xeriscape.pdf.

Sprankling, John G. 2000. *Understanding Property Law*. Charlottesville, VA: Lexis Publishing.

Springfield Plastics. n.d. http://www.spipipe.com/Apps/PipeFlow Chart.pdf.

Steiner, Ruth Lorraine. 1997. Traditional Neighborhood Shopping Districts: Patterns of Use and Modes of Access. Monograph 54, BART@20, University of California at Berkeley. http://www.fltod .com/research/marketability/traditional_neighborhood_shopping _districts.pdf.

Stern, Robert A. M., David Fishman, and Jacob Tilove. 2013. *Paradise Planned: The Garden Suburb and the Modern City*. New York: Monacelli Press.

Steward, Julian. 1938. Basin-Plateau Aboriginal Sociopolitical Groups. Bureau of American Ethnology Bulletin 120.

Still, G. Keith. 2000. Crowd Dynamics. PhD dissertation, University of Warwick. http://wrap.warwick.ac.uk/36364/.

Strom, Steven, Kurt Nathan, and Jake Woland. 2013. *Site Engineering for Landscape Architects*. 6th ed. New York: Wiley.

Stucki, Pascal, Christian Gloor, and Kai Nagel. 2003. Obstacles in Pedestrian Simulations. Department of Computer Sciences, ETH Zurich. http://www.gkstill.com/CV/PhD/Papers.html.

Stueteville, Robert, et al. 2001. Urban and Architectural Codes and Pattern Books. In *New Urbanism: Comprehensive Report and Best Practices Guide*. Ithaca, NY: New Urban Pub.

Sullivan, Robert G., Leslie B. Kirchler, Tom Lahti, Sherry Roché, Kevin Beckman, Brian Cantwell, and Pamela Richmond. n.d. Wind Turbine Visibility and Visual Impact Threshold Distances in Western Landscapes. Argonne National Laboratory, University of Chicago. http://visualimpact.anl.gov/windvitd/docs/WindVITD.pdf.

SunEarth Tools. n.d. Sun Exposure Calcuator. http://www .sunearthtools.com/dp/tools/pos_sun.php.

Sunset Magazine. n.d. US Climate Zones. http://www.sunset.com /garden/climate-zones/climate-zones-intro-us-map.

Sustainable Sites Initiative. 2009. SITES Guidelines and Performance Benchmarks 2009. American Society of Landscape Architects, Lady Bird Johnson Wildflower Center at the University of Texas at Austin, and the United States Botanical Garden. http://www.sustainablesites.org/report/Guidelines%20and%20 Performance%20Benchmarks_2009.pdf.

Sustainable Sites Initiative. 2017. Certified Projects. http://www .sustainablesites.org/projects/.

Sustainable Sources. 2014. Greywater Irrigation. http://www .greywater.sustainablesources.com.

Suthersan, Suthan S. 1997. *Remediation Engineering: Design Concepts*. Boca Raton, FL: CRC/Lewis Press.

Suthersan, Suthan S. 2002. *Natural and Enhanced Remediation Systems*. Boca Raton, FL: Arcadis/Lewis Publishers.

Tal, Daniel. 2009. *Google SketchUp for Site Design: A Guide to Modeling Site Plans, Terrain and Architecture*. New York: Wiley.

Tang, Dorothy, and Andrew Watkins. 2011. Ecologies of Gold: The Past and Future Mining Landscapes of Johannesburg. *Places*. The Design Observer Group, posted February 24, 2011. http:// places.designobserver.com/feature/ecologies-of-gold -the-past-and-future-mining-landscapes-of-johannesburg/25008/.

Tangires, Helen. 2008. *Public Markets*. New York: W. W. Norton.

Telft, Brian C. 2011. Impact Speed and a Pedestrian's Risk of Severe Injury or Death. AAA Foundation for Traffic Safety, Washington, DC. https://www.aaafoundation.org/sites/default /files/2011PedestrianRiskVsSpeed.pdf.

Tertiary Education Facilities Management Association. 2009. Space Planning Guidelines. 3rd ed. Tertiary Education Facilities Management Association, Inc., Hobart, Australia. http://www .tefma.com/uploads/content/26-TEFMA-SPACE-PLANNING- GUIDELINES-FINAL-ED3-28-AUGUST-09.pdf.

Tetra Tech, Inc. 2011. Evaluation of Urban Soils: Suitability for Green Infrastructure and Urban Agriculture. US Environmental Protection Agency, Publication No. 905R1103.

Texas A&M University System. 2015. Facility Design Guidelines. Office of Facilities Planning and Construction. http://assets.system. tamus.edu/files/fpc/pdf/Facility%20Design%20Guidelines.pdf.

Thadani, Dhiru A. 2010. *The Language of Towns and Cities: A Visual Dictionary*. New York: Rizzoli.

Thomas, R. Karl, Jerry M. Melillo, and Thomas C. Peterson, eds. 2009. *Global Climate Change Impacts in the United States. United States Global Change Research Program*. New York: Cambridge University Press.

Thomas, Randall, and Max Fordham, eds. 2003. *Sustainable Urban Design: An Environmental Approach*. London: Spon Press.

Thomashow, Mitchell. 2016. *The Nine Elements of a Sustainable Campus*. Cambridge, MA: MIT Press.

Thompson, Donna. 1997. Development of Age Appropriate Playgrounds. In Susan Hudson and Donna Thompson, eds., *Playground Safety Handbook*, 14–27. Cedar Falls, IA: National Program for Playground Safety.

Thompson, Donna, Susan Hudson, and Mick G. Mack. n.d. Matching Children and Play Equipment: A Developmental Approach. *EarlychildhoodNews*. http://www.earlychildhoodnews.com /earlychildhood/article_print.aspx?ArticleId=463.

Thompson, F. Longstreth. 1923. *Site Planning in Practice: An Investigation of the Principles of Housing Estate Development*. London: Henry Frowde and Hodder & Stoughton.

Tiner, Ralph W. 1999. *Wetland Indicators: A Guide to Wetland Identification, Delineation, Classification and Mapping*. Boca Raton, FL: CRC Press.

Tonnelat, Stephane. 2010. The Sociology of Public Spaces. https://www.academia.edu/313641/The_Sociology_of_Urban _Public_Spaces.

Topcu, Mehmet, and Ayse Sema Kubat. 2009. The Analysis of Urban Features that Affect Land Values in Residential Areas. In Kaniel Koch, Lars Marcus, and Jesper Steen, eds., *Proceedings of the 7th International Space Syntax Symposium*, 26:1–9. Stockholm: KTH.

Transportation Research Board. 2003. Design Speed, Operating Speed and Posted Speed Practices. NCHRP Report 504. Transportation Research Board, Washington, DC.

Transportation Research Board. 2010. *Highway Capacity Manual*. 5th ed. Washington, DC: Transportation Research Board.

Tree Fund. Pottstown, Pennsylvania. n.d. Greening Our Cities and Towns. http://www.pottstowntrees.org/H2-Best-street-trees.html.

Turley, R., R. Saith, N. Bhan, E. Rehfuess, and B. Carter. 2014. The Effect of Slum Upgrading on Slum Dwellers' Health, Quality of Life and Social Wellbeing. The Cochrane Collaboration. http://www.cochrane.org/CD010067/PUBHLTH_the-effect-of-slum-upgrading-on-slum-dwellers-health-quality-of-life-and-social-wellbeing.

Turner, Paul Venable. 1984. *Campus: An American Planning Tradition*. New York: Architectural History Foundation; Cambridge, MA: MIT Press.

Tyrvainen, Liisa. 1997. The Amenity Value of the Urban Forest: An Application of the Hedonic Pricing Method. *Landscape and Urban Planning* 37:211–222.

Tyrvainen, Liisa, and Antti Miettinen. 2000. Property Prices and Urban Forest Amenities. *Journal of Environmental Economics and Management* 39:205–223.

UK Office of Water Services. 2007. International Comparison of Water and Sewerage Service. http://www.ofwat.gov.uk/regulating/reporting/rpt_int2007.pdf.

UN Centre for Human Settlements. 1999. Reassessment of Urban Planning and Development Regulations in African Cities. United Nations Centre for Human Settlements (Habitat), Nairobi. http://www.sampac.nl/EUKN2015/www.eukn.org/dsresource8b42.pdf?objectid=147674).

UN Department of Economic and Social Affairs. 1975. *Urban Land Policies and Land-Use Control Measures*. Vol. II, *Western Europe*. New York: United Nations.

UN Environment Programme. 2004. Constructed Wetlands: How to Combine Sewage Treatment with Phytotechnology. http://www.unep.or.jp/ietc/publications/freshwater/watershed_manual/03_management-10.pdf.

UN Environment Programme. 2005. International Source Book on Environmentally Sound Technologies for Municipal Solid Waste Management (MSWM). http://www.unep.or.jp/ietc/ESTdir/Pub/msw/index.asp.

UN Environment Programme. 2010. Waste and Climate Change: Global Trends and Strategy Framework. http://www.unep.or.jp/ietc/Publications/spc/Waste&ClimateChange/Waste&ClimateChange.pdf.

United Nations. 1989. The Convention on the Rights of the Child. UN Office of the High Commissioner for Human Rights. http://www.ohchr.org/EN/ProfessionalInterest/Pages/CRC.aspx.

United States Housing Authority. 1949. *Design of Low-Rent Housing Projects: Planning the Site*. Washington, DC: Government Printing Office.

University at Buffalo. n.d. Rudy Bruner Award Digital Archive. http://libweb1.lib.buffalo.edu/bruner/?subscribe=Visit+the+archive.

University at Buffalo and Beyer Blinder Belle Architects & Planners. 2009. Building UB: The Comprehensive Physical Plan. Buffalo, NY. See also http://www.buffalo.edu/facilities/cpg/Space-Planning/AttachmentA.html.

University of California at Berkeley. 1994. Electrophobia: Overcoming Fears of EMFs. *Wellness Letter*, November.

University of Florida. n.d. Street Tree Design Solutions. http://hort.ifas.ufl.edu/woody/street-trees.shtml.

University of Oregon Solar Radiation Monitoring Laboratory. n.d. Sun Path Chart Program. http://solardat.uoregon.edu/SunChartProgram.html.

University of Wisconsin. n.d. Suggested Trees for Streetside Planting in Western Wisconsin, USDA Hardiness Zone 4. http://www.dnr.wi.gov/topic/urbanforests/documents/treesstreetside.pdf.

Urban Design Associates. 2004. *The Architectural Pattern Book: A Tool for Building Great Neighborhoods*. New York: W. W. Norton.

Urban Design Associates. 2005. A Pattern Book for Gulf Coast Neighborhoods. Mississippi Renewal Forum. http://www.mississippirenewal.com/documents/rep_patternbook.pdf.

Urban Development Institute of Australia. 2013. EnviroDevelopment: National Technical Standards Version 2. http://www.envirodevelopment.com.au/_dbase_upl/National_Technical_Standards_V2.pdf.

Urban Land Institute. 2004. *Residential Development Handbook*. 3rd ed. Washington, DC: Urban Land Institute.

Urban Land Institute. 2005. Shanghai Xintiandi. Urban Land Institute Case Studies. https://casestudies.uli.org/wp-content/uploads/sites/98/2015/12/C035012.pdf.

Urban Land Institute. 2014. The Rise. Urban Land Institute Case Studies. http://uli.org/case-study/uli-case-studies-the-rise/.

Urstadt, Charles J., with Gene Brown. 2005. *Battery Park City: The Early Years*. Bloomington, IN: Xlibris Corporation.

US Army Corps of Engineers. 1992. Bearing Capacity of Soils. Engineer Manual no. 1110-1-1905, October 30.

US Army Corps of Engineers. 2003. Engineering and Design-Slope Stability. http://140.194.76.129/publications/eng-manuals/em1110-2-1902/entire.pdf.

US Green Building Council. 2013. LEED 2009 for Neighborhood Development (Revised 2013). Congress for New Urbanism, US Natural Resources Defense Council, and US Green Building Council. http://www.usgbc.org/resources/leed-neighborhood-development-v2009-current-version.

US Green Building Council. n.d. (a). Directory of LEED-ND Projects. http://www.usgbc.org/projects/neighborhood-development.

US Green Building Council. n.d. (b). Regional Credit Library. http://www.usgbc.org/credits.

Valentine, K. W. G., P. N. Sprout, T. E. Baker, and L. M. Lawkulich, eds. 1978. The Soil Landscapes of British Columbia. British Columbia Ministry of Environment, Resource Analysis Branch. http://www.env.gov.bc.ca/soils/landscape/index.html.

Vandell, Kerry D., and Jonathan S. Lane. 1989. The Economics of Architecture and Urban Design: Some Preliminary Findings. *AREUEA Journal* 17 (2): 235–260.

Van Meel, Juriaan. 2000. *The European Office: Office Design and National Context*. Rotterdam: 010 Publishers.

Van Melik, Rianne, Irina van Aalst, and Jan van Weesep. 2009. The Private Sector and Public Space in Dutch City Centres. *Cities* (London) 26:202–209.

Van Uffalen, Chris. 2012. *Urban Spaces: Plazas, Squares and Streetscapes*. Salenstein, Switzerland: Braun Publishers.

Vasconcellos, Eduardo Alcantara. 2001. Urban Transport, Environment and Equity – The Case for Developing Countries. Earthscan. http://www.earthscan.co.uk.

Vision Zero Initiative. n.d. http://www.visionzeroinitiative.com.

Voss, Jerold. 1975. Concept of Land Ownership and Regional Variations. In *Urban Land Policies and Land-Use Control Measures*, vol. VII, *Global Review*. New York: UN Department of Economic and Social Affairs.

Voss, Judy. 2011. Revisiting Office Space Standards. Haworth, London. http://www.thercfgroup.com/files/resources/Revisiting-office-space-standards-white-paper.pdf.

Vrscaj, Borut, Laura Poggio, and Franco Ajmone Marsan. 2008. A Method for Soil Environmental Quality Evaluation for Management and Planning in Urban Areas. *Landscape and Urban Planning* 88:81–94.

Vuchic, Vukan R. 1999. *Transportation for Livable Cities*. New Brunswick, NJ: Center for Urban Policy Research.

Vuchic, Vukan R. 2007. *Urban Transit: Systems and Technology*. Hoboken, NJ: Wiley.

Wagner, J., and S. P. Kutska. 2008. Denver's 128-Year-Old System: The Best Is Yet to Come. *District Energy* (October), 16.

Walker, M. C. 1992. Planning and Design of On-Street Light Rail Transit Stations. *Transportation Research Record* (1361).

Walton, Brett. 2010. The Price of Water: A Comparison of Water Rates, Usage in 30 US Cities. Circle of Blue. http://www.circleofblue.org/waternews/2010/world/the-price-of-water-a-comparison-of-water-rates-usage-in-30-u-s-cities/.

Washington Metropolitan Area Transit Authority. 2006. 2005 Development-Related Ridership Survey, Final Report. http://www.wmata.com/pdfs/business/2005_Development-Related_Ridership_Survey.pdf.

Washington State Department of Commerce. 2013. Evergreen Sustainable Development Standard, Version 2.2. http://www.comerce.wa.gov/Documents/ESDS-2.2.pdf.

Weast, R. C. 1981. *Handbook of Chemistry and Physics*. 62nd ed. Boca Raton, FL: CRC Press.

Weggel, J. Richard. n.d. Rainfalls of 12 July 2004 in New Jersey. Working Paper, Drexel University. http://idea.library.drexel.edu/bitstream/1860/772/1/2006042020.pdf.

Weiler, Susan K., and Katrin Scholz-Barth. 2009. *Green Roof Systems: A Guide to the Planning, Design and Construction of Landscapes over Structure*. Hoboken, NJ: Wiley.

Wheeler, Stephen M., and Timothy Beatley, eds. 2014. *Sustainable Urban Development Reader*. 3rd ed. London: Routledge.

Wholesale Solar. n.d. Off-Grid Solar Panel Calculator. https://www.wholesalesolar.com/solar-information/start-here/offgrid-calculator#systemSizeCalc.

Whyte, William H. 1979. A Guide to Peoplewatching. In Lisa Taylor, ed., *Urban Open Spaces*. New York: Cooper-Hewitt Museum.

Whyte, William H. 1980. *The Social Life of Small Urban Spaces*. Washington, DC: Conservation Foundation.

Wikipedia. n.d. List of 3D Rendering Software. https://www.wikipedia.com/en/List_of_3D_rendering_software.

William Lam Associates. 1976. New Streets and Cityscapes for Norfolk: A Master Plan for Lighting, Landscaping and Street Furnishings. Norfolk Redevelopment and Housing Authority. https://books.google.com/books/about/New_Streets_and_Cityscapes_for_Norfolk.html?id=MPKUHAAACAAJ.

Wilson, James E. 1999. *Terroir: The Role of Geology, Climate and Culture in the Making of French Wines*. Berkeley: University of California Press.

Wolf, Kathleen L. 2004. Public Value of Nature: Economics of Urban Trees, Parks and Open Space. In D. Miller and J. A. Wise, eds., *Design with Spirit: Proceedings of the 35th Annual Conference of the Environmental Design Research Association*. Edmond, OK: Environmental Design Research Association.

World Bank. 1999. Municipal Solid Waste Incineration. Technical Guidance Report. http://www.worldbank.org/urban/solid_wm/erm/CWG%20folder/Waste%20Incineration.pdf.

World Bank. 2002. Cities on the Move: A World Bank Urban Transport Strategy Review. World Bank, Washington, DC. https://openknowledge.worldbank.org/handle/10986/15232.

World Health Organization. 2013. Pedestrian Safety: A Road Safety Manual for Decisionmakers and Practitioners. World Health Organization, Geneva. http://www.who.int/roadsafety/en/.

World Health Organization. 2014a. Health Impact Assessment. http://www.who.int/hia/tools/process/en/.

World Health Organization. 2014b. Working across Sectors for Health: Using Impact Assessments for Decision-Making. http://www.who.int/kobe_centre/publications/policy_brief_health .pdf?ua–1.

World Health Organization. n.d. Electromagnetic Fields and Public Health. http://www.who.int/peh-emf/publications/facts/fs322/en/.

Wyle. 2011. Updating and Supplementing the Day-Night Average Sound Level (DNL). Wyle Report 11-04 prepared for the Volpe National Transportation Systems Center, US Department of Transportation. https://www.faa.gov/about/office_org /headquarters_offices/apl/research/science_integrated_modeling /noise_impacts/media/WR11-04_Updating&SupplementingDNL _June%202011.pdf.

Yang, Bo. 2009. Ecohydrological Planning for The Woodlands: Lessons Learned after 35 Years. PhD dissertation, Texas A&M University.

Yang, Bo, Ming-Han Li, and Shujuan Li. 2013. Design-with-Nature for Multifunctional Landscapes: Environmental Benefits and Social Barriers in Community Development. *International Journal of Research in Public Health*. 10:5433–5458.

Zeisel, John. 2006. *Inquiry by Design: Environment/Behavior /Neuroscience in Architecture, Interiors, Landscape and Planning*. New York: W. W. Norton.

Zhang, Henry H., and David F. Brown. 2005. Understanding Urban Residential Water Use in Beijing and Tianjin, China. *Habitat International* 29:469–491.

Zhu, Da, P. U. Asnani, Christian Zurbrugg, Sebastian Anapolsky, and Shyamala K. Mani. 2007. Improving Municipal Solid Waste Management in India: A Sourcebook for Policymakers and Practitioners. World Bank, WBI Development Series.

Zinco, Inc. n.d. System Solutions for Thriving Green Roofs. http://www.zinco-greenroof.com/EN/downloads/index.php.

Zonneveld, Isaak S. 1989. The Land Unit – A Fundamental Concept in Landscape Ecology and Its Applications. *Landscape Ecology* 3 (2): 67–86. doi:10.1007/BF00131171.